“十二五”职业教育国家规划教材
经全国职业教育教材审定委员会审定

微课版

计算机组装与维护

新世纪高职高专教材编审委员会 组编
主 编 吕振凯 张一帆
副主编 任晓鹏 李树旺 邹汪平

第六版

大连理工大学出版社

图书在版编目(CIP)数据

计算机组装与维护 / 吕振凯，张一帆主编. — 6 版. — 大连 ：大连理工大学出版社，2018.2(2021.4 重印)
新世纪高职高专计算机应用技术专业系列规划教材
ISBN 978-7-5685-1211-4

Ⅰ. ①计… Ⅱ. ①吕… ②张… Ⅲ. ①电子计算机－组装－高等职业教育－教材②计算机维护－高等职业教育－教材 Ⅳ. ①TP30

中国版本图书馆 CIP 数据核字(2017)第 315556 号

大连理工大学出版社出版
地址:大连市软件园路 80 号　邮政编码:116023
发行:0411-84708842　邮购:0411-84708943　传真:0411-84701466
E-mail:dutp@dutp.cn　URL:http://dutp.dlut.edu.cn
大连永发彩色广告印刷有限公司印刷　大连理工大学出版社发行

幅面尺寸:185mm×260mm　印张:13.5　字数:344 千字
2003 年 8 月第 1 版　2018 年 2 月第 6 版
2021 年 4 月第 5 次印刷

责任编辑:马　双　责任校对:李　红
封面设计:张　莹

ISBN 978-7-5685-1211-4　定　价:35.80 元

前　言

《计算机组装与维护》(第六版)是“十二五”职业教育国家规划教材、高职高专计算机教指委优秀教材,也是新世纪高职高专教材编审委员会组编的计算机应用技术专业系列规划教材之一。

编写理念

教材编写概括和凝聚了职业教育改革的新成果,体现了能力要求与职业素养形成并重的教材建设理念,以适应工学结合教学实施为目标,构建教材的理论和实践体系,以真实工程项目为蓝本构建内容体系。6个学习情境共设计了15个工作任务,每个任务包括多个子任务。按计算机组装与维护工作的过程,以项目案例方式,将知识的传授与技能训练融入每一个工作任务中,教材内容与国家电子计算机(微机)装配调试员国家职业资格认证接轨,职业特色鲜明。

教材结构

本教材以促进教学效果最大化为目标,设计了立体化教材结构,按照行业领域典型工作过程确定教学单元,以情境、任务、案例等为载体组织教学单元,适用于项目式、模块式、情境式、案例式教学模式的实施。内容排列由简到繁、由易到难,梯度明晰,能承载高职教学目标。

内容简介

全书共分6个学习情境共15个工作任务。情境1:计算机基础知识导入,包括认识计算机系统结构及工作原理;情境2:计算机硬件的选配与安装,包括机箱、电源的选配与安装,CPU(中央处理器)的选配与安装,内存的选配与安装,主板的选配与安装,硬盘及光盘驱动器的选配与安装,显卡及显示器的选配与安装,声卡及音箱的选配与安装,网络设备的选配与安装,计算机外部设备的选配与安装,平板电脑的选购与使用;情境3:BIOS设置,包括BIOS设置及保存;情境4:软件系统安装,包括计算机软件系统的安装;情境5:计算机系统调试,包括系统性能测试及优化;情境6:计算机故障维护与维修,包括计算机故障处理。

教材特色

在编写本教材的过程中,我们参阅了大量的国内外同类教材,汲取了同类教材的优点,形成了教材自身特色。

(1)将行业新技术、新产品和新应用融入教材中,保证教材的先进性。

(2)按计算机组装与维护的工作过程,序化教学内容,体现课程特点。

(3)通过情境描述,明确教学实施环境和课程实施方法,保证教学实施质量。

(4)将教学考核标准与行业技能认证标准有机结合,培养学生的岗位意识和工程意识。

(5)教学资源配套齐全,实用性强,便于教师教学和学生学习,有助于提高教学效果。

本教材由辽宁轻工职业学院吕振凯、河南牧业经济学院张一帆任主编,石家庄职业技术学院任晓鹏、辽宁轻工职业学院李树旺、池州职业技术学院邹汪平任副主编,大连恒新科技有限公司郑俊阳总经理和周君工程师参与编写。具体分工如下:任务1、2、12由吕振凯编写,任务7、8、11、14由张一帆编写,任务4、5、6由任晓鹏编写,任务9、10、13由李树旺编写,任务3、15、附录由邹汪平编写,郑俊阳参与编写任务1,周君参与编写任务2。全书由吕振凯、张一帆负责统稿。在编写过程中,全体编写人员付出了许多的努力,也感谢大连恒新科技有限公司为本教学编写提供的项目案例和技术指导。

本教材是新形态教材,充分利用现代化的教学手段和教学资源辅助教学,图文声像等多媒体并用。本书重点开发了微课资源,以短小精悍的微视频透析教材中的重难点知识点,使学生充分利用现代二维码技术,随时、主动、反复学习相关内容。除了微课外,还配有传统配套资源,供学生使用,此类资源可登录教材服务网站进行下载。

教材的过程中,编者参考、引用和改编了国内外出版物中的相关资料以及网络资源,在此表示深深的谢意。相关著作权人看到本教材后,请与出版社联系,出版社将按照相关法律的规定支付稿酬。

在编写教材的过程中,全体编写人员付出了许多努力,但计算机技术日新月异,限于我们的学识水平有限,教材中难免存在不足,希望得到同行的批评指正,以便在以后编写中完善。

编　者

2018年2月

所有意见和建议请发往:dutpgz@163.com

欢迎访问职教数字化服务平台:http://sve.dutpbook.com

联系电话:0411-84707492　84706104

目　录

微课资源列表

序号	名称	位置
1	CPU 的安装	19
2	散热器的安装	21
3	内存条的安装	30
4	电源的安装	14
5	主板的安装	38
6	主板电源的安装	42
7	硬盘的安装	51
8	光驱的安装	56
9	硬盘光驱线缆的安装	52
10	机箱信号线的安装	46
11	试机	166
12	独立显卡的安装	68
13	BIOS 设置	113
14	系统安装	121
15	系统设置	125
16	显卡驱动	144
17	声卡驱动	175
18	杀毒软件	134
19	网络工具安装	174

情境 1 计算机基础知识导入

计算机已成为人们生活、工作、学习、娱乐必不可少的工具，它改变了我们的生活方式和生活节奏，随着网络技术的发展和应用的普及，计算机的应用领域得到了迅速扩展，计算机为我们带来方便的同时，也给我们带来了困扰。在计算机的使用过程中，时常出现不能正常工作、速度变慢、有异常的声响、数据损坏丢失等问题，影响了我们的正常工作和生活。有时因计算机故障，甚至造成巨大的经济损失。为提高计算机操作水平和应用能力，掌握必备的计算机基础知识、了解计算机的工作原理和系统结构是信息时代对每一个计算机使用者的基本要求。为此，我们依据工作任务要求，构建计算机基础知识导入的教学情境，以教、学、做一体化的计算机组装与维护实训室作为课程实施平台，将计算机组装与维护岗位技术人员应知、应会的基本知识和基本技能融合到教学过程中，结合不同的实际工作岗位，设计贴近于工作实际的学习过程，在课程实施过程中让学生扮演购买计算机的用户和计算机组装与维护技术人员两种角色，体会客户的真实需求和公司对技术人员的岗位要求，通过角色模拟，使学生置身于仿真的工作环境。通过真实学习、互动式学习、体验式学习等多种方法的应用，逐步使学生养成良好的工作习惯和形成岗位责任意识。

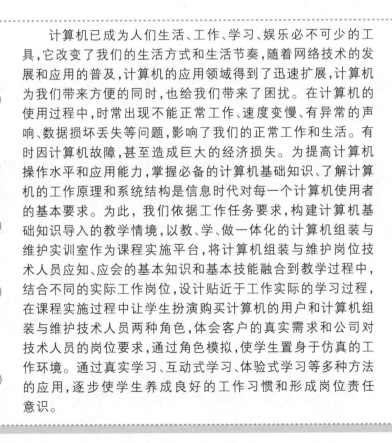

任务1 认识计算机系统结构及工作原理

任务实施要点：

知识要求：

- 了解计算机的发展历程及种类
- 掌握计算机系统结构及工作原理
- 掌握计算机的硬件组成及主要性能指标
- 了解笔记本计算机与平板电脑的结构及发展现状

技能要求：

- 认识计算机硬件的系统结构
- 掌握计算机硬件的功能
- 掌握计算机硬件的选购及安装方法

准备知识导入：

计算机的发展具有很长的历史，经过多次更替，现在的计算机已经进入了多核心时代，其种类也是多种多样，计算机的系统结构主要包括硬件和软件两大部分，从外观上看，计算机硬件由主机、显示器、键盘、鼠标、音箱等构成，从内部来看，它装载了电源、主板、CPU、内存、硬盘、光驱、显卡、声卡等设备。

子任务1 计算机的发展历史及分类

1. 计算机的发展历史

在计算机的硬件系统中，中央处理器 CPU (Central Processing Unit)是计算机的核心部件，中央处理器的发展历程代表了计算机的发展，目前的计算机均使用 Intel 公司的 X86 系列或其他与之兼容的 CPU。从第一代个人计算机问世至今，CPU 已发展到第八代，相应地产生了八个档次的计算机系列。

第一代，1981 年，IBM 公司推出了采用 8088 微处理器为 CPU 的 IBM PC/XT 机，为第一代计算机的代表。第一代计算机主要流行于 20 世纪 80 年代中期。

第二代，1985 年，IBM 公司推出了 IBM PC/AT 机，标志着第二代计算机的诞生。第二代计算机采用 80286 为 CPU，其数据处理和存储能力都得到了明显提高，它是 20 世纪 80 年代末的主流机型。

第三代，1985 年，Intel 公司推出了 80386 微处理器(80386 处理器分为 SX 和 DX，DX 性能优于 SX)，由该档次的 CPU 组装的计算机称为 386 计算机。

第四代，1989 年，Intel 公司推出了 80486 微处理器，80486 处理器也分为 SX 和 DX 两个档次，这就是我们通常所称的 486 计算机。

第五代，1993年，Intel公司推出的Pentium微处理器、AMD公司推出的K5微处理器、Cyrix公司推出的6x86微处理器为第五代微处理器，标志着第五代计算机的诞生。1997年，Intel公司又推出了多功能Pentium MMX处理器，这就是我们俗称的奔腾计算机。

第六代，1997年，Intel公司推出了Pentium Ⅱ、Celeron，后来推出了Pentium Ⅲ、Pentium 4，AMD公司推出了K6、Athlon XP、VIA C3等，均为第六代CPU，这标志着第六代计算机的诞生。

第七代，2003年，AMD公司推出了面向台式机的64位处理器Athlon 64，标志着64位计算机的诞生。2005年，Intel公司和AMD公司相继发布了台式机的双核心CPU、三核心CPU和四核心CPU，至此，计算机进入了多核心的第七代。

第八代，2017年，Intel公司发布了Core X处理器，包含全新的i5、i7、i9系列。AMD发布了全新的Ryzen Threadripper系列处理器，旗舰产品是锐龙Ryzen 9。通过堆核心技术，真正实现了多核心、多线程、多通道，提升了处理器的响应速度，缩短了等待时间，将传统“双核”提升到“四核”。

2. 计算机的分类

计算机俗称电脑，发展到今天，品种类型繁多，分类方法各有不同，本书将按照计算机功能与应用的场所不同将计算机分为商用计算机、个人计算机、服务器、笔记本计算机和平板电脑。

(1)商用计算机

商用计算机主要服务于商业用户。商用计算机一般配置有主机、显示器以及输入/输出设备。从硬件角度讲，商用计算机与家用计算机在CPU、主板、硬盘和显示卡等主要设备上没有区别，只不过商业用户对娱乐方面要求较低，一般不配置声卡、音箱等多媒体设备。常用的商用计算机都是品牌机。图1-1为一款商用计算机。

(2)个人计算机

个人计算机(Personal Computer)又称为微型计算机(Microcomputer)。与商用计算机基本相同，只是面向个人和家庭用户，通常还配有多媒体视听设备。图1-2是一款个人计算机。

图1-1　商用计算机

图1-2　个人计算机

(3)服务器

服务器一般在网络上使用，一台服务器要服务于若干台终端用户，如果是Internet中的网络服务器，可能每天要接受上万次访问。由于这种频繁的访问，对服务器的性能，尤其是稳定性和并发访问处理能力要求较高，因此，服务器需要强大的CPU支持，在多数专业服务器中，都采用双CPU或多CPU，而CPU一般也都会选择至强(Xeon)。图1-3是一款企业级专业服务器。同时，服务器一般都全天候运转，对机箱内部的散热要求也比较高。因为如果高速的CPU产生的大量热量不能及时散发出去，很可能造成系统的不稳定或系统性能下降。所以，服务器的机箱一般都比较宽大，在机箱前、后端均有散热孔，内部安装可形成对流的多个散热风扇，使机箱内空气对流以达到散热目的。从硬件配置上看，服务器除了内部采用多 CPU 系统之外，还需要配置性能高、存储容量大的一块或多块硬盘，一般采用有 SCSI（小型计算机系统接口）的硬盘，实现存储大量信息和备份数据的目的。专业服务器内存与其他类型的计算机也有所不同，一般服务器上配备大容量、高性能的 ECC（Error Checking and Correcting，错误检查和纠正）内存，这种内存具有奇偶校验功能。

(4)笔记本计算机

笔记本计算机以轻便、实用、便携、适合于移动办公的特点而得到广泛的应用，它像一个“笔记本”一样可以随身携带。随着网络技术的发展，笔记本计算机的优点越来越明显，在短短十几年的发展过程中，笔记本计算机的外形、结构和性能都得到了很大改进，其目的是让计算机与人的生活、工作、学习、娱乐能够更融洽，更贴近。图 1-4 是一款笔记本计算机。

(5)平板电脑

平板电脑是新兴的一个计算机种类，用以满足人们浏览网页、搜索信息、娱乐的需要，作为体验、分享信息的一种终端，以其轻便、快捷、性价比高等优点得到人们的普通认可。从功能上讲，平板电脑还无法与以处理、编辑、存储信息为主的传统计算机相比。目前市面上的平板电脑品牌很多，除了苹果公司的 iPad 外，国内平板电脑品牌主要有华为、联想、小米等，其系统都是以 Android 系统为主的。图 1-5 是一款平板电脑。

图 1-3 服务器

图 1-4 笔记本计算机

图 1-5 平板电脑

从用户选购计算机的角度，计算机可分为品牌机和组装机。

(1)品牌机

品牌机是由专业计算机公司组装，有明确品牌标识的计算机，它有质量保证和完善的售后服务。一般保修期为 3 年，在保修期内，如果计算机出现了质量问题，厂商会提供专业的技术人员免费维修。所以，品牌机硬件和售后服务的质量都是有保障的。

(2)组装机

组装机是指一些计算机公司或用户自己选择、购买配件组装计算机。这种组装计算机的方式简称 DIY（Do It Yourself）。随着计算机硬件知识的不断普及，越来越多的用户选择这种方式来购买计算机，按照这种思路组装的计算机可以充分体现用户的个性化需求。

子任务 2 计算机系统结构

1. 计算机的硬件和软件

硬件是计算机系统中有形的物理设备，包括运算器、存储器、控制器、输入设备、输出设备等。软件是指为了运行、管理、维护和使用计算机所编写的各种程序。硬件和软件相互依存、不可分割，软件没有硬件支持无法实现其功能，硬件脱离软件也不能工作，硬件和软件共同组成计算机系统，硬件决定计算机整体结构和层次，软件决定计算机整体功能和应用领域。计算机系统结构如图 1-6 所示。

- 计算机系统
  - 硬件
    - 主机
      - 中央处理器
        - 运算器
        - 控制器
      - 内存储器
    - 外部设备(输入/输出设备)
      - 外存储器
      - 输入设备
      - 输出设备
      - 数/模、模/数转换器
      - 数据终端等
  - 软件
    - 系统软件
      - 操作系统
      - 语言编译程序
      - 服务性程序
    - 应用软件
      - 应用软件包
      - 面向问题的程序
      - 程序设计语言等

图 1-6　计算机系统结构

2. 计算机的系统软件和应用软件

系统软件是对计算机进行引导、管理、运算和维护的程序，负责对用户程序的解释、装入、编译和运行。系统软件包括操作系统、语言编译程序和服务性程序。操作系统是系统软件中最重要的部分，现在常用的操作系统有 Microsoft Windows Vista/7/8/10、UNIX、Linux。它为用户提供一个良好的环境，是用户与计算机的接口，用户通过操作系统使用计算机。同时，操作系统对计算机的运行提供有效的管理，合理地调配计算机的软、硬件资源，使计算机各部分协调有效地工作。语言编译程序是把汇编语言程序和高级语言程序翻译成机器语言的程序，它又包括汇编程序、解释程序和编译程序。服务性程序通常由软、硬件错误的诊断程序和编译程序组成。应用软件是指为解决某个实际问题而编制的程序，目前常用的应用软件有办公软件、图像处理软件、网页制作软件、动画制作软件、电子邮件收发软件等。

3. 计算机语言

计算机语言是程序设计的工具，因而也称为程序设计语言。计算机语言的发展经历了从低级到高级的过程，分为三大类，即机器语言、汇编语言和高级语言，C 语言、Java 语言等均为高级语言。

4. 计算机硬件系统、基本输入/输出系统、操作系统及应用软件之间的关系

只有硬件的计算机称为“裸机”，硬件本身不能工作，只有在计算机中安装了软件系统后才能正常工作。硬件是软件的工作基础，软件是硬件功能的扩充和完善。两者相互依存，相互促进。软件与硬件结合，才构成了完整的计算机系统。实现计算机硬件与软件连接功能的是 BIOS(Basic Input and Output System，基本输入/输出系统)，它存储于固化在计算机主板上的一块 ROM(只读存储器)中。基本输入/输出系统的上层是操作系统，下层是计算机硬件系统，在操作系统之上的是各种应用软件，硬件、基本输入/输出系统、操作系统和应用软件的层次关系如图 1-7 所示。

5. 计算机的工作原理

计算机的基本工作原理是由美籍匈牙利科学家冯·诺依曼于 1946 年首先提出来的。他的基本思想可以概括为以下三点：

(1)计算机由运算器、控制器、存储器、输入设备、输出设备五大部分组成。

(2)程序和数据在计算机中用二进制数表示。

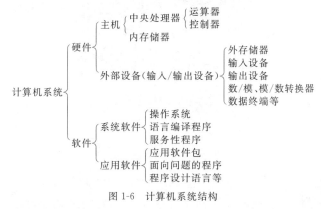

(3)计算机的工作过程是由存储程序控制的。

到现在为止,虽然计算机的设计制造技术有了很大的发展,但仍然没有脱离冯·诺依曼的基本思想。计算机把程序和数据通过输入设备输入到存储器。启动计算机时,控制器将程序指令逐条取出,并分析指令要求做什么,例如,将存储器中某单元的数据取到运算器,进行规定的运算,并将运算结果送回存储器,最后将运算结果由存储器送到输出设备,从而完成一个完整的工作过程。计算机五大组成部分及数据处理过程如图 1-8 所示。

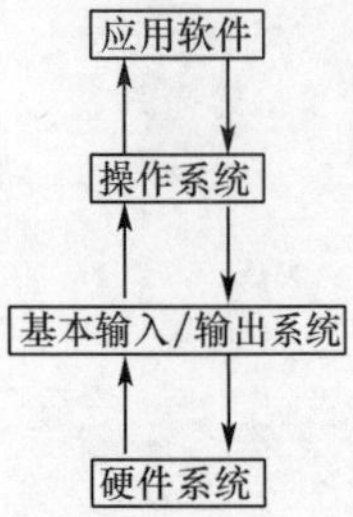

图 1-7 计算机系统

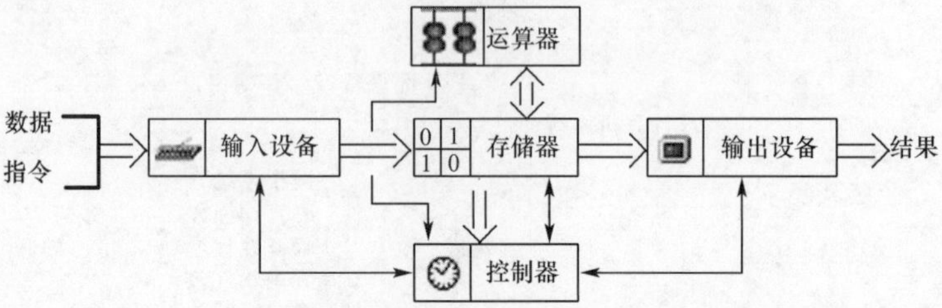

图 1-8 计算机五大组成部分及数据处理过程

计算机中的运算器、存储器和控制器是计算机的主要组成部分,称之为主机。其中运算器、控制器合在一起称为中央处理器,也叫 CPU。输入设备和输出设备称为外部设备,输入设备的功能是将运算程序(指令)和参与运算的数据输入到存储器,输出设备则把运算结果输出到计算机外部。

子任务 3 计算机的硬件组成

为了使读者对计算机整体有一个初步的认识,下面将对计算机整机硬件组成做一简单介绍。

从外观上看,计算机由主机、显示器、键盘、鼠标、音箱等设备构成。

1. 主机

主机是计算机的主要部件,包括电源、主板、CPU、内存、硬盘、显卡、声卡等设备。主机如图 1-9 所示。主机对外提供了多种输入/输出 (Input/Output)接口,简称 I/O 接口。通过这些接口,计算机与外部设备连接在一起,使功能得以扩充。主机后侧有键盘接口、鼠标接口、串行通信接口、并行通信接口和 USB 接口等。

2. 显示器

显示器如图 1-10 所示,它是一种输出设备,由一根视频电缆与主机的显卡相连,作用是将 CPU 处理的结果以文字或图形方式显示出来。

图 1-9 主机

图 1-10 显示器

3. 键盘、鼠标

键盘、鼠标是计算机必备的输入设备，键盘如图 1-11 所示，其功能是向主机输入信息，用户的指令可以通过键盘传输给主机。鼠标如图 1-12 所示，随着 Windows 操作系统图形界面功能的完善，基本上可以不再使用键盘输入命令，只要用鼠标单击相应的菜单命令或选项即可。

图 1-11　键盘

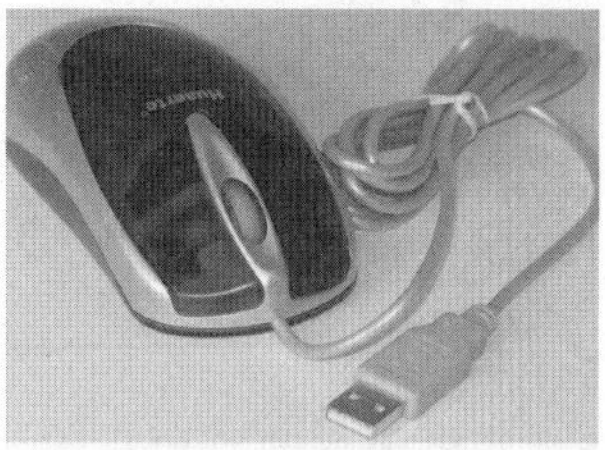

图 1-12　鼠标

4. 音箱

音箱属于多媒体设备，如图 1-13 所示。计算机的声音信号通过声卡输出到音箱，再由它传送出来。

主板是一块矩形的电路板，如图 1-14 所示。上面布满了各种电子元件、芯片、插槽和接口等。它将各种周边设备如 CPU、内存、扩展卡和硬盘等紧密地联系在一起，形成一个完整的硬件体系。

1. 主板

从主机的内部结构看，它装载了电源、主板、CPU、内存、硬盘、软驱、光驱、显卡、声卡等硬件设备。

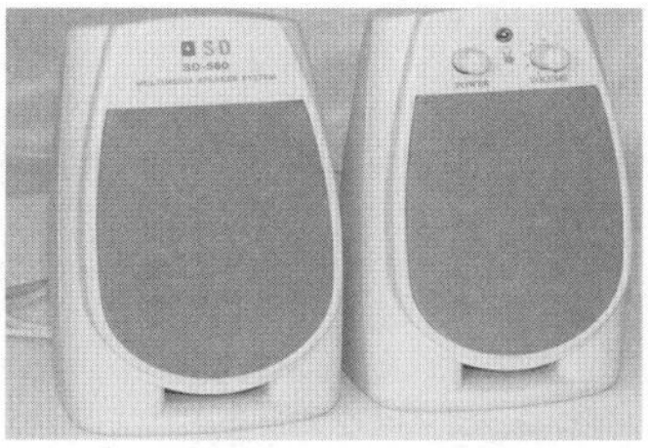

图 1-13　音箱

图 1-14　主板

2. CPU

CPU(Central Processing Unit，中央处理器)，是主机的核心部分，CPU 的性能决定了计算机的性能。它的发展水平代表了计算机的发展水平和档次。如图 1-15 所示是 Intel 的双核心 CPU。

3. 内存储器

内存储器，简称内存，是计算机工作过程中存储数据的设备，如图 1-16 所示。内存容量最小单位为字节 (Byte)。现在内存主要是以 DDR(Double Data Rate)技术为主，DDR 技术到目前为止已经发展到 DDR4 时代，单条主流内存容量也以 8 GB 居多。

图 1-15 Intel 的双核心 CPU

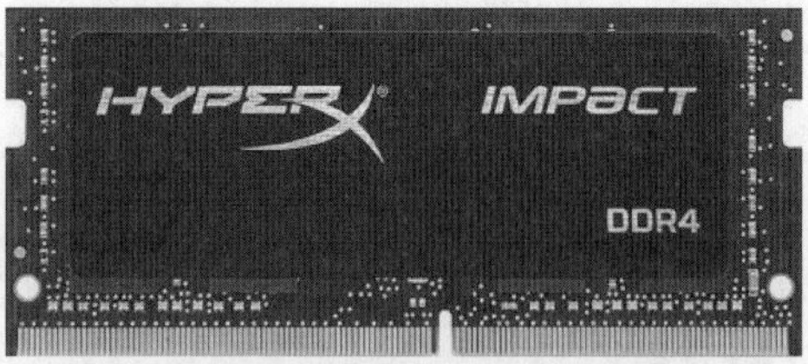

图 1-16 内存储器

4. 硬盘

硬盘是计算机内部的重要存储设备，如图 1-17 所示。硬盘的存储容量较大，目前硬盘容量已达到 2 TB(1 TB=1024 GB)，甚至更大。

5. DVD 驱动器

DVD(Digital Video Disc or Digital Versatile Disc)驱动器是 DVD 盘和光盘数据的读取设备，如图 1-18 所示，用它只能读取 DVD 或光盘数据，不能写入。一张单面单层 DVD 盘的容量约为 4.7 GB。

图 1-17 硬盘

图 1-18 DVD 驱动器

6. 显卡

显卡是一种常见的计算机功能扩展卡，其功能是将 CPU 处理的图文信号输出到显示器，如图 1-19 所示是一款 PCI-Express 接口的显卡。

7. 声卡

声卡也是一种常见的计算机功能扩展卡，如图 1-20 所示。其功能是对音频信号进行输入、处理和输出。

以上介绍的是计算机主机的基本构成，由于各种计算机型号不同，其结构形式和部件的种类也会有所不同。在实际工作中，还要针对不同情况区别对待。

图 1-19 显卡

图 1-20 声卡

知识拓展:计算机的性能指标

一台计算机功能的强弱、性能的好坏,不是由某一项指标来决定的,而是由它的系统结构、指令系统、硬件组成、软件配置等多方面因素综合决定的。我们可以从以下几个指标来大体评价计算机的性能。

(1)运算速度

运算速度是衡量计算机性能的一项重要指标。通常所说的计算机运算速度(平均运算速度)是指计算机每秒钟所能执行的指令条数,一般用 MIPS(Million Instructions Per Second,百万条指令/秒)来描述。同一台计算机,执行不同的运算所需时间可能不同,因而对运算速度的描述常采用不同的方法,常用的有 CPU 时钟频率(主频)、每秒平均执行指令数等。计算机一般采用主频来描述运算速度,例如,AMD 锐龙 R9 1950X 的主频为 4.0 GHz(十六核心),Intel i9 7960X 主频为 2.51 GHz(十六核心)。一般来说,CPU 主频越高,运算速度就越快。

(2)字长

一般来说,计算机在同一时间内处理的一组二进制数称为计算机的"字",而这组二进制数的位数就是"字长"。在其他指标相同的情况下,字长越大计算机处理数据的能力就越强。早期的计算机的字长一般是 8 位和 16 位,Pentium 4 是 32 位,现在主流 CPU 的字长是 64 位。

(3)内存储器的容量

计算机中需要执行的程序和需要处理的数据就存放在内存中。内存储器容量的大小反映了计算机即时存储数据的能力。随着操作系统的升级、应用软件的不断丰富及其功能的不断扩展,人们对计算机内存容量的需求也不断提高。内存容量越大,系统功能就越强大,能处理的数据量就越大,计算机内存的配置一般在 4～16 GB。

(4)外存储器的容量

外存储器容量通常是指硬盘容量(包括内置硬盘和移动硬盘)。外存储器容量越大,可存储的信息就越多,可安装的应用软件就越丰富。目前,硬盘容量可达 2 TB。

(5)指令系统

计算机的指令系统是指 CPU 配备的指令系统,一般有 MMX、3D NOW!、SSE、x64、VT-x 等。指令系统提供的寻址方式和寻址能力对计算机数据处理功能影响很大。

以上只是计算机系统的一些主要性能指标的介绍。除了上述这些主要性能指标外,计算机还有其他一些性能指标,例如,所配置外围设备的性能指标以及所配置系统软件的情况等。另外,各项指标之间不是彼此孤立的,在实际计算机选购和配置过程中,应该把它们综合起来考虑,而且还要遵循"性能价格比"的原则。

习 题

1. 计算机是由哪几部分组成的?
2. 简述计算机的工作原理。
3. 简述计算机软、硬件之间的关系。
4. 计算机有哪些主要性能指标?

实训：认识计算机硬件

❶实训目的

(1)了解计算机的外部设备。

(2)了解计算机的内部结构。

❷实训内容

(1)认识计算机的外部设备以及各外部设备与计算机的连接方式。

(2)打开一台计算机的机箱,认识计算机内部各部件以及各部件之间的连接方式。

(3)识别并写出计算机中各部件的型号,说出它们的主要作用。

情境 2 计算机硬件的选配与安装

计算机硬件技术日新月异，模块化的体系结构设计为计算机硬件选配与组装提供了方便，但要组装一台性价比高、运行稳定、满足要求的计算机，还需要进一步了解计算机各部件的技术性能指标，掌握计算机硬件的选配和安装方法，熟悉计算机组装的工作流程和安装技巧。为此，我们依据工作任务要求，构建计算机组装的教学情境，学生模拟购买计算机的用户和公司技术人员，由客户提出组装计算机的需求（如 CPU 和主板的品牌和规格、内存、硬盘品牌和大小以及其他硬件配置信息等）和价位，技术人员参考用户提出的需求，提出满足用户需求的计算机硬件组装方案，并提供参考报价，直至用户满意。本项任务的实施在教、学、做一体化的实训室中进行，并配备 Internet 网络。为每一个工位配备两套组装计算机的配件，提供主板、CPU 及各类板卡的说明书、使用手册及必备的工具。学生两人一组，工作之前，需详细了解组装计算机的工作流程和安全注意事项。在教师的指导下，完成用户提出的计算机组装方案的优化设计及配件的选配，并利用提供的部件，完成计算机硬件组装任务。最终提交计算机硬件组装方案及一台硬件安装完备的计算机。

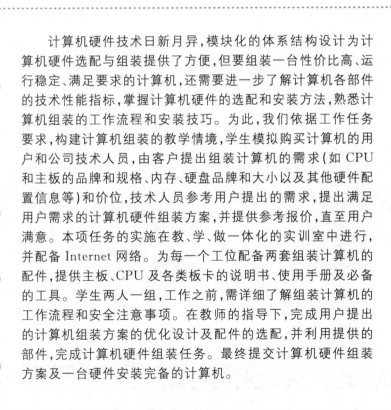

任务 2 机箱、电源的选配与安装

任务实施要点：

知识要求：

- 计算机的机箱和电源选配知识
- 计算机电源的设计标准与输出电压
- UPS 电源(不间断电源)的作用及分类

技能要求：

- 能够正确地安装计算机电源
- 能够使用万用表测量计算机电源的输出电压

准备知识导入：

机箱和电源是计算机必不可少的部件。机箱除了给计算机建立一个外观的形象外，还为计算机内部各类配件提供安装支架，保护计算机系统内的主板等配件免受外界电磁场干扰。同时，机箱还有减少电磁辐射对人体的损害的功能。在机箱的选配上需要综合考虑机箱的外观、材料、工艺和结构等因素，机箱内部结构如图 2-1 所示。

电源是计算机工作的动力之源，它为计算机所有部件提供电能。电源的功率大小，电流、电压是否稳定，将直接影响计算机的工作性能和稳定性，优质的电源是计算机稳定工作的保障。计算机使用的电源外观如图 2-2 所示，包括一个带电源插座的电源盒和多个为主机主板、硬盘、光盘驱动器等设备供电的电源插头。

图 2-1　机箱内部结构

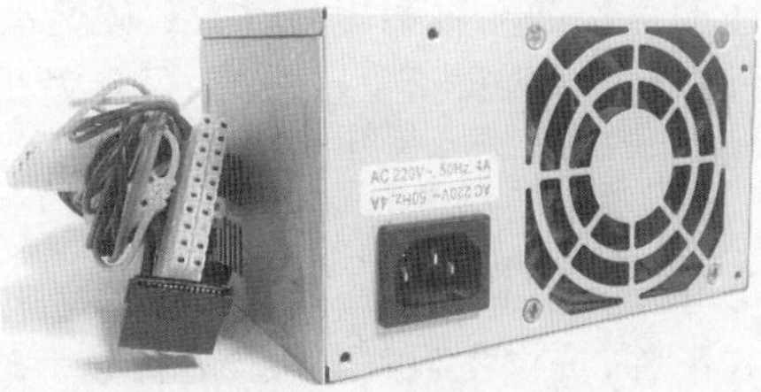

图 2-2　电源

子任务 1　机箱的选配

在选配机箱时，除了关心机箱的外观外，还要关心机箱的牢固性、安全性和防辐射性能，主要需考虑以下因素：

1. 机箱的类型

现在普遍采用的立式机箱有 ATX、Micro ATX、BTX 三种。ATX 机箱是目前最常见的机箱，支持绝大部分类型的主板；Micro ATX 机箱比 ATX 机箱小一些；BTX 是 Intel 定义的桌面计算机平台规范，提升内部各设备的散热效能，并提供了 SRM 支撑保护模块（机箱底部和主板间有一个缓冲区），可以抵抗较强外力冲击，防止主板变形。

2. 机箱的用料

机箱所用的材料是选择机箱的重要因素，首选镁铝合金材料的机箱，这种机箱的抗腐蚀和防辐射性能好，其次可以选择镀锌钢板材料的机箱，目前大部分机箱都采用这种材料，这种机箱的抗腐蚀和防辐射性能也能满足我们的要求。

3. 机箱的工艺

制作工艺将影响机箱的品质，工艺较好的机箱钢板边缘不会出现毛刺，所有裸露的边角处理良好，机箱整体封闭性良好。

4. 机箱的结构

优质的机箱拥有合理的结构，有足够的可扩展槽，可方便地安装拆卸配件和合理地散热等。在拆装设计上为方便用户，在侧板上采用手拧螺钉，板卡采用免螺钉固定，3.5 英寸驱动器固定架采用卡钩固定，5.25 英寸驱动器固定架采用免螺钉弹片固定等。

5. 电磁屏蔽性能

机箱是减少计算机工作时向外电磁辐射的有效方法，所选配的机箱上的开孔要尽量小，且要采用圆孔。各种指示灯和开关接线的电磁屏蔽良好，机箱侧板安装处、后部电源位置设置防辐射弹片，机箱前部 3.5 英寸和 5.25 英寸槽位的挡板使用带有防辐射弹片与防辐射槽的钢片。

另外，在选配机箱时，可以注意一下，所选配的机箱是不是通过了 EMI GB9245 B 级、FCC B 级以及 IEMC B 级标准的认证，这些标准规定了辐射的安全限度，通过认证的机箱一般都会有详细的证书。

子任务 2　计算机电源的选配与安装

1. 电源的选配

电源质量将直接影响到计算机运行的稳定性、部件寿命和安全性，用户对电源的重要性应该引起足够的重视，在选配电源时要注意以下事项：

(1)在电源盒的侧面都贴有一个标签，标签中包含了品牌、型号、商标、产地、制造商、符合的安全认证标准、输入电压和电流、输出电压和电流、输出额定功率和最大功率等信息，用户在选配电源时，要仔细查看电源标签上的信息。

(2)电源输出的额定功率要满足用户的要求，一般用＋5 V 最大输出电流乘以 10 的方法来判断电源额定输出功率。计算机稳定运行的功率一般为 100～200 W，高端计算机能达到 500 W。目前主流的电源标准是 ATX 12V 2.2 和 ATX 12V 2.3，ATX 12V 2.3 标准削弱了对处理器的供电能力，符合该标准的电源较少。所以，目前还是选择符合 ATX 12V 2.2 标准的电源更合适。

(3)电源接口数量和类型决定了可连接设备的数量和类型，用户要注意观察电源接口的数量和类型是否满足需要。

(4)电源的静音效果要好，电源静音效果取决于所采用的风扇大小，应尽量选配采用14 cm直径风扇的电源盒，直径大的风扇可以在较低的转速下获得同样的风量，从而兼顾静音和散热的需要。

微课

电源的安装

(5)3C认证是国家强制要求通过的标准，通过3C认证不代表电源的质量好，但不通过3C认证的电源一定不能购买。

2. 电源安装

步骤1 准备好要安装的ATX电源盒，如图2-2所示。

步骤2 用螺丝刀拧开机箱后面的所有螺丝，拆下机箱盖，由于机箱种类不同，机箱盖的拆装方式也有所不同。把电源盒放入机箱，将电源盒后面的四个螺丝孔与机箱后面面板上的四个螺丝孔相对应，先将四个螺丝一一带上，不要拧紧。调整电源盒的位置，使之平稳，然后再将所有螺丝拧紧，如图2-3所示。至此，完成了计算机电源盒的固定。

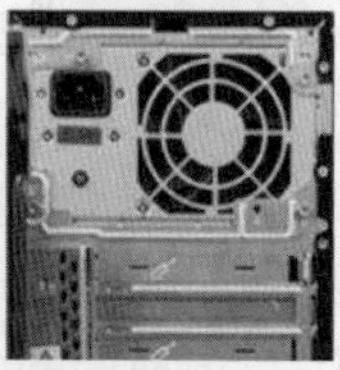

图2-3 安装完成

知识拓展：计算机ATX电源标准及输出

1. ATX电源标准

随着计算机技术的进步和产品的更新换代，计算机所用电源的标准也不断更新。现在广泛使用的计算机电源标准规范是ATX(AT Extend)，是Intel公司在1995年制定的，它经历了ATX 1.1、ATX 2.0、ATX 2.01、ATX 2.02、ATX 2.03和ATX 12V等。目前国内通行的计算机电源标准是ATX 12V，ATX 12V又分为ATX 12V 1.0、ATX 12V 1.1、ATX 12V 1.2、ATX 12V 1.3、ATX 12V 2.0、ATX 12V 2.2、ATX 12V 2.3等多个版本。ATX 12V 2.3是Intel 2007年推出的电源规范，是针对Vista系统带来的硬件升级以及处理器、显卡等功耗产品的能耗变化而提出的，该规范共包括180 W、220 W、270 W、300 W、350 W、400 W、450 W七种功率等级标准。但ATX 12V 2.3标准中削弱了对处理器的供电能力。另外，由于该标准推出不久，市场上符合该标准的产品远没有符合ATX 12V 2.2标准的多，所以主流电源产品还是符合ATX 12V 2.2标准的居多。表2-1列出了ATX 12V各版本的发布时间及说明。

表2-1　ATX 12V各版本的发布时间及说明

版本	发布时间	说明
ATX 12V 1.0	2000年2月	P4电源的最早标准，增加P4的4Pin接口
ATX 12V 1.1	2000年8月	加强了3.3 V电源输出能力，适应AGP显卡需要
ATX 12V 1.2	2002年1月	取消－5 V输出，对Power On时间做出新的规定
ATX 12V 1.3	2003年4月	增加了SATA支持，加强＋12 V输出能力
ATX 12V 2.0	2003年6月	将＋12 V分成DC1和DC2两路输出，＋12 V DC2对CPU单独供电，进一步提升了＋12 V的输出能力
ATX 12V 2.2	2005年3月	加强＋5 V SB(StandBy)的输出电流至2.5 A，增加更高功率电源规格，电源效率标准进一步提高
ATX 12V 2.3	2007年4月	增加低功耗标准，修正各路输出参数

2. ATX 电源输出

计算机电源主要输出的直流电压有＋5 V、＋12 V 、－12 V、－5 V、＋3.3 V、＋5 V SB（＋5 V 待机电源）。电源为主板供电的 20 针和 24 针输出电压及功能定义分别见表 2-2 和表 2-3，主板上的电源插座和各类驱动器电源针脚功能定义分别如图 2-4 和图 2-5 所示。

表 2-2　　ATX 电源 20 针输出电压及功能定义

针脚序号	电压/说明	针脚序号	电压/说明
1	DC ＋3.3 V	11	DC ＋3.3 V
2	DC ＋3.3 V	12	DC －12 V
3	COM（地线）	13	COM（地线）
4	DC ＋5 V	14	PS_On（Power Supply On）
5	COM（地线）	15	COM（地线）
6	DC ＋5 V	16	COM（地线）
7	COM（地线）	17	COM（地线）
8	PWR_OK（＋5 V & ＋3.3 V）	18	DC －5 V
9	＋5 V SB Standby Voltage	19	DC ＋5 V
10	DC ＋12 V	20	DC ＋5 V

表 2-3　　ATX 电源 24 针输出电压及功能定义

针脚序号	电压/说明	针脚序号	电压/说明
1	DC ＋3.3 V	13	DC ＋3.3 V
2	DC ＋3.3 V	14	－12 V
3	COM（地线）	15	COM（地线）
4	DC ＋5 V	16	PS_On＃（电源供应远程开关）
5	COM（地线）	17	COM（地线）
6	DC ＋5 V	18	COM（地线）
7	COM（地线）	19	COM（地线）
8	PW_ROK（供电良好）	20	NC（无连接）
9	＋5 V SB（待机）	21	DC ＋5 V
10	DC ＋12 V	22	DC ＋5 V
11	DC ＋12 V	23	DC ＋5 V
12	DC ＋3.3 V	24	COM（地线）

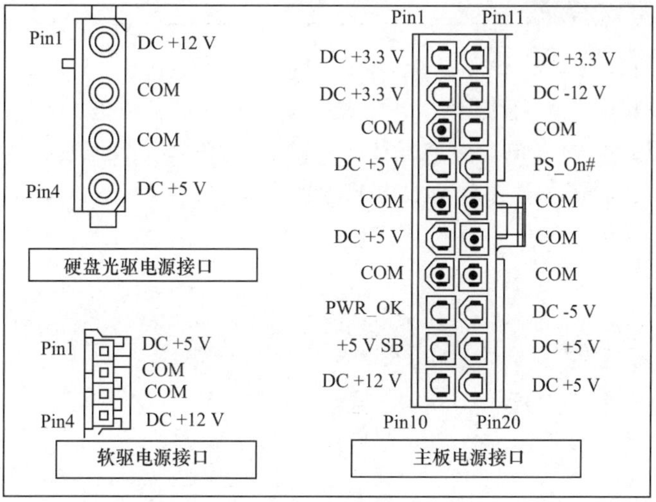

图 2-4　电源插座

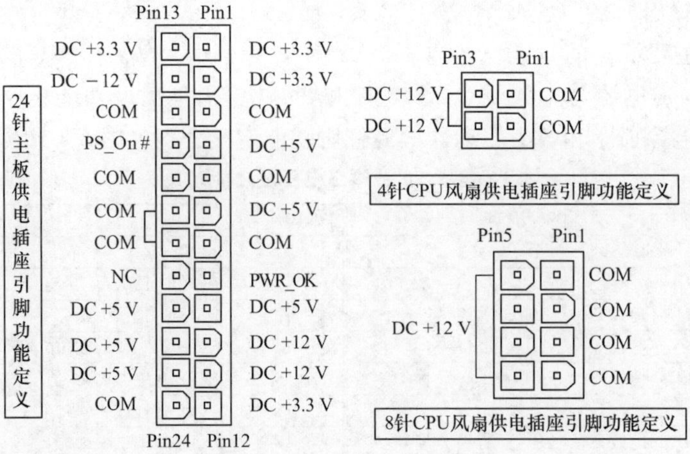

图 2-5 驱动器电源针脚

小常识：计算机电源输出电压的供电对象及测试方法

+12 V：为硬盘、光驱、软驱的主轴电动机和寻道电动机供电。

−12 V：为串口提供逻辑判断电平，需要电流较小，一般在 1 A 以下。

+5 V：为 CPU 和 PCI 等集成电路供电，是计算机主要的工作电压。

−5 V：为逻辑电路提供判断电平，需要的电流很小，出现故障概率很小。

+3.3 V：为内存供电。该电压要求严格，输出要稳定，纹波系数要小，输出电流要在 20 A 以上。

+5 V SB：待机电源，为 WOL(Wake-up On Lan)和开机电路、USB 接口等电路供电。

为了测量电源各输出电压，我们可使用数字万用表的 20 V 直流挡来测试。测试前，把插在主板上的所有电源插头全部拔下，把插在主板上的 20(24)针插排中的绿线(只有一根)插口和任何一个黑线插口使用导线短接，此时电源风扇转动，电源正常工作，把数字万用表的红表笔接在需要测量电压的输出端，黑表笔接在负端(黑线)，即可测出输出电压。

习 题

1. 选配计算机机箱时需要考虑哪些因素？
2. ATX 电源输出哪几种直流电压，各输出电压为哪些设备供电？
3. 目前国内通用的 ATX 电源标准是什么，各版本有哪些主要区别？
4. 如何在空载的情况下，测量计算机电源输出直流电压？

任务3 CPU(中央处理器)的选配与安装

任务实施要点：

知识要求：

- 了解 CPU 的分类、用途与选配原则
- 掌握 CPU 的各项性能指标

技能要求：

- 能够熟练安装 Intel 和 AMD 的 CPU

准备知识导入：

CPU 是中央处理器单元，简称处理器，是计算机中进行算术运算和逻辑运算的部件，是计算机系统的核心。它内部一般由运算器、控制器和寄存器等组成。CPU 从 8 位微处理器、16 位微处理器发展到目前的 64 位微处理器，发展非常迅速。

能够直接安装 Windows 操作系统的计算机所采用的处理器叫作 X86 处理器(在某些场合中，64 位的 X86 处理器也被叫作 X86-64 处理器，简称为 X64 处理器，但它们仍然属于 X86 系列)，截至 2017 年 10 月，全球共有美国的 Intel、AMD 和中国台湾地区的 VIA 三家厂商批量生产 X86 处理器。其中 Intel 占据了 78%左右的市场份额。图 3-1 所示为上述三个公司的标识。

图 3-1　生产 X86 处理器的企业标识

子任务 1　CPU 的选配

对于一般用户，在计算机整机所有配件中，第一个需要选择的便是 CPU。Intel 公司 1997 年推出了使用 Slot 1 插槽的 Pentium Ⅱ(奔腾 2)处理器，从此市面上不同公司的主流处理器便不再兼容。所以，在选配计算机时，采用何种处理器是选购主板、内存及其他核心部件的前提。

Intel 和 AMD 都已将各自的产品线划分成为不同的系列，用户可以首先确定自己的适用领域，然后根据预算选择所需要的产品。常见桌面 CPU 系列的基本情况见表 3-1。

表 3-1　　　　　　　　　　　　　各 CPU 系列品牌

使用范围及档次	Intel	AMD	VIA
服务器/工作站	Xeon 至强	Opteron 皓龙	
家用高端	Core 酷睿 i7/i9	Ryzen 锐龙	
主流系列	Core 酷睿 i3/i5	APU A10/A12	
经济系列	Pentium 奔腾/Celeron 赛扬	APU A6/A8/Athlon	
超低功耗/嵌入	酷睿 m3/Atom 凌动	APU E/C/Z 系列	Nano 凌珑

很多用户在 Intel 和 AMD 之间犹豫不决，不容易做出选择。一般来说，可以按照以下原则选配：

(1)同等价位的主流处理器总体性能相差不大。

(2)当选配中低端计算机时，AMD 产品的性价比较高。一方面是因为 AMD 的中低端处理器指标一般高于 Intel;另一方面，AMD 中低端平台(主板)的性价比要高于 Intel。

(3)高端处理器中，Intel 要强于 AMD。如图 3-2 所示为 Intel Core i9 处理器，图3-3 所示为 AMD Ryzen 1950X 处理器。

(4)在同等价位下，极限使用时，Intel 处理器多用于 CAD、多媒体处理等领域；AMD 处理器则在 3D 游戏中占有优势。

此外，随着 CPU 向"融合"方向发展，北桥芯片中的内存控制、总线管理以及集成显卡等所有功能单元先后被转移至 CPU 中(AMD 的 Athlon 处理器中未集成显卡，无法搭配主板的显卡接口使用，需另外选配独立显卡)。图 3-4 所示为一块去掉顶盖的 Intel Core i7 6785R 处理器，右侧较小的硅片即额外加入的高速显示缓存。

图 3-2　Intel Core i9 处理器

图 3-3　AMD Ryzen 1950X 处理器

图 3-4　Intel Core i7 6785R 处理器

CPU 发展到 21 世纪，"性能过剩论"被提了出来，它的思想是绝大多数计算机在绝大多数时间，其 CPU 都处于低负荷状态，虽然高性能 CPU 能够带来较快的处理速度，但随之而来的还有高功耗和高发热。针对很多对处理性能要求不高、连续工作时间很长的应用，各家公司都推出了性能一般、功耗和发热都很低、稳定性很好的低功耗嵌入式 CPU，这类产品被广泛使用在"超级本"和部分平板电脑中。使用低功耗主板并搭配此类产品，能够大大降低计算机体积和功耗，所以其在个人计算机、家用服务器等领域中成长较为迅速。如图 3-5 所示为可以在智能手机和平板电脑中使用的 Intel Atom(凌动)X7-z8700 处理器。我国台湾地区的 VIA(威盛)推出的 Nano(凌珑)系列处理器也属于此类产品，如图 3-6 所示为 64 位 Nano QuadCore 四核 CPU，它采用 Nano BGA2 封装，规格只有 21 mm×21 mm，支持 VT 虚拟化技术和 SSE4 指令集，另集成双随机数据生成器(RNG)、一个 AES 加密引擎、NX Bit 和一个处理 SHA-1/SHA-256 加密计算的安全混编引擎。上海兆芯与 VIA 展开技术合作，经后者授权在中国大陆地区以“兆芯 ZX”为商品名生产并销售 VIA Nano 处理器。

图 3-5　Intel Atom X7-z8700 处理器

图 3-6　VIA 64 位 Nano 四核处理器

子任务 2　CPU 及散热器的安装

Intel 和 AMD 的处理器采用不同形式的接口，在安装时也稍有不同，下面分别进行介绍。

1. Intel CPU 的安装

微课

CPU 的安装

步骤 1　用适当的力向下微压固定 CPU 的“J”形拨杆，同时用力往外拉拨杆，使其脱离固定卡扣。

步骤 2　向上提起拨杆到垂直于主板，使压盖锁扣打开，如图 3-7 所示。

步骤 3　掀起插槽压盖，如图 3-8 所示。

图 3-7　拉起拨杆

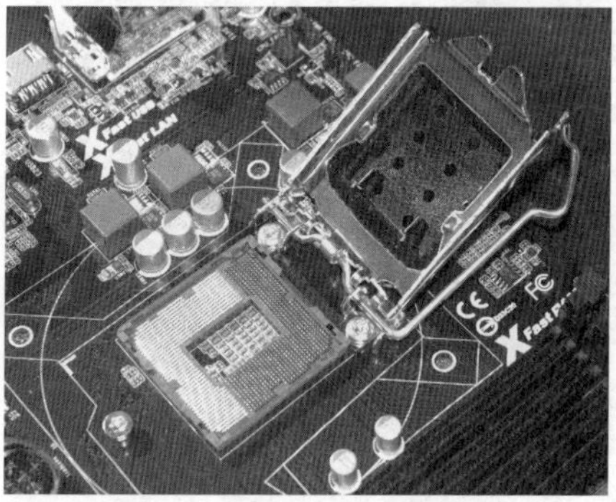

图 3-8　掀起压盖

步骤 4　揭掉 CPU 插槽压盖上的塑料保护盖。注意，此保护盖不要丢弃，在主板返厂维修时还需使用。

步骤 5　打开 CPU 包装，检查是否完好。将 CPU 电路板上金色的小三角对准插座下方浅黑色塑料底座上的缺角，水平放置到插座内，注意对准 CPU 侧面的缺口，如图 3-9 所示。

步骤 6　盖上插槽压盖，依照步骤 2 和步骤 1 的反向顺序压下并固定好拨杆，如图 3-10 所示。

图 3-9 对准缺角标识

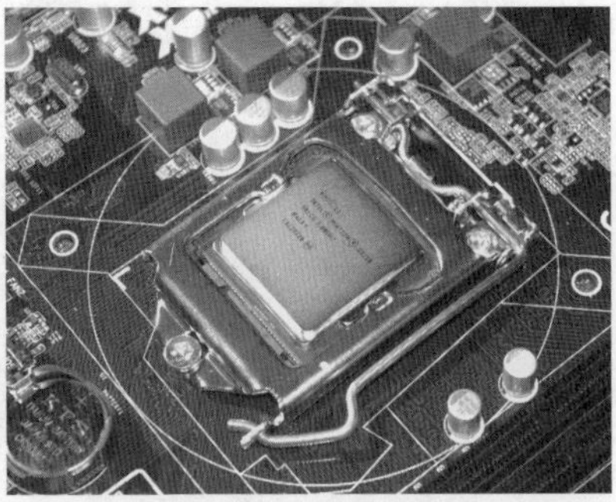

图 3-10 按回拨杆

2. Intel 散热器的安装

步骤 1 去掉散热器底部的保护层，检查底面是否已经涂覆导热硅脂，如果没有，那么在 CPU 表面均匀、薄薄地涂抹一层导热硅脂。

步骤 2 把散热器的四个卡抓对准 CPU 插槽外侧的扣孔，用力压下四角扣具，听到“咔啪”声响后，散热器即固定完成，如图 3-11 所示。有些散热器采用螺丝紧固设计，因此安装时还要在主板背面相应的位置安放螺母，然后用螺丝刀拧紧。为了避免单侧受力过大损坏主板，安装卡抓时需要沿对角线方向安装。

步骤 3 连接散热器三针或四针供电插头到主板插座上，注意卡舌方向，如图 3-12 所示（此图中散热器采用步骤 2 中介绍的螺丝紧固）。

步骤 4 用手拨旋散热器扇叶，防止异物卡住散热器。注意在整机安装完成后第一次开机时检查散热器运转情况。

图 3-11 按下散热器卡抓

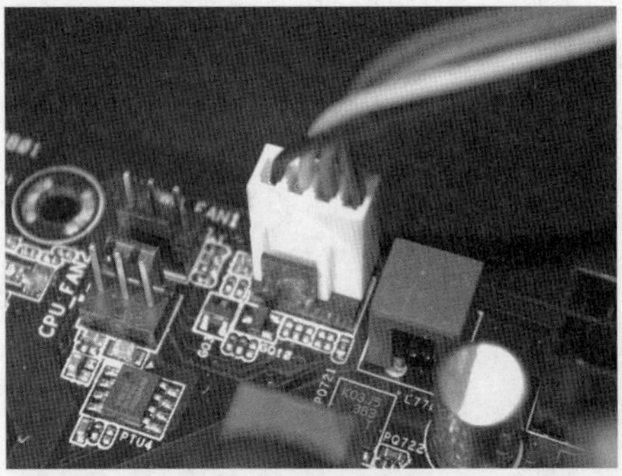

图 3-12 接上散热器插头

3. AMD CPU 的安装

步骤 1 撕掉贴在 CPU 插座表面的保护贴纸。

步骤 2 向外轻拉插座的金属拨杆并提起至垂直于主板方向，如图 3-13 所示。

步骤 3 打开 CPU 包装，检查是否完好。将 CPU 电路板上金色的小三角对准插座白色塑料座或 PCB 板上的三角标记，水平放置 CPU 到插座内，使下方的所有插针均插入对应针孔，如图 3-14 所示。同时用食指和中指轻轻按压 CPU 顶盖对角线的两个端点，检查是否压实。如果 CPU 插针完好并且插座针孔内无异物，只要 CPU 水平，放置和压实均只需微小的压力。假如用力较大，则有可能损坏 CPU 插针。

图 3-13　向外拉插座金属拨杆

图 3-14　插入 CPU

步骤 4　保持步骤 3 中两指按压不松手，用另一只手将插座金属拨杆压回水平位置，如图 3-15 所示。当角度小于 30°时，需要压力会变大，压至水平时会听到“啪”的一声，即表示金属拨杆固定到位，如图 3-16 所示。

图 3-15　压回插座金属拨杆

图 3-16　金属拨杆固定到位

4. AMD 散热器的安装

微课

散热器的安装

步骤 1　去掉散热器底部的保护层，检查底面是否已经涂覆导热硅脂，如果没有，那么在 CPU 表面均匀、薄薄地涂抹一层导热硅脂。

步骤 2　把散热器水平放置到 CPU 插座上并将挂扣的固定端扣在散热器固定架的舌钩上，如图 3-17 所示。

步骤 3　将挂扣活动端的塑料扳手拧至 7 点钟位置，使扣孔扣上活动端的舌钩，如图 3-18 所示。以上两个步骤都不需要很大的力量。

图 3-17　安装散热器

图 3-18　拧好塑料扳手

步骤 4 用一只手固定步骤 3 中的扣孔防止脱落，另一只手沿顺时针方向用力转动塑料扳手至 3 点钟位置，塑料扳手上的销杆卡在散热器固定架上，听到"咔啪"一声，即表示已安装到位，如图 3-19 所示。

图 3-19 安装好销杆

步骤 5 风扇连线方法同 Intel 散热器。

5. VIA Nano 和 Intel Atom 处理器的安装

这两种处理器均使用了 Nano BGA 封装，已被直接集成在主板上，所以选配这两种处理器的用户不需要对 CPU 及散热器进行安装。如图 3-20 所示为集成了 VIA Nano 四核处理器的 EPIA P910 主板，如图 3-21 所示为集成了 Intel Atom X5 处理器的华研 MIO-3206 主板。

图 3-20 VIA 四核 EPIA P910 主板

图 3-21 华研 MIO-3206 主板

知识拓展：CPU 的相关技术

1. CPU 的接口标准及性能指标

当前桌面处理器的接口依照生产厂家分为两个类型：AMD 使用传统的 Socket 插座；Intel 使用改进的 LGA 插座。通俗地说，Socket 插座采用 CPU 的插针插入插座针孔，针孔内的微型卡钳固定插针的连接方式。这种方式的优点是插座结构简单，安装容易；缺点是 CPU 的插针在未受到良好保护的情况下可能会弯曲，并且每根针脚提供的电流传输能力较小。如图 3-22 所示为带有针孔的 Socket AM4 插座，如图 3-23 所示为 AM4 接口 CPU 的插针。

图 3-22 AM4 插座

图 3-23 AM4 处理器插针

AMD 目前有不兼容的 Socket AM4(图 3-22)和 TR4 两种接口,在外观和尺寸上二者相差较大,TR4 接口类似于后文介绍的 LGA 2066 接口。

Intel 在 2004 年推出了 Socket 478 接口的 Prescott 内核 Pentium 4 处理器,因其功耗过大,Socket 型接口只能勉强满足供电电流要求,于是在 2005 年改进为 LGA(Land Grid Array,触点阵列封装)接口。LGA 用触点代替了 CPU 底面的插针,插座上的针孔也被金属弹簧片代替,大大增大了接触面积,改善了电流通路。但其缺点也很明显:金属弹片在 CPU 多次拆装后容易折断,并且它不具有定位和固定能力,所以放置 CPU 时必须非常小心准确。如图 3-24 所示为 LGA 1151 插座,如图 3-25 所示为 LGA 1151 接口的 Core i7 处理器底面。

图 3-24　LGA 1151 插座

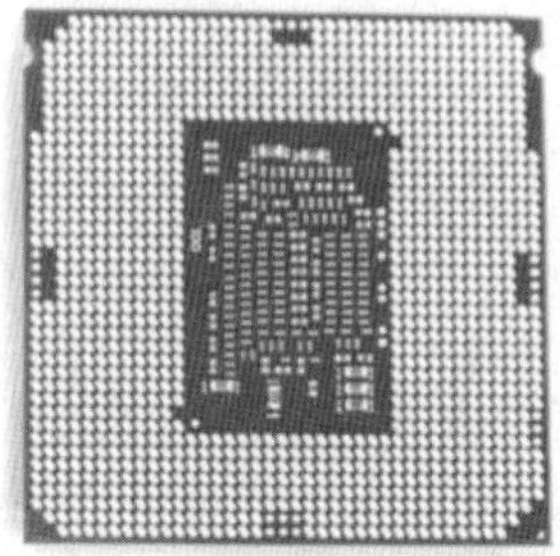

图 3-25　LGA 1151 接口的 Core i7 处理器底面

Intel 生产的桌面处理器有不兼容的 LGA 1151 和 LGA 2066 两种规格。LGA 2066 为高端 CPU 接口,使用者较少;LGA 1151 为主流接口。LGA 2066 插座如图 3-26 所示,LGA TR4 插座如图 3-27 所示。

图 3-26　LGA 2066 插座

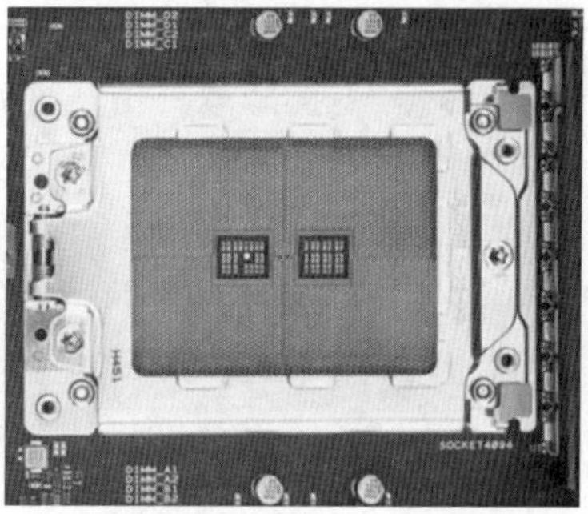

图 3-27　LGA TR4 插座

CPU 厂家更新接口标准很大一部分原因是旧标准无法支持处理器的新功能和新特性,下面就介绍一下 CPU 的性能指标。

(1)时钟频率

时钟频率分为内部时钟频率和外部时钟频率。内部时钟频率也称为主频,是指 CPU 内部进行运算时的工作频率。常见单位是 MHz(兆赫兹,1 MHz=1×10^6 Hz)或 GHz(吉赫兹,1 GHz=10^3 MHz)。一般来说,时钟频率越高,一个时间段内处理完成的指令数就越多,CPU 的运算速度也就越快。但是由于各种 CPU 内部的结构并不相同,所以相同时钟频率的 CPU 性能有可能不同。

外部时钟频率(简称为外频)以前等同于主板提供的前端总线频率,是 CPU 与主板内存控制器传输数据的频率,具体是指 CPU 到芯片组之间的总线频率,以 MHz 为单位,这个指标描述的是系统(非 CPU)对信息传输的能力。但 CPU 整合了内存控制器和总线控制器后,外部时钟频率变为一个仅仅由主板提供给 CPU 的基准时钟信号,外频的高低也基本不影响处理器的性能。例如,Intel Core i7 4770 处理器,主频为 3.4 GHz,外频为 100 MHz,倍频为 34。

(2)数据总线宽度和地址总线宽度

数据总线宽度也称为字长,它是 CPU 与二级高速缓存、内存以及输入/输出设备之间一次所能交换二进制数的位数。位数越多,则处理数据的速度就越快,它是 CPU 的主要技术指标之一。地址总线宽度是 CPU 所具有地址线的位数,它决定了 CPU 可以直接寻址的物理内存的地址范围。大部分 CPU 的这两个参数是一致的,例如早期 Pentium 的数据和地址宽度都是 32 位,每次可以处理一个 32 位二进制数,最大内存寻址空间为 $2^{32}=4$ G 字节;Athlon 64 的数据和地址宽度都是 64 位,每次可以处理一个 64 位二进制数,最大内存寻址空间为 2^{64} 字节,突破了 4 G 字节的限制。

(3)高速缓存

高速缓存一般分一级缓存(L1 Cache)和二级缓存(L2 Cache),部分 CPU 还集成有三级缓存(L3 Cache)。缓存的主要用途是缓解 CPU 与内存之间巨大的速度差,CPU 在读取数据时,首先访问 L1 Cache,若找不到可读信息时再去访问 L2 Cache。缓存越大,存储的信息就越多,CPU 访问内存的次数就越少,CPU 的效率就越高。一、二级缓存和 CPU 同速运行,三级缓存工作的时钟比较灵活,既可以和 CPU 同步运行也可以降速运行。随着 CPU 集成了内存控制器,CPU 对缓存的依赖也有所降低。

(4)核心数量

多核处理器就是将多个 CPU 内核封装在同一块 CPU 内。虽然 CPU 的多核扩展并不能成倍提升处理器性能,但在不增加 CPU 接口的前提下提高了处理能力,特别是多任务下的处理能力。单就性能来说,核心数量越多越好,但在成本增加的同时,处理器的功耗也会成倍增加,用户在选配时应根据需要选择。

(5)扩展指令集和虚拟化技术

为 CPU 增加 X86 扩展指令的目的是提高 CPU 处理多媒体数据的能力。当前所使用的各种 X86 扩展指令中,Intel CPU 支持的最高版本是 AVX2,AMD 支持的最高版本是 SSE4A,两者基本兼容。随着计算机应用领域的不断扩大,新扩展的指令集在新软件应用中有着更好的效果。

CPU 的虚拟化技术可以用单 CPU(至少为双核)模拟多 CPU 并行运算,允许一个平台同时运行多个操作系统,并且使应用程序可以在相互独立的空间内运行而互不影响,从而显著提高计算机的工作效率。Windows 7 操作系统中的“兼容 XP”模式就必须运行在支持虚拟化技术的 CPU 上。这项技术,Intel 称作“Intel VT(Virtualization Technology)”,AMD 则叫作“AMD-V(AMD Virtualization)”。

(6)工作电压和发热

工作电压是指 CPU 正常工作所需的电压,适当提高工作电压,可以增强 CPU 内部的电信号幅度,增加 CPU 的稳定性,但同时也会导致 CPU 发热严重。当 CPU 过度发热时将会改变 CPU 的电气性能,影响系统工作的稳定性,降低 CPU 的使用寿命。随着制造工艺不断提高,CPU 的工作电压也逐渐下降。

(7)工作频率自动调整技术

大部分时间,CPU 的工作都很清闲,而少数时候即便它满负荷工作,也仍旧无法满足需要。于是生产厂家推出了带有工作频率自动调整功能的 CPU。在运算负荷较轻的时候,它能自动降低 CPU 的工作频率和工作电压,达到省电降温的目的;而在负荷很重的情况下,它还能让 CPU 暂时处于超频状态,以解一时之需。Intel 的这两类技术分别叫作“Speedstep”和“Turbo Boost”;AMD 则分别称为“CnQ(Cool′n′Quiet)”和“Turbo Core”。

(8)超线程技术

通过此技术,可以在一个实体处理器中,提供两个逻辑线程,或者说将一个 CPU 内核模拟成两个来使用。此项技术需要 CPU、操作系统和应用软件同时支持才能使用,在某些经过优化的程序中,可以提高 70%的效率。

(9)手动超频功能

Intel 和 AMD 两家公司均在各自部分高性能处理器中加入了手动超频功能,用户可以根据需要自行设定处理器倍频。这种处理器均带有特殊标识,AMD 的产品型号末尾的字母为“X”;Intel 除了有“X”标识外,还有“K”标识。需要注意的是,Intel 的 K 系列处理器只有搭配特定型号主板使用时才可开启此项功能。

2. 多核心 CPU

(1)多核心处理器的产生

当一个 CPU 的运算能力不足时,可以在主板上安装第二块 CPU,如果仍旧不够可以安装更多 CPU,这种技术叫作 SMP(Symmetrical Multi-Processing,对称多处理器)。实现这项技术的成本很高,首先主板必须有多个 CPU 插槽,其次必须选择支持此项技术的 CPU,并且 CPU 的数量必须是 2^n 个。所以一套多处理器系统的单位性能成本差不多是单处理器的 2～3 倍。在 2005 年,Intel 将两片完全一样的 Prescott 核心硅片(Die)封装在一块 PCB 基板上,制成了第一块 X86 架构的双核心处理器——Pentium D。

(2)原生多核心处理器

早期的多核心处理器大多采用单基板多硅片结构,学名叫作“桥接多核心处理器”,也就是通常所说的“胶水结构”,这种结构相当于把两块独立的处理器焊接在一起。其优点是结构简单,容易制造;缺点是两个处理器逻辑独立,相互通信需要占用总线资源,效率较低。Intel 的 Atom N330 处理器正是这种结构,如图 3-28 所示。

为了改进不足,厂家后来在设计时就直接将多个核心光刻于一块硅片上,核心之间使用内部总线互联,大大提高了外部总线的利用率,被称为“原生多核心处理器”。技术改进后 Intel 推出的 Atom D510 处理器采用了这种新结构,如图 3-29 所示。

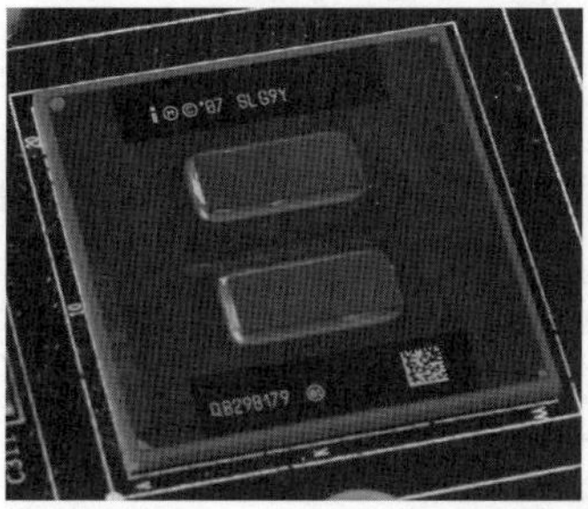

图 3-28　Atom N330 处理器

图 3-29　Atom D510 处理器

(3)多核心管理技术

双核心处理器刚问世时,多数软件都没有对它进行优化,经常会出现一个核心满负荷工作,另一个核心处于空载的情况,补救的方法是安装双核心处理器专用驱动程序对两个核心进行负载平衡。随着更多核心 CPU 的面世和软件的改进,需要对这些核心进行更加智能的管理,于是 AMD 的 Cool′n′Quiet(凉又静)2.0 和 Intel 的 EIST(Enhanced Intel Speedstep Technology,增强型 Speedstep 技术)两项技术应运而生。这两项技术可以独立地对某一个或者几个核心进行负载调配,甚至可以把所有任务加载到一个核心上并关闭其他核心以达到节能最大化。除此之外,前面介绍过的虚拟化技术也可以让多核心处理器同时运行多个操作系统并且在它们之间无缝切换。

习 题

一、填空题

1. 全球最大的 CPU 生产企业是________。

2. CPU 的中英文全称为________。

3. 当前 AMD 桌面处理器使用________和________两种接口。

4. 酷睿 i5 处理器最先集成了________。

5. CPU 的频率有________、________和________三项子性能指标。

二、选择题

1. 以下哪个不是生产 X86 处理器的企业(　　)。

A. Intel　　B. AMD　　C. VIA　　D. 中科龙芯

2. 单纯文字处理工作者最适合使用哪种 CPU(　　)。

A. 至强　　B. 皓龙　　C. 赛扬　　D. 酷睿 i7

3. (　　)是第一款双核心处理器。

A. Pentium 4　　B. Pentium D　　C. K6　　D. Athlon X2

4. VIA Nano 属于(　　)。

A. 嵌入式处理器　　B. 低档处理器

C. 中高档处理器　　D. 顶级处理器

5. 以下哪项是当前 Intel 处理器使用的插槽(　　)。

A. Socket 478　　B. LGA 775　　C. LGA 1151　　D. LGA 1366

三、简答题

1. 简述 CPU 在整个硬件系统中的地位和作用。

2. Socket 和 LGA 两种接口各有什么优点?

3. CPU 的缓存是不是越大越好? 为什么?

4. 安装 CPU 时应注意哪些问题?

5. 安装散热器时应注意哪些问题?

任务 4 内存的选配与安装

任务实施要点：

知识要求：

- 理解内存中的数据读取过程
- 掌握内存的分类方法
- 熟悉内存的性能指标
- 了解内存的品牌

技能要求：

- 能够合理选配内存
- 能够熟练安装内存

准备知识导入：

内部存储器(简称内存)是计算机的数据存储中心，主要用来存储程序及等待处理的数据，可与 CPU 直接交换数据。它由一组或多组具有数据输入/输出功能和数据存储功能的集成电路芯片构成。在计算机中，内存由 RAM(Random Access Memory，随机存取存储器)、ROM(Read Only Memory，只读存储器)和 Cache(高速缓冲存储器)三部分组成。其中 RAM 的容量占总内存容量的绝大部分，而 ROM 和 Cache 的容量只占很小的一部分，因此人们常把 RAM 称为内存。内存是运行操作系统、应用软件和数据处理必需的存储器，其容量大小关系到所能存储数据的多少，其速度决定着存取数据的快慢。

本任务以金士顿内存为例，讲述内存选配方法及安装步骤，并对内存的分类和性能指标进行说明。

子任务 1 内存的选配

一条内存，主要由 PCB 线路板、内存颗粒(芯片)、SPD 芯片和各种小电阻电容组成，如图 4-1 所示。其中值得关注的是 SPD 芯片，它是一块 8 脚小芯片，如图 4-2 所示，里面保存着内存条的速度、工作频率、容量、工作电压、CAS、tRCD、tRP、tAC、SPD 版本等信息。当开机时，支持 SPD 功能的主板 BIOS 就会自动读取其中的信息，并按照读取的值来自动设置内存的存取时间和各种参数，省去了手动设置的麻烦。当然，这只有在 BIOS 中内存参数设置为“By SPD”的情况下才能够实现。

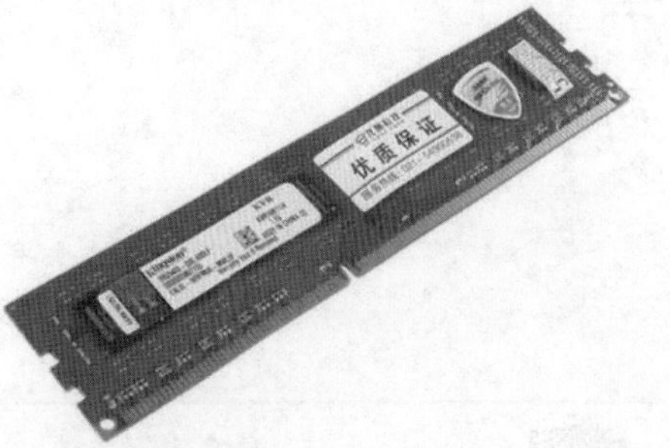

图 4-1　DDR3 内存条

图 4-2　SPD 芯片

目前市场上主要的内存类型有 DDR3 和 DDR4 两种，都是属于 SDRAM 家族的内存产品，相关信息见本任务后的“知识拓展”。

1. DDR3 内存

DDR 内存(Double Data Rate Synchronous DRAM，双倍数据同步内存)是在 SDRAM 内存基础上发展而来的，由于 DDR 内存在时钟信号的上升沿和下降沿都可以传输信息，所以实际带宽比普通的 SDRAM 提高了一倍。随着 Intel 最新处理器技术的发展，前端总线对内存带宽的要求越来越高，DDR 内存已经退出历史舞台，之后依次出现了 DDR2、DDR3 和 DDR4 内存。

DDR2 内存虽然同样采用了在时钟的上升/下降沿同时进行数据传输的基本方式，但却拥有两倍于 DDR 内存的预读取能力。这主要是通过在每个设备上高效率使用两个 DRAM 核心来实现的(而在每个设备上 DDR 内存只能够使用一个 DRAM 核心)，由此能够在每次存取中处理四个数据而不是两个数据。

DDR3 内存的面世是为了进一步地提升内存带宽，是目前市场依然存在的内存类型，为 FSB 越来越高的 CPU 提供足够的匹配指标，其基础频率就是 1066 MHz，成为用户的高带宽选择，目前 PC 市场的单条 DDR3 内存拥有 1866 MHz、2133 MHz、2400 MHz 等频率。

DDR3 内存提升频率的关键技术依然是提高预取设计位数，这与 DDR2 内存采用的提升频率的方案是类似的。DDR3 内存的预取设计位数提升至 8 bit，其 DRAM 内核的频率达到了接口频率的 1/8，如此一来，同样运行在 200 MHz 核心工作频率的 DRAM 内存就可以达到 1600 MHz 的等值频率了。

除了预取机制的改进，DDR3 内存还采用点对点的拓扑架构，以减轻地址/命令与控制总线的负担。此外，DDR3 内存采用 100 nm 以下的生产工艺，并将工作电压从 1.8 V 降至 1.5 V，增加异步重置(Reset)与 ZQ 校准功能。最后，DDR3 内存采用 ASR(Automatic Self-Refresh，自动自刷新)的设计，以确保在信息不遗失的情况下，尽量减少更新频率来降低温度。

2. DDR4 内存

DDR4 内存于 2014 年首先应用于服务器领域的英特尔 X79 平台上，2015 年由于 14 nm 工艺新架构“Skylake”的支持，DDR4 内存进入了主流玩家的视野。除了少数入门级主板还搭载 DDR3 内存插槽之外，DDR4 内存已经成为 Skylake 平台和 Kaby Lake 平台的标配。

DDR4 内存除了频率的大幅提升，还采用了 1.2 V 低电压、更强的对等保护和错误恢复等技术，这些性能在服务器和企业中心大规模使用时能表现出立竿见影的效果。

金士顿 DDR4 2133 8 GB HyperX 笔记本计算机内存及台式机内存分别如图 4-3(a)和图 4-3(b) 所示。

(a)笔记本计算机内存　　　　(b)台式机内存

图 4-3　金士顿 DDR4 2133 8 GB HyperX 内存

芝奇国际作为超频内存及高端电竞外设领导品牌，2016 年再次刷新了内存频率记录，采用高效能三星 IC，推出了 Trident Z 系列 DDR4 4333 MHz 超高极速内存，如图 4-4 所示。该内存的默认电压为 1.4 V，高于标准的 1.2 V 和高频产品比较常见的 1.35 V，因此对主板有着一定的要求。

图 4-4　Trident Z 系列 DDR4 4333 MHz 超高极速内存套装

3. 内存条选购要点

(1)确定内存条的频率

CPU 和内存频率有一定的对应关系，选购内存条时，要根据选购的主板和 CPU 确定内存条的工作频率，否则很可能买来的内存条不能正常运行。当前单条主流内存条的频率以 2400 MHz 居多。

(2)确定内存条的容量

在满足要求(如操作系统要求)的情况下，内存条的容量尽量大一些。如果内存条容量不足，系统就会将当前不使用的数据暂时存储到硬盘中，以此来换取更多的内存空间，这部分内存称为“虚拟内存”。但是如果使用虚拟内存太频繁，系统就会由于过多的操作而性能降低。因此，为了提高系统性能，应该尽可能选择较大的内存，目前单条主流内存容量以 8 GB 居多。当然，内存容量能否充分发挥还需要主板配合。

(3)观察内存颗粒

内存颗粒就是内存条上一个个的集成电路块。颗粒是内存的主要组成部分，颗粒性能很大程度上决定了内存的性能，如金士顿一般在内存颗粒上打磨上自己的品牌标识，如图 4-5 所示。

市场上经常会出现假内存条，芯片上的编号和品名虽然有打磨过的痕迹，但字是印上去的，字迹较模糊，往往缺少激光蚀刻的质感。

对于 SPD 芯片则要选择居中的内存条，这样才能保证内存条拥有最好的电器兼容性。

(4)查看印刷电路板

印刷电路板也称 PCB 板，是由若干层导体和绝缘体组成的，电子元件焊接在 PCB 板上，如图 4-6 所示。由于所有的内存元件都焊接在 PCB 板上，因此 PCB 板的布线是决定内存稳定性的重要方面，根据 Intel 的技术规范，DDR2 内存必须使用六层 PCB 板才能保证内存的电气化功能和运行的稳定性。劣质的内存条大多是返修或手工焊接的，焊点不均匀，PCB 板质量明显较差。

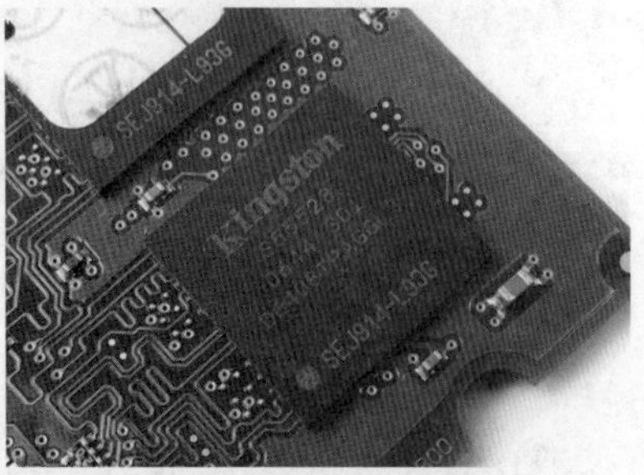

图 4-5　内存颗粒

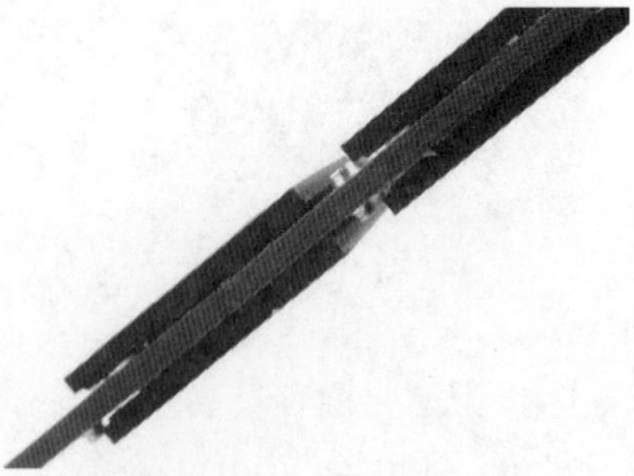

图 4-6　PCB 板

(5)查看内存条的做工

拿到一条内存条后,要查看它的做工,观看其表面是否光滑、整洁,金手指是否颜色鲜亮,富有光泽。镀金层色泽纯正,可有效提高抗氧化性能,保证电路信号传输稳定,增强内存条工作稳定性。

(6)查看 CL 设置

选择购买内存条时,最好选择同样 CL 设置的内存条,因为不同速度的内存条混插在系统内,系统会以较慢的速度来运行,造成资源浪费。

(7)散热片的选择

高端内存条为了提高自身的散热性能,降低颗粒的温度,增强稳定性,常会给内存条加上散热片,图 4-7 为带有散热片的金士顿双通道时空裂痕游戏版内存条。

图 4-7　带有散热片的金士顿内存条

(8)选择名牌厂商的产品

市场上常见的品牌有金士顿、威刚、金泰克以及三星等。它们通常有较好的信誉与售后保障。

子任务 2　内存条的安装

微课

内存条的安装

内存条是计算机的重要部件之一,可与 CPU 直接进行数据交换,CPU 要处理的所有数据都要经过内存条进行读取写入,内存条的性能、容量及安装质量将对整个计算机系统产生重要影响。在选择好内存条后,首要要解决的问题就是内存条的安装。那么,如何来安装内存条？安装内存条时又该注意些什么呢？

1. 台式机内存条的安装

不同种类内存条的结构非常相似,从外观上看最明显的区别是它们的金手指,各种内存都有自己独特结构的插槽,只能对应地使用。下面以 DDR2 内存条为例介绍内存条的安装方法,其他内存条的安装步骤也都类似。

步骤 1　在主板上找到安装内存条的插槽位置，一般主板上会有多个内存插槽，如果只有一个内存条，最好把它插在距 CPU 最近的插槽中。离 CPU 最近的内存插槽与 CPU 进行数据交换，信号受到的干扰会少一些，所以这个插槽的工作稳定性比较高。

步骤 2　将内存条插槽两边的白色扳手向外侧扳开，以便内存条能够稳固地插在插槽里，如图 4-8 所示。

步骤 3　将内存条对准插槽的缺口。内存条的凹口要和插槽中的凸起对齐，否则无法插入，这也是一种防反插的措施，如图 4-9 所示。

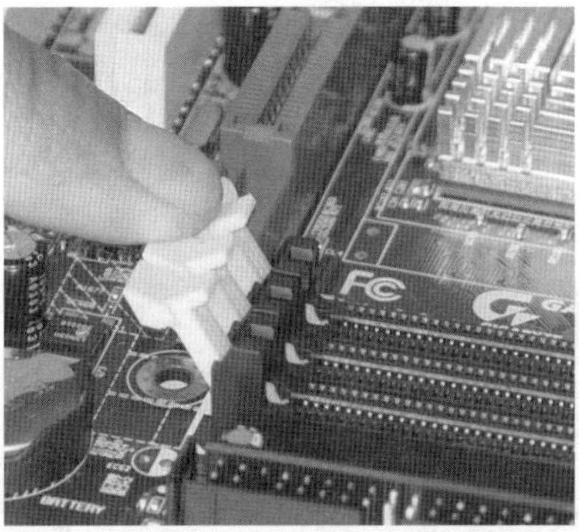

图 4-8　向外侧扳开扳手

图 4-9　将内存条上的凹口对准主板上插槽的凸起

步骤 4　将内存条垂直放入内存插槽中后，双手同时稍微用力向下按内存条的顶部，使内存条的金手指能够完全插入到插槽内，若听到“啪”的一声，这就表明内存条已经插好了，如图 4-10 所示。

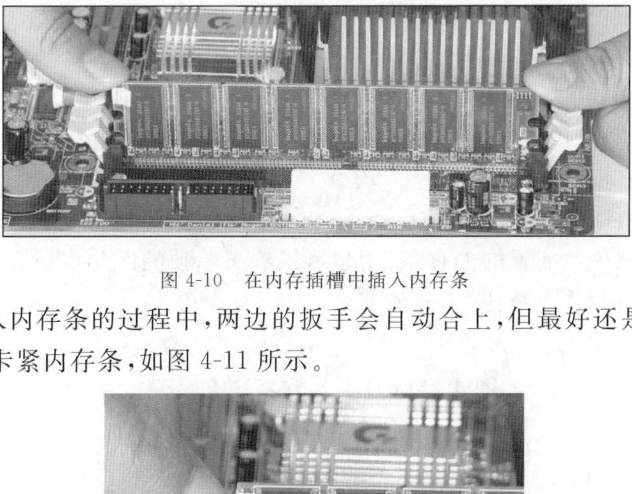

图 4-10　在内存插槽中插入内存条

步骤 5　在插入内存条的过程中，两边的扳手会自动合上，但最好还是检查一下，以使这两个扳手能够真正卡紧内存条，如图 4-11 所示。

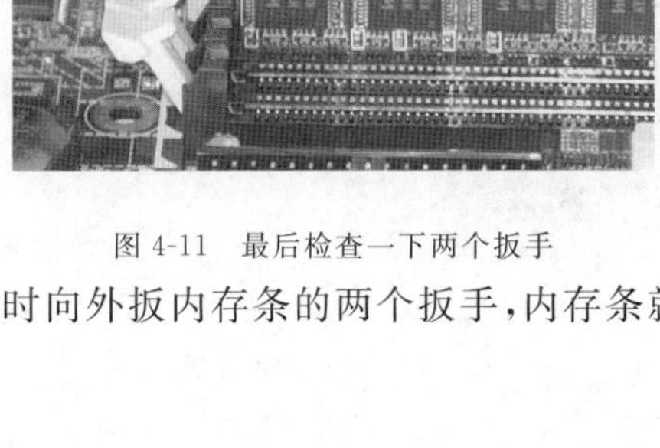

图 4-11　最后检查一下两个扳手

拆卸内存条时用双手同时向外扳内存条的两个扳手，内存条就可以被自动弹出。

2. 笔记本计算机内存条的升级安装

用户可以通过追加内存条来升级笔记本计算机的性能，其安装过程比台式机更简便。目前笔记本计算机的内存条安装位置主要有机身底部或者键盘下方两个地方，以机身底部最为常见。安装主要步骤描述如下：

步骤 1 内存插槽一般都用一个仓盖保护，仓盖一般为长条形，其中一边还有“脚”标志(也有部分笔记本计算机底部只有一个盖子，这时就要把整个底盖打开了)，用螺丝刀轻轻拧下仓盖上的螺丝，就可以见到原有内存条了。

步骤 2 调整内存条金手指的缺口部分的位置，使它正对如图 4-12(a)所示的内存插槽固定凸起部分；45°角斜插入插槽，如图 4-12(b)所示，然后轻轻往下按一下，就会听到“啪”的一声轻响，说明内存条被两边的弹簧卡扣卡住，如果没能听到声响，很可能没安装好，需要重新安装。

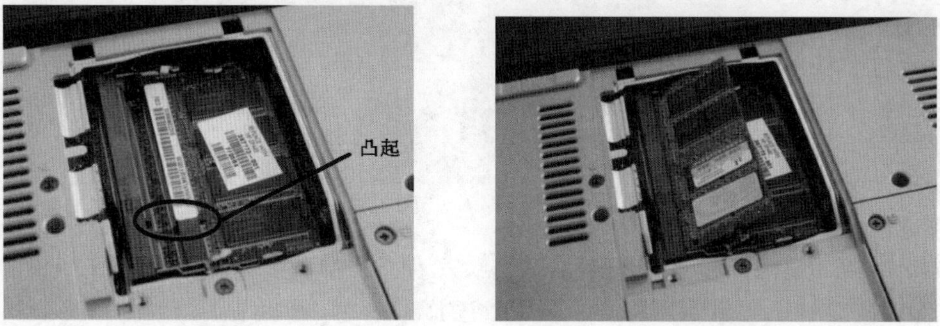

(a)内存插槽固定凸起　　(b)45°角斜插内存

图 4-12　笔记本计算机内存条的安装

步骤 3 装好内存条后，不急于盖上仓盖，先加电开机，进入 BIOS 查看内存容量是否有所增加；接着再进入操作系统，尝试一下常见的操作或运行一些应用程序，也可以通过测试软件，查看内存的参数，以确定新内存和原来标配内存的兼容性如何；如果没有问题就可以关机，盖上仓盖，整个升级过程完成。

3. 自己动手给内存条降温

对于原有的无散热器配置的内存条，用户可以购买单独的散热器自己加装，以提高内存条散热效果。散热器的安装很简便，步骤如下：

步骤 1 如图 4-13(a)所示，散热器是通过螺丝固定的两片铝片，先卸下螺丝。

步骤 2 取出导热胶垫，如图 4-13(b)所示，它将用在散热片和内存颗粒之间，可以更好地将内存颗粒的热量传递到散热片上。

步骤 3 将铝片和内存条用导热胶垫贴牢，并通过螺丝固定散热片夹住内存条，安装工作就完成了，如图 4-13(c)、图 4-13(d)所示。

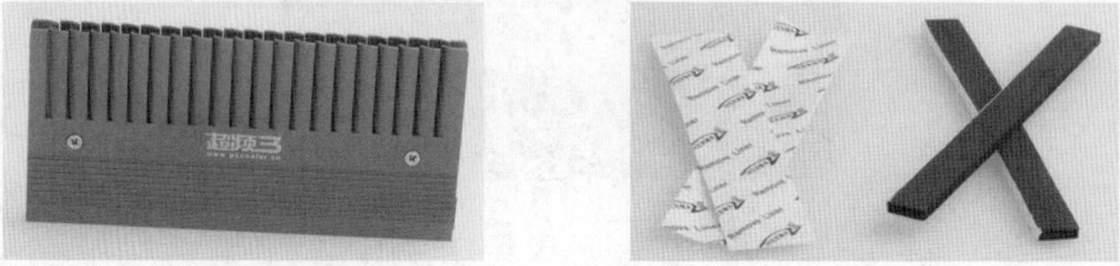

(a) 散热器　　(b)导热胶垫

图 4-13　给内存条降温

(c)将导热胶垫贴在散热片上

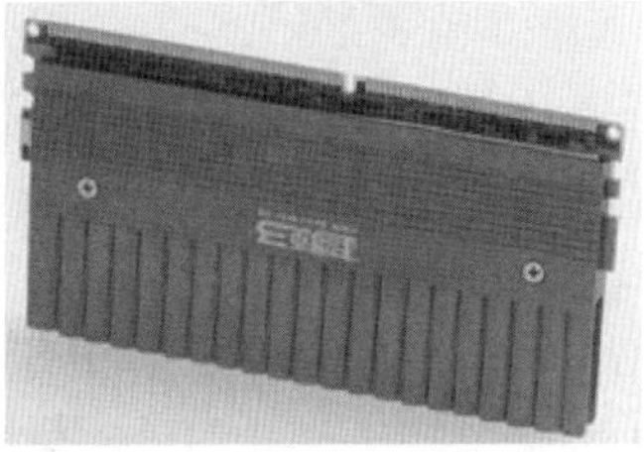
(d)夹好内存条

图 4-13(续)　给内存条降温

注意:换内存条前先放掉身上的静电,静电是电子产品的杀手,容易损坏板卡或者芯片。放掉静电的方法很简单:摸摸水管或者墙或者地面等接地的物体,另外,在安装或拆卸内存条时要切断主机电源,不要带电作业,以免带来不必要的麻烦。

知识拓展:内存的分类

内存多种多样,包括不同的结构、不同的容量、不同的速度和不同的接口等,因此内存的种类也要从多方面进行划分。

1. 按工作原理分类

按内存的工作原理可分为只读存储器 ROM 和随机存储器 RAM。

(1)只读存储器 ROM。只读存储器 ROM 中的程序或数据是由计算机厂商用特殊的装置写在芯片中的,只能读取,不能随意改变。对于可编程只读存储器,可以通过编程器重写或修改其中的数据。计算机中的只读存储器包括主板上的 BIOS 芯片、显卡中的 BIOS 芯片、网卡中的 BIOS 芯片等。

①EPROM(紫外线擦除可编程只读存储器)。芯片上方有一个透光的窗口,是用于擦除信息的。写入时需将 EPROM 芯片插到编程器上,通过操作编程器即可写入信息,一旦写入,即使断电,信息也不会丢失,写入完毕需将窗口用不透明的标签盖住,以免因光照而丢失信息。需要擦除数据时,只要用紫外线照射芯片上方的窗口即可。这种芯片在早期的主板中经常用到。

②EEPROM(电擦除可编程只读存储器)。一种通过软件或编程器就可写入的只读存储器,经常用到的 Flash Memory(闪速存储器)就是其中的一种。现在 Flash Memory 被广泛用于新型的主板上和可移动磁盘中,把 BIOS 程序存储在其中,当需要升级或修改 BIOS 程序时,只要运行相应的软件即可进行升级和修改,非常方便。

(2)随机存储器 RAM。RAM 是可被读取和写入的内存,我们可以写数据到 RAM,同时也可从 RAM 读取数据,这和 ROM 内存有所不同。但是 RAM 必须由稳定流畅的电力来保持它本身的稳定性,所以一旦电源关闭,则原先在 RAM 里的数据将随之消失。

RAM 一般由静态 RAM(SRAM)和动态 RAM(DRAM)两部分组成。

①静态随机存储器 SRAM(Static RAM)。SRAM 在计算机中主要用于高速缓存,由于它的结构比较复杂,生产成本又相对较高,因此,高速缓存的容量都是比较小的,通常在几十千字节至几兆字节之间,这样的结构不适合做主存。由于其内部存储的数据是不需要刷新的,因此它的存取速度也非常快。

②动态随机存储器 DRAM(Dynamic RAM)。相对于 SRAM 来说,存储在 DRAM 中的数据是需要随时刷新的。所谓刷新,就是定期给存储单元补充电荷,以保证存储在其中的数据

不发生改变。由于 DRAM 的结构比较简单,因此它的集成度较高,容易制成较大容量的存储器,而且生产成本又相对较低,这样的结构比较适合做主存。通常所说的内存,实质上指的是 DRAM 这部分存储器。

2. 按功能分类

(1)主存。主存指计算机中用于存放程序和数据的随机存储器,一般容量较大,通常由 DRAM 构成。

(2)高速缓冲存储器(Cache)。高速缓冲存储器简称高速缓存,是指介于 CPU 和内存之间的起到缓冲作用的随机存储器。通常情况下,CPU 的速度要比内存的速度快得多,两者之间存在着速度上的不匹配现象。为了缓解它们之间的速度差别,在二者之间插入一部分存储器,使之从速度上起到缓冲的作用。对于这部分存储器,要求从速度上必须同 CPU 匹配,否则起不到缓冲作用。在所有内存中,只有 SRAM 才具备这样的速度,所以 Cache 通常是由 SRAM 构成的。一般情况下,在 CPU 和内存之间都要插入两级甚至三级高速缓存,即 L1 Cache、L2 Cache 和 L3 Cache,它们的容量一般为几十千字节至几兆字节。

(3)映射存储器(Shadow RAM)。也称影子内存,它实质上是计算机主存的一部分,即 768 KB～1 MB 的存储器。这部分存储器通常不能被用户直接访问,只能在计算机启动时把各种 ROM BIOS 的副本存放在其中,以供用户随时进行访问。由于系统访问 Shadow RAM 比访问 ROM BIOS 的速度快,因此,为了提高计算机系统的性能,在 CMOS 设置中都要把 Shadow RAM 部分设置成 Enabled 状态。

3. 按内存条的接口分类

内存条接口类型是指内存条上的针脚数(Pin,也称引脚数、线数),因其表面镀金而且导电触片排列如手指状,所以称为金手指。不同内存条的针脚数也各不相同。笔记本计算机内存条一般采用 200 Pin、204 Pin;台式机内存条则基本使用 240 Pin 和 288 Pin。对应于内存条所采用的不同的针脚数,内存条插槽类型也各不相同。当前内存条的接口类型主要有以下几种:

(1)SIMM 接口

SIMM 多用于早期的 FPM 和 EDD DRAM,如图 4-14 所示,最初一次只能传输 8 bit 数据,后来逐渐发展出 16 bit、32 bit 的 SIMM,其中 8 bit 和 16 bit 的 SIMM 使用 30 Pin 接口,32 bit 的SIMM 则使用 72 Pin 接口。在内存发展进入 SDRAM 时代后,SIMM 逐渐被 DIMM 技术取代。

图 4-14　SIMM 72 Pin EDO 内存条

(2)DIMM 接口

DIMM 与 SIMM 相当类似,不同的只是 DIMM 的金手指两端各自独立传输信号,可以满足更多数据信号的传送需要。同样,采用 DIMM 接口的内存条 SDRAM DIMM 为 168 Pin DIMM 结构,金手指每面为 84 Pin,金手指上有两个卡口,用来避免插入插槽时,错误地将内存条反向插入而导致烧毁;DDR DIMM 则采用184 Pin DIMM结构,金手指每面有 92 Pin,金手指上只有一个卡口。DDR2 及 DDR3 内存为 240 Pin,而金士顿骇客神条 Predator DDR4 3333 具有

288 Pin，并且金手指采用曲线设计，方便插拔并且接触点更加稳定可靠，如图 4-15 所示。

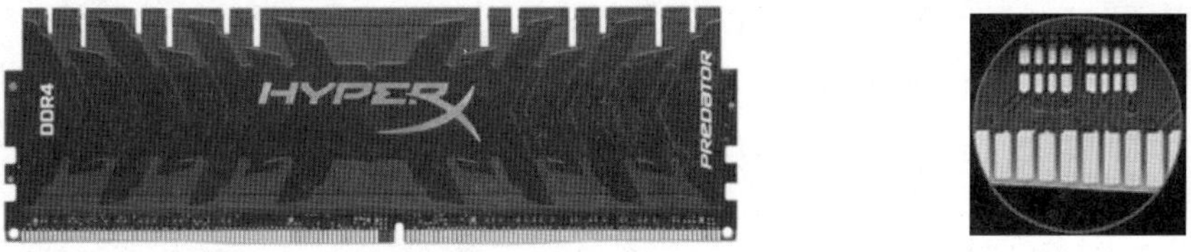

图 4-15　采用曲线设计的 DDR4 288 Pin 内存条

为了满足笔记本计算机对内存尺寸的要求还开发出了 SO-DIMM(Small Out-line DIMM Module)内存条，它的尺寸比标准的 DIMM 要小很多，而且引脚数也不相同。同样，SO-DIMM也根据 SDRAM 和 DDR 内存条规格不同而不同，SDRAM 的 SO-DIMM 内存条只有 144 Pin 引脚，而金士顿 DDR4 2400 笔记本计算机内存拥有 260 Pin 引脚。

(3)RIMM 接口

RIMM 是 Rambus 公司生产的 RDRAM 内存条所采用的接口类型，RIMM 内存条与 DIMM 内存条外形尺寸差不多，金手指同样也是双面的 Pin，如图 4-16 所示，RIMM 也是 184 Pin 的针脚，在金手指的中间部分有两个靠得很近的卡口。RIMM 非 ECC 板有 16 位数据宽度，ECC 板则是 18 位。RDRAM 最初得到了英特尔的大力支持，但由于其高昂的价格以及 Rambus 公司的专利许可限制，一直未能成为市场主流，其地位被相对廉价而性能同样出色的 DDR SDRAM 迅速取代。

图 4-16　RIMM 184 Pin 的 RDRAM 内存条

习　题

一、选择题

1. 内存按工作原理可以分为(　　)。

A. RAM　　B. DRAM　　C. SRAM　　D. ROM

2. 将内存储器分为主存储器、高速缓冲存储器和映射存储器，这是按(　　)标准来划分的。

A. 工作原理　　B. 封装形式　　C. 功能　　D. 结构

3. 按存储器在计算机中位置的不同，可以将其分为(　　)。

A. 主存储器　　B. 内存储器　　C. 外存储器　　D. 随机存储器

4. 现在市场上流行的内存条是(　　)。

A. 72 Pin　　B. 168 Pin　　C. 184 Pin　　D. 288 Pin

5. 现在主板上的主流内存插槽为(　　)。

A. RDRAM 插槽　　B. SIMM 插槽　　C. SDRAM 插槽　　D. DIMM 插槽

二、判断题

1. 内存储器也就是主存储器。　　(　　)

2. 选购内存条时，内存条的容量、速度、插槽等都是要考虑的因素。 ( )

3. ROM 是一种随机存储器，它可以分为静态存储器和动态存储器两种。 ( )

4. 将存储器分为 DIP 内存、SIMM 内存和 DIMM 内存，这是按内存的线数来划分的。 ( )

三、简答题

1. 为什么人们常把 RAM 称为内存？
2. 简述 SRAM 和 DRAM 的区别。
3. 用什么办法可以区分两种内存条之间的速度差别？
4. 主流的内存条有哪些？
5. 简述内存条的主要性能指标。
6. 内存条有哪些技术规范？

任务5 主板的选配与安装

任务实施要点：

知识要求：

- 掌握主板的结构及功能
- 掌握主板选配的基本知识
- 掌握主板的性能指标

技能要求：

- 能够按要求选配主板
- 能够正确地安装主板

准备知识导入：

主板(Main Board)，安装在机箱内，是计算机系统中最大的一块电路板，是计算机的核心部件。主板上分布了组成计算的主要电路系统，一般包括BIOS芯片、I/O控制芯片、键盘和面板控制开关接口、指示灯插接件、扩充插槽、主板及插卡的直流电源供电接插件等。它为CPU、内存和各种功能卡提供安装插槽；还为各种磁(光)存储设备、打印和扫描等I/O设备以及数码相机、摄像头、调制解调器(Modem)等多媒体和通信设备提供接口。计算机通过主板将各种器件和外部设备有机地连接起来，形成一个完整的硬件系统。

子任务1 主板的选配

主板是计算机各部件协同工作的平台，主板的功能、稳定性和可扩展性对计算机整体性能和档次有重要影响，在选购主板时，需考虑以下因素：

(1)选择知名厂商的主板

在主板的选择上，尽可能选用业界知名厂商质量有保障的产品，比较好的主板生产厂商有技嘉(Giga-Byte)、微星(MSI)、华擎(ASRock)、昂达(ONDA)以及七彩虹(Colorful)等，这些厂商技术力量雄厚，主板制作工艺先进，研发能力强大，售后服务优良，主板的质量和功能完全可以满足用户的需求。

(2)CPU是选择主板的主导

在选择主板前，首先要根据自己的需要，确定CPU型号规格，然后再选购主板。目前市场上的主板产品根据支持CPU的不同，其使用的处理器插座也有差异，主要分为Intel和AMD两大系列，如Intel的LGA 1151和AMD Socket AM4，这两大系列的CPU均可以满足用户日常办公、娱乐和各专业领域的需要。

(3)确定主板的技术档次

确定了CPU类型，也就确定了主板的类型，但即使在同一类型主板中，其性能、价格等方面也有很大的差别，例如在选购时，还需要考虑是否采用集成主板，即集成了显卡、声卡、网卡等功能的主板。集成主板可以降低整机造价，在兼容性和稳定性方面也有优势，但集成的配件往往在性能上难以达到高的要求，而且升级困难。

(4)选择主板上芯片组的型号

选择主板时，最重要的一点就是要注意主板的芯片组，一般情况下，不同厂商的产品，如果芯片组相同，那么性能就不会有很大差别。目前，生产芯片组的厂商主要是Intel和AMD两家，Intel公司的芯片组在性能、兼容性和稳定性方面处于领先水平，相应价格也比同档次的其他产品高，如其主流的Z270芯片组，能够支持LGA 1151接口的Core i7/Core i5/Core i3/Pentium/Celeron处理器。

购买主板时一般都需要考虑计算机和主板将来的扩展能力，一台计算机的扩展能力主要取决于主板的升级潜力。主板的升级潜力主要表现在主板对CPU频率的支持、扩展槽和内存插槽的数量以及BIOS的可升级性等方面，所以在选购时应尽量选择采用ATX大板设计、扩展和附加功能都较为齐全的产品，这样可以为今后升级内存、硬盘以及添加电视卡等PCI设备留有更多余地。

子任务2 主板的安装

把CPU和内存条安装在主板上之后，就可以将主板放入机箱中，进行固定和连接。

步骤1 把准备好的机箱外壳打开，取出机箱中附带的螺钉、螺母和塑料钉等紧固件，并把机箱平稳地放到工作台上，找到机箱内安装主板的螺钉孔。

步骤2 找出随机箱附带的主板垫脚螺母和塑料钉，将其拧到机箱底板螺钉孔中，根据主板和机箱底板的实际情况，至少选取三颗垫脚螺母，一般在主板的后侧左、右各选取一个，在主板的前侧中部选取一个，如图5-1所示。

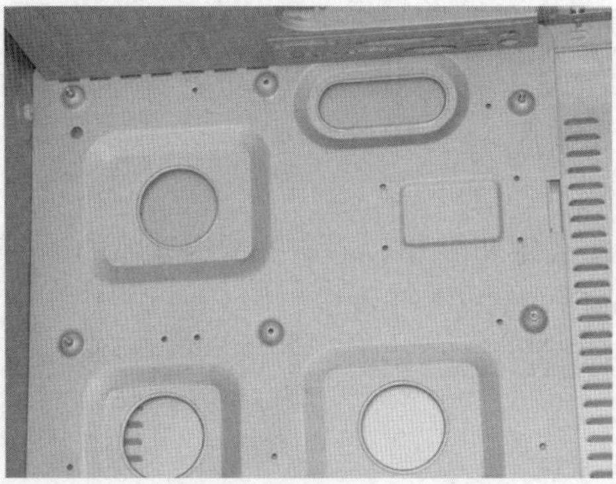

微课

主板的安装

图5-1 打开机箱外壳

步骤3 先将机箱上的I/O接口的挡板拆除，将主板的I/O接口(COM接口、键盘接口、鼠标接口等)一端对准机箱后的I/O接口安装槽，并将主板平放在机箱底板上。

步骤4 将主板上的螺钉孔与垫脚螺母(铜柱)对齐，检查主板放置无误后，使用螺钉将主板固定到机箱底板上，如图5-2所示。

步骤5 将机箱立起，检查机箱内是否有多余的螺钉，并清除其他杂物。

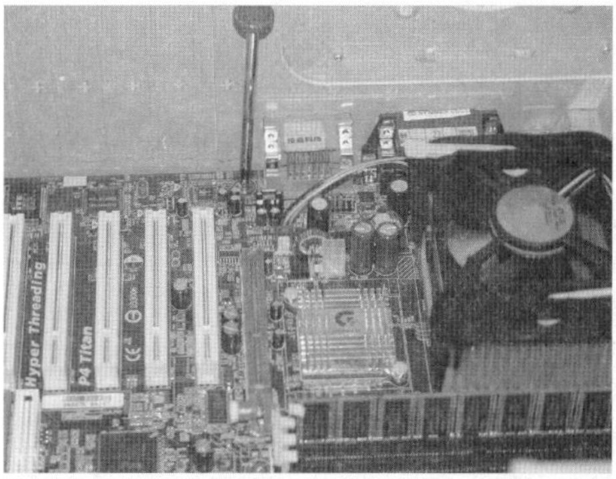

图 5-2　选取垫脚螺母

步骤 6　将电源输出的 20 芯或 24 芯插头插入主板的双排 20 孔或 24 孔电源插座内，4 针插头插入主板的 4 芯电源插座内，为 CPU 风扇供电。上述插口均有防反向插入功能，如图 5-3 所示。

图 5-3　防反向插口

步骤 7　参照主板说明书，将机箱面板的按钮、开关和指示灯插头正确地插入相应的插针座，如图 5-4 所示。将主板上的扩展前置 USB 接口和音频接口与主板正确地进行连接，在插接机箱前置的 USB 接口时，要仔细对照，防止连接错误造成主板烧毁。至此，主板安装完成。

图 5-4　插针座

知识拓展：主板性能及主流主板

目前市场上销售的主板类型多种多样，大小尺寸也各不相同，但其组成基本一致。以 ATX 结构为例，主要包括芯片组、CPU 插槽、内存插槽、总线扩展插槽、外存储器接口、BIOS 电路、板载的网卡和声卡、电源插座、键盘接口等，如图 5-5 所示。

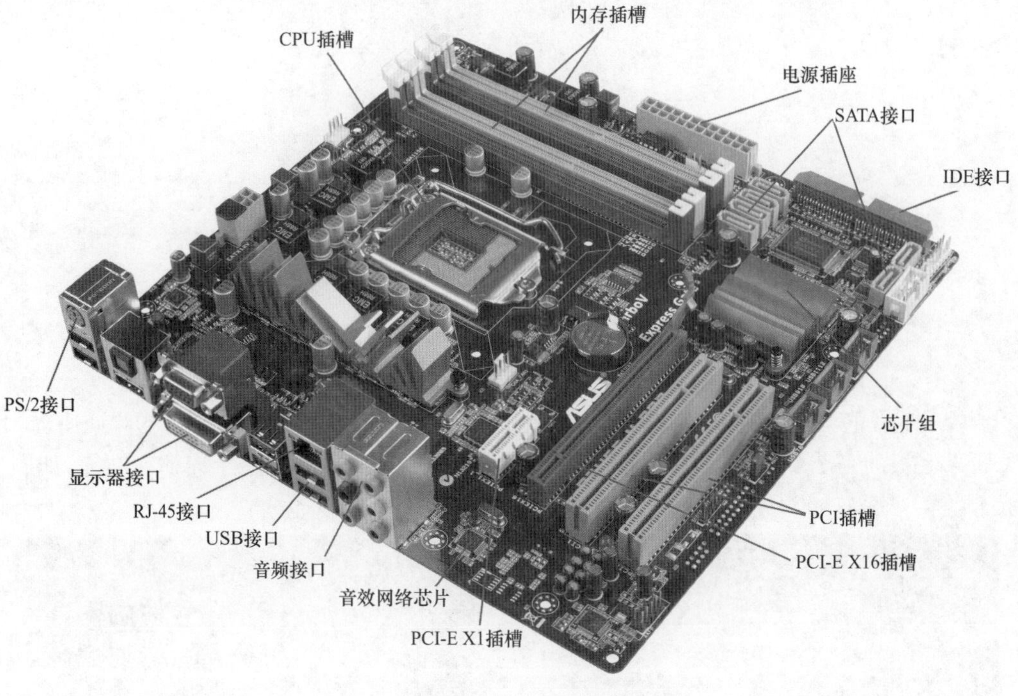

图 5-5　主板结构

1. 芯片组

芯片组是主板的灵魂与核心，是主板上仅次于 CPU 的第二大芯片，上面高密度集成了许多电子元件，采用了表面封装的形式焊接在主板上，或是以引脚网状阵列封装的形式插入主板的插槽中，芯片组发挥着使 CPU 与其他外围设备进行通信的桥梁作用，它决定了主板的性能和档次，控制着二级缓存，决定 CPU 的种类、内存的类型和容量，并负责处理 CPU 与 PCI-E 之间的信号，控制设备的中断，管理 SATA 设备和各种高速串行、并行、音效、网络接口等。

当前主流的主板均采用单芯片，改变了原来南桥芯片和北桥芯片设计结构，北桥芯片被设计在了处理器内部，如图 5-6 所示是 Intel Z270 芯片组。

图 5-6　Intel Z270 芯片组

Z270 芯片组的主要技术优势包括 Optane（非易失性存储技术）、Intel RST（快速存储技术）、PCI-E 3.0、HSIO 高速 I/O 通道（可自由定义为 PCI-E/USB 3.0/SATA 6 Gbit/s 等不同输入/输出）等。

2. CPU 插槽（座）

CPU 经过多年的发展，采用的接口方式也多种多样，有引脚式、卡式、触点式、针脚式等。不同类型的 CPU 具有不同的插槽，因此，选择 CPU 就必须选择带有与之对应插槽类型的主板。不同类型的主板 CPU 插槽，在插孔数、体积、形状等方面都有变化，所以不能互相接插。如图 5-7 所示为主流的 LGA 1151 CPU 插槽。

图 5-7　LGA 1151 CPU 插槽

3. 内存插槽

内存插槽是用来插放内存条的接口，内存插槽的线数与内存条的引脚数是一一对应的，线数越多，则插槽越长。目前主流的内存是 288 线的 DDR4 内存，如图 5-8 所示。另外，如果主板支持双通道，则内存安装时，要求按主板上内存插槽的颜色成对使用，可实现双通道数据传输，提高数据传输速度和效率。

图 5-8　DDR4 内存插槽

4. 总线扩展插槽

总线扩展插槽是主板上面积最大的部件，计算机上常用的总线扩展插槽有 PCI 插槽和 PCI Express 插槽。

(1)PCI 插槽(Peripheral Component Interconnect，外设部件互联总线)

PCI 插槽是不依赖于某个具体处理器的局部总线。PCI 插槽的时钟频率为 33.3 MHz/66 MHz，最大数据传输速率为133 Mbit/s，总线宽度为 32 位或 64 位。PCI 插槽的颜色为白色，如图 5-9 所示。PCI 插槽只能插入 PCI 接口卡，如声卡、网卡、Modem 等。

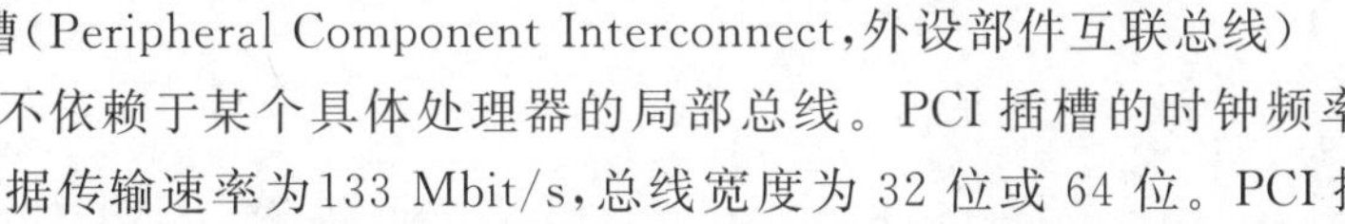

图 5-9　PCI 插槽

(2)PCI Express 插槽

PCI Express (以下简称 PCI-E)是替代 PCI 总线的新总线技术规范，其最具意义的变化是设备连接方式的改变,PCI-E 采用点对点连接方式,以独占传输通道方式进行数据传输,避免了其他设备的干扰,信号的质量和可靠性得以提高。尽管 PCI-E 技术规格允许实现 X1、X2、X4、X8、X12、X16 和 X32 通道规格,但主流是 PCI-E X1 和 PCI-E X16 两种规格。PCI-E X1 的传输速度为 250 Mbit/s,可以满足主流声效芯片、网卡芯片和存储设备对数据传输带宽的需求。PCI-E X16 提供 5 Gbit/s 的带宽,可以满足图形芯片对数据传输带宽的需求。所以很多芯片组厂商在南桥芯片中添加对 PCI-E X1 的支持,在北桥芯片中添加对 PCI-E X16 的支持。现在主板上的图形接口插槽已被 PCI-E 技术占领，PCI-E 插槽如图 5-10 所示。

图 5-10 PCI-E 插槽

5. 电源插座和 SATA 接口

(1)电源插座

电源插座是主板与电源连接的接口,负责为计算机中 CPU、内存、硬盘等所有需要供电的部件提供电源。ATX 电源插座是 20(24)芯双列式插座,具有防插错功能。ATX 电源在软件的配合下,可以实现键盘开机、远程开机等多项功能。主板电源插座如图 5-11 所示。

图 5-11 主板电源插座

主板电源的安装

(2)SATA 接口

SATA(Serial Advanced Technology Architecture,串行高级技术附件),由 Serial ATA Working Group 发起,80 多家公司参与开发,其中包括了 Intel、Seagate、Maxtor、Dell 等大厂商,如今已成为主流硬盘接口。与传统的多通道传输不同,SATA 的数据在一个通道内完成,其第一代产品传输速率就能达到 150 Mbit/s,第二代 SATA 2 技术的传输速率提升到了 300 Mbit/s。从技术角度讲,SATA 一次只传输一个 bit 的数据,减少了延迟和纠错的时间,从而提高 bit 流的传递速度。

SATA 接口、SATA 数据线以及 SATA 电源线如图 5-12 所示。SATA 数据线的体积变小，使整机的散热效果更好，同时与硬盘的连接更加方便，此外 SATA 还支持热插拔技术。

(a)SATA接口　(b)SATA数据线　(c)SATA电源线

图 5-12　SATA 接口、SATA 数据线、SATA 电源线

6. 主板 I/O 接口

以华硕 PRIME Z270-A 主板为例，主板 I/O 接口通常包括 USB 接口、视频接口、键鼠通用接口、网络接口、音频接口以及光纤接口等，如图 5-13 所示。

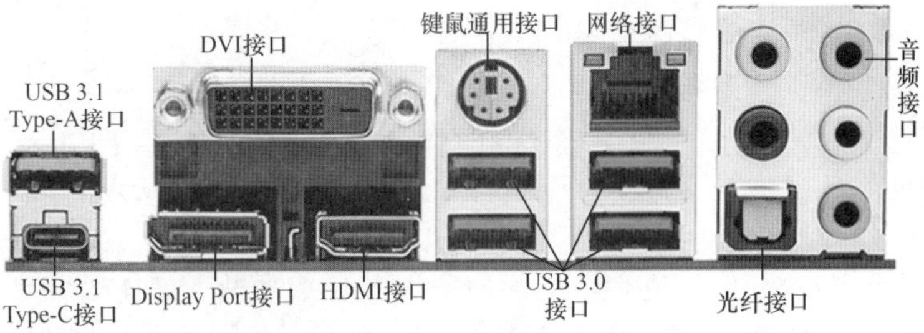

图 5-13　华硕 PRIME Z270-A 主板 I/O 接口

(1)USB 接口

USB(Universal Serial Bus，通用串行总线)接口是计算机主板上的一个 4 针接口，目前最新规范为 3.1，因传输速度高，热插拔方便而被广大的数码产品所普遍使用。如图 5-13 所示华硕 PRIME Z270-A 主板含 1 个 USB 3.1 Type-A 接口、1 个 USB 3.1 Type-C 接口、6 个 USB 3.0 接口(内置 2 个、背板 4 个)以及 6 个 USB 2.0 接口(内置 6 个)。

其中 USB 3.1 接口突破了固有的传输极限，传输速度高达 10 Gbit/s，真正展现出急速魅力。2 个 USB 3.1 接口如图 5-14(a)所示，其中包括一个万能插的 Type-C 类型，用于配合智能数码设备等，可正反随心插拔，用户无须辨识正反方向，一次插入即可连接成功，有效避免因用户错误方向插入给主板硬件带来的物理损害，如图 5-14(b)所示；另外一个 USB 3.1 接口为 Type-A 类型，用以保持向下兼容，支持所有已有的 USB 设备，不造成资源浪费。

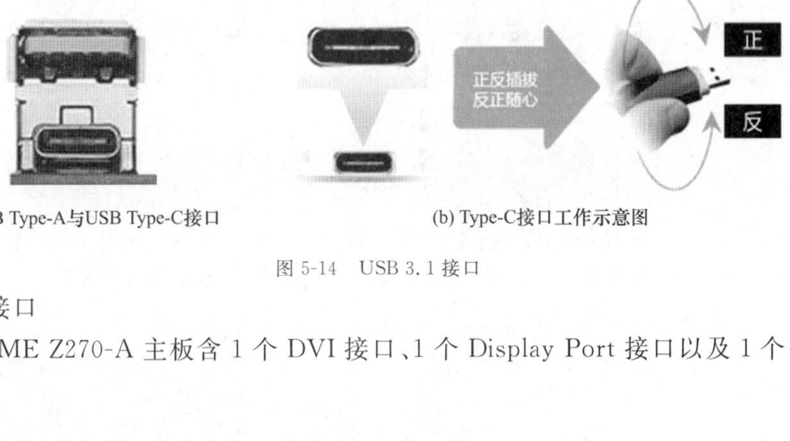

(a) USB Type-A与USB Type-C接口　(b) Type-C接口工作示意图

图 5-14　USB 3.1 接口

(2)视频接口

华硕 PRIME Z270-A 主板含 1 个 DVI 接口、1 个 Display Port 接口以及 1 个 HDMI0 接

口，如图 5-15 所示。

图 5-15 DVI 接口(上)、Display Port 接口(左下)和 HDMI 接口(右下)

①DVI(Digital Video Interface，数字视频接口)是一种国际开放的接口标准，在 PC、DVD、高清晰电视(HDTV)、高清晰投影仪等设备上有广泛的应用，不易受信号干扰，高分辨率下画面更加细腻。

②DP(Display Port)也是一种高清数字显示接口标准，可以连接计算机和显示器，也可以连接计算机和家庭影院。DP 允许音频与视频信号共用一条线缆进行传输，支持多种高质量的数字音频；更先进的是，DP 在四条主传输通道之外还提供了一条功能强大的辅助通道，该辅助通道的传输带宽为 1 Mbit/s，最高延迟仅为 500 μs，可以直接作为语音、视频等低带宽数据的传输通道；此外还可用于无延迟的游戏控制。可见 Display Port 能够实现对周边设备最大限度的整合和控制。

③HDMI (High Definition Multimedia Interface，高清晰度多媒体接口)是一种数字化视频/音频接口，是适合影像传输的专用型数字化接口，可同时传送音频和影像信号，最高数据传输速度为 2.25 Gbit/s。

使用 HDMI 视频接口具有以下优点：

HDMI 是数字接口，由于所有的模拟连接(例如分量视频或 S-video)要求在从模拟转换为数字时没有损失，因此它能提供最佳的视频质量，并且在高分辨率时优势更加明显，数字视频将比分量视频更清晰，消除了分量视频中的柔和度问题和拖尾现象。

HDMI 在单线缆中集成视频和多声道音频，从而消除了当前 A/V 系统中使用的多线缆的高成本、复杂混乱等弊端，对于升级或添加设备特别重要。与 DVI 相比，HDMI 接口的体积更小，线缆长度最佳距离不超过 8 米，只要一条 HDMI 缆线就可以取代最多 13 条模拟传输线，能有效解决家庭娱乐系统背后连线杂乱的问题。

HDMI 设备具有“即插即用”的特点，信号源和显示设备之间会自动进行“协商”，选择最合适的视频/音频格式。

(3)音频接口和光纤接口

如果主板板载了声卡，那么主板就会带有关于声音设备的接口，在机箱后面就会看到一组插孔，为音频线路输入/输出插孔、麦克风插孔等，华硕 PRIME Z270-A 主板的音频接口和光纤接口如图 5-16 所示。

①右上浅蓝色接口为音频输入，连接至磁带播放器或其他音频来源。

②右中浅绿色接口为耳机/音频输出，连接主音箱。

③右下粉色接口为麦克风输入，用于连接麦克风。

④左上橘黄色接口为中置/低音音频输出，用于连接中置/重低音音箱。

⑤左中黑色接口为后置音频输出接口，支持 4、6 或者 8 信道音频。

⑥左下为光纤接口。

有的主板将常用的一些插孔放到机箱的前面，如图 5-17 所示。

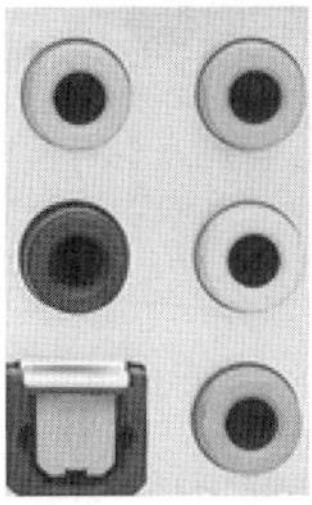

图 5-16　音频接口和光纤接口

图 5-17　前置插孔

（4）键鼠通用接口

键盘、鼠标是计算机的常用输入设备，现在大部分华硕主板为了节省接口，都会用 PS/2 键鼠通用接口，这个接口一般是一半绿一半紫的，键盘、鼠标都可以用。这样键盘和鼠标有一个用 PS/2 接口，另一个则要用 USB 接口。

7. BIOS 芯片

BIOS(Basic Input and Output System，基本输入/输出系统）是集成在主板上的一块 ROM 芯片，如图 5-18 所示，它保存了计算机的基本输入/输出程序、系统设置信息、开机自检程序和系统自举程序。BIOS 的级别高低对主板的性能有着很大的影响。现在主板上普遍采用的是 Flash ROM，使用专门的软件可以实现对 BIOS 的更新和改写，方便了用户的升级，但由此也会带来负面影响，即有可能被病毒攻击，BIOS 的内容一旦被破坏，主板就不能正常工作。所以主板厂商在主板中又采取措施对 BIOS 进行保护，如采用双 BIOS 技术，在主 BIOS 被破坏以后，由备用 BIOS 接替工作。

图 5-18　BIOS 芯片

8. CMOS 芯片

CMOS(Complementary Metal Oxide Semiconductor，互补金属氧化物半导体)，是集成在主板上的一块 RAM 芯片。它保存当前系统的硬件配置和用户对一些参数的设定信息。CMOS 由主板电池供电，即使计算机关闭电源后，其中保存的信息也不会丢失。要对 CMOS 中的各项参数进行设定需要使用专门的程序，现在都将 CMOS 设置程序存储到 BIOS 芯片中。在计算机开机时，只要按下特定的按键，就可以进入 CMOS 设置程序进行设置，因此 CMOS 设置又称为 BIOS 设置。有关 BIOS 的设置和使用方法请参阅任务 12 的内容。

9. 跳线开关

跳线(Jumper)开关是主板上控制电流流动的开关。跳线由两部分组成：一部分是两根或三根金属跳线针，固定在主板上；另一部分是可以活动的跳线帽，它外层是绝缘塑料，内层是导电材料，可以插在跳线针上，将两根跳线针连接起来。跳线帽插在跳线针上时为接通状态 ON，不连接时为断开状态 OFF，如图 5-19 所示。图 5-19(a)所示是 2 针跳线的开路状态，图 5-19(b)所示是 2 针跳线的短接状态，图 5-19(c)所示是 3 针跳线的 1、2 针短接状态，图 5-19(d)所示是 3 针跳线的 2、3 针短接状态。更多跳线的情况原理相同，即有跳线帽连接时为短路接通，有电流通过；反之，无跳线帽连接时无电流通过，开路不通。

主板上还有另外一种类型的跳线叫 DIP 开关，它将普通的跳线做成了小开关的形式，只要按动开关就可以实现不同的设置，用户使用起来十分方便。另外一种更简便的方式就是主

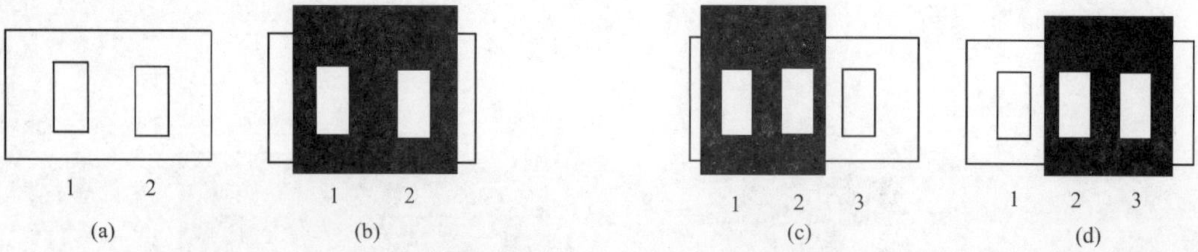

图 5-19 跳线状态

板的免跳线形式。除了一个消除 CMOS 信息的跳线外，就无其他的跳线了，用户所需的设置只要进入 BIOS 设置选项即可实现。

10. 机箱面板指示灯及控制按键插针

机箱面板上有一些开关和指示灯，分别为电源开关、重启开关、电源指示灯、硬盘读写指示灯和键盘锁等。主板不同，面板也会有所不同，它们要分别连接到主板的插针接头上，如图 5-20 所示。其参考标注为：PWR SW 为电源开关接头，Reset SW 为重启开关接头，SPK 为喇叭接头，HDD LED 为硬盘读写指示灯接头，Power-LED 为电源指示灯接头。

微课

机箱信号线的安装

图 5-20 面板上的指示灯

11. 主流主板简介

主板生产厂商有很多，主流的主板生产厂商有华硕、微星、技嘉等，下面以华硕 Z270-A 主板为例，简要介绍主板的结构和功能。

华硕作为一线的主板制造商，已占据了相当大的主板市场份额，其产品的质量和性能已得到市场认可。华硕 Z270-A 主板基于新的 Z270 芯片组，采用 ATX 标准板型设计，拥有“新、稳、强”三大核心优势，可完美支持 KabyLake 处理器。为了更好地实现超频性能，这款主板拥有 10 相数字供电、PROCLOCK、第三代 T-设计以及五重优化等技术，可为超频提供强有力的支持。华硕 Z270-A 主板的设计风格以黑白为主，黑白纹路设计和镂空的 I/O 装甲让主板看上去更有科技感，如图 5-21 所示。

图 5-21 华硕 Z270-A 主板

该主板配备 LGA 1151 CPU 接口，支持六代及七代酷睿系列处理器，因为是 Z270 芯片组，因此可以支持 CPU 超频操作；内存插槽配备的是四条 DDR4-DIMM 插槽，支持内存超频，最高支持到 3866 MHz 的内存频率；PCI-E 设计提供了两条合金固化的 PCI-E 3.0 插槽，上方的是 PCI-E 3.0 X16，下方的是 PCI-E 3.0 X8，支持双路 SLI/CF，此外还有一条 PCI-E 3.0 的长插槽和三条 PCI-E X 插槽，如图 5-22 所示。

图 5-22　PCI-E 插槽

华硕 Z270-A 主板标配的六个 SATA 3.0 接口如图 5-23 所示。

图 5-23　SATA 3.0 接口

为了让产品更坚固更耐用，主板提供了 SafeSlot 高强度显卡插槽、DIGI＋数字供电、不锈钢防潮 I/O 接口、过载安全保护和 LANGuard 网络安全防护等五重防护功能。

为了带来炫酷的视觉效果，主板的音频分割线特别采用了 AURARGB 灯效设计，可提供约 1680 万种色彩选择，再加上恒亮、呼吸、频率闪烁、多彩循环、随音乐节奏律动和随 CPU 温度变色等丰富的灯效预设模式，观赏性非常高。同时它还板载 AURARGB 接针，可与支持 AURASYNC 灯效同步的显卡、内存、键盘、鼠标、机箱、外接 RGB 灯带等设备联动，打造浑然一体的整机灯效。

习　题

1. 选配主板时应该考虑哪些因素？
2. 主板上的芯片组有什么作用？
3. 主板上提供了哪些主要的接口，各接口有什么作用？

任务 6 硬盘及光盘驱动器的选配与安装

任务实施要点：

知识要求：

- 理解硬盘的主要技术指标
- 理解 DVD 驱动器及刻录机的技术指标
- 了解蓝光技术的优势

技能要求：

- 能够识别主流硬盘并进行合理选配
- 能够合理选配 DVD 驱动器
- 能够合理选配刻录机
- 能够熟练安装硬盘
- 能够熟练安装 DVD 驱动器
- 能够熟练安装刻录机

准备知识导入：

硬盘(Hard Disk)也称硬盘驱动器(HDD),是计算机中最重要的外部存储设备之一,承担着对系统文件和用户文件进行存储的任务。硬盘通常安装在主机箱内部,其盘片及磁头均密封在金属盒中,盘片和驱动器连成一体,不可拆卸。硬盘的盘片一般有 1～4 片,甚至更多。在读写期间,高速旋转的盘片与磁头之间形成一层空气膜将磁头托起,使磁头不接触盘片,这种结构提高了硬盘的可靠性和耐磨性,硬盘的内部结构如图 6-1 所示。科学合理地选购和安装硬盘能够延长其使用寿命,并提高系统整体性能。

图 6-1 硬盘的内部结构

光盘驱动器(CD-ROM)是读取光盘信息的设备,光盘存储容量大,价格便宜,保存时间长,适宜保存大量的声音、图像、动画、视频、电影等多媒体信息。DVD 是 CD/LD/VCD/EVD 的后继产品,在诞生之初称为数字视频光盘(Digital Video Disc),目前则称为数字多用途光盘(Digital Versatile Disc),DVD 与 CD 的外观极为相似,通常用来存储标准的电影、高质量的音乐与大容量数据,成为多媒体计算机不可缺少的硬件配置。DVD 光驱一经推出,飞利浦、索尼、先锋等公司立即投入可录式 DVD 研制,飞利浦首先向全球市场推出了第一台 DVD 刻录机 DVD R1000。目前计算机主流配置为 DVD 驱动器或 DVD 刻录机。

本任务以希捷硬盘和先锋光驱为例,讲述硬盘及光盘驱动器的选配方法及安装步骤,并对硬盘的分类等基本知识进行说明。

子任务 1 硬盘的选配

硬盘作为计算机储存大量信息的主要介质,负责用户日常重要资料的保存,平时操作系统的一切操作都离不开硬盘,其重要性不言而喻,可以说它是计算机最为重要的部件,相应地也是计算机硬件中更换最频繁的部件,因此选择一款合适的硬盘十分重要。硬盘选配应遵循以下原则:

1. 选择主流硬盘

知名的硬盘生产厂商主要有希捷(Seagate)、西部数据(Western Digital)、东芝(Toshiba)和三星(Samsung)等。这些厂商生产的硬盘技术先进、性能稳定,在选择硬盘产品时可以优先考虑,其代表产品介绍见本任务知识拓展"主流硬盘"部分。

2. 确定硬盘的主要技术指标

在选购硬盘时,要根据自己的实际需要,确定硬盘的主要技术指标。

(1)硬盘的缓存

硬盘的缓存是硬盘与外部数据总线交换数据的场所,是硬盘内部存储和外界接口之间的缓冲器,其容量通常用 MB 表示。硬盘读取数据时,需将磁信号转换成电信号,通过缓存的填充与清空、再填充与再清空后才可以通过外部总线传送出去。缓存容量的大小与速度快慢,直接关系到硬盘的传输速度和整体性能。目前主流硬盘的缓存主要有 8 MB、16 MB、32 MB 和 64 MB,而在服务器或特殊应用领域中还有缓存容量更大的产品。

(2)主轴转速(Rotational Speed)

主轴转速指硬盘电动机主轴的转速,是决定硬盘内部传输速率的关键因素之一,在很大程度上决定了硬盘的速度,同时转速快慢也是区分硬盘档次的重要标志。目前市场上常见的硬盘转速一般为 7200 r/min,高档的硬盘也可以达到10000 r/min甚至更高,理论上转速越快越好。

(3)数据传输速率

数据传输速率分为外部传输速率和内部传输速率两种,外部传输速率是指从硬盘缓存中向外输出数据的速度,目前主流的 SATA 3.0 接口硬盘,其外部数据传输速率理论值达 6 Gbit/s(实际写入速度为 600 Mbit/s)。内部数据传输速率也称为最大或最小持续传输速率,是指硬盘磁头与缓存之间的数据传输率,后者的高低是衡量一块硬盘整体性能的决定性因素。

(4)单碟容量

单碟容量指硬盘内单独一张碟片容量的大小,单碟容量的提高不仅可以提高硬盘的总容量,而且可以缩短寻道时间,从而进一步提高硬盘的性能。目前主流硬盘的单碟容量大多在1 TB及以上。

(5)稳定性

硬盘稳定性一般指对发热、噪声的控制能力,稳定性好的硬盘可以在超频的情况下稳定地工作,选购硬盘时要注意。

(6)选择主流接口 SATA

SATA 在传输方式上采用的是单通道传输,一次传输一个比特的数据,数据传输速度更快,最新的 SATA 3.0 硬盘的传输速度可达 600 Mbit/s。

SATA 接口的另一个进步在于它的数据连线体积更小,安装更加便捷,具备热插拔功能,使它与硬盘的连接相当方便,可以更加方便地组建磁盘阵列。

3. 根据实际需要选择硬盘

对于普通用户,需要保存的数据量不大,对硬盘的转速、缓存容量等也没有特殊要求,因此,选择一款成熟的品牌和型号即可。在容量方面不需要很大,500 GB 的容量完全可满足要求。不过用户对硬盘的声音会有一定的要求,"难以察觉"的噪声就是同系列硬盘最大的优势。

而对于需要经常备份和交换数据的商业用户,容量和存取速度则变得相对重要,因此1 TB 以上的容量、7200 r/min 转速的产品是首选对象。

如果用户需要进行计算机图形、3D 的制作或进行影视编辑,那么,硬盘容量至少应为1 TB 以上,单碟容量也要在 500 GB 以上,转速至少为 7200 r/min,并且配备尽量大的缓存,以满足图形制作和影视编辑所需要的快速、大容量数据交换的要求。

4. 识别真伪盒装产品

在选择盒装硬盘时,首先要注意包装盒外表是否有代理商标签或者防伪贴,以及内部的盘体上是否有代理商标签。以下给出硬盘几大品牌的官网地址:

希捷官方网站:www.seagate.com/cn/zh/

西部数据官方网站:www.westerndigital.com/cn/

三星官方网站:www.samsung.com/cn/

东芝官方网站:www.toshiba.com.cn

5. 提防返修产品和二手货

要识别和拒绝返修产品或二手货,就要注意观察包装是否完整,是否有拆开过的痕迹,螺丝孔和接口是否有拧过和使用过的痕迹等。最方便的方法就是到厂商指定的代理或者专卖店购买盒装产品,这样虽然价格稍高,但可以享受优质的售后服务。

子任务 2 硬盘的安装

硬盘数据线接口主要有 SATA 和 SAS(Serial Attached SCSI,串行连接 SCSI)两种。SATA 接口又称为串口,是目前主流的硬盘接口,而 SAS 接口主要用于服务器。

1. 安装台式机硬盘

本任务以 SATA 接口硬盘为例介绍硬盘的安装步骤。硬盘安装在机箱的硬盘驱动器支架上,有两项关键工作,一是用串口数据线连接硬盘和主板的 SATA 接口;二是连接主机电源与硬盘间的串口电源线。

步骤 1　准备。

安装前，准备好安装工具，切断计算机电源，释放人体静电，避免人体静电释放时对主机电路的损坏。

步骤 2　固定硬盘。

将有数据接口及电源接口的一端朝向机箱里面，电路板一面向下，轻轻将硬盘插入支架。再通过驱动器支架侧面的条形孔用螺丝将硬盘固定，如图 6-2 所示。

图 6-2　固定硬盘

微课

硬盘的安装

注意：（1）安装硬盘时，要用手接触硬盘的两侧，不要直接接触硬盘的上、下表面，更不要接触到硬盘的电路板。

（2）为了避免硬盘驱动器因振动而造成损坏，在安装时要固定好所有螺丝。

步骤 3　连接数据线和电源线。

SATA 硬盘上有两个电缆接口，分别是 7 针的数据线接口和 SATA 专用的 15 针电源线接口，它们都是扁平式接口，如图 6-3 所示。将数据线与电源线分别插入各自相应的接口。

图 6-3　SATA 数据线接口和电源接口

步骤 4 连接主板的 SATA 接口。

将连接 SATA 硬盘数据线的另一端连接到主板上标有“SATA1”的接口上，如图 6-4 所示，至此，完成了硬盘的硬件安装。

图 6-4 主板 SATA 接口

注意：若安装两个或多个 SATA 硬盘，由于 SATA 硬盘之间采用的是点对点连接方式，用户只要用分离的数据线将各个硬盘连接到主板不同的 SATA 接口上即可。而且是即插即用的。

步骤 5 设置 BIOS。

SATA 硬盘安装完毕，在使用 SATA 硬盘前，用户还要进入 BIOS 打开 SATA 选项，进行一些简单的设置才能使用（详见任务 12 相关内容），之后就可以分区安装系统了。

微课

硬盘光驱线缆的安装

2. 笔记本计算机升级安装固态硬盘

步骤 1 准备。

在更换硬盘之前，首先要了解之前所使用的硬盘厚度，常见的硬盘厚度有 9.5 mm 和7 mm，需购买厚度和原有机械硬盘相同的产品。

此外还要明确硬盘固定方式，通常笔记本硬盘有传统固定、抽屉式固定和带滑轨式固定三种方式，根据不同的固定方式选择对应的拆卸方法。

最后准备螺丝刀和硬盘底座，如果没有硬盘底座，也可以使用一根如图 6-5 所示的 USB 转接线，同样可以将固态硬盘与笔记本计算机相连接。

图 6-5 USB 转接线

步骤 2 硬盘数据备份。

在更换硬盘之前，需要对笔记本计算机里的数据进行备份，以防止在升级过程中因丢失文件而带来的不便。把硬盘连接到笔记本计算机，将计算机里的文件复制到固态硬盘中（可以使用克隆软件实现）。

步骤 3 更换硬盘。

硬盘在面板下方，如图 6-6 所示，逐个取下固定用十字螺丝，便可取下硬盘面板；接着把原来的机械硬盘取出来，拆掉原硬盘托架，如图 6-7 所示。

图 6-6　取下硬盘面板固定螺丝

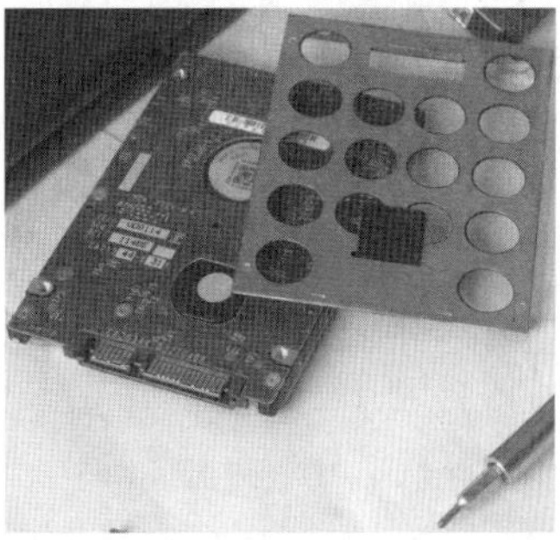

图 6-7　拆掉原硬盘托架

将新的固态硬盘固定于硬盘托架，并置于笔记本计算机中，再次进行固定，如图 6-8 所示，最后把拆卸下来的硬盘面板装回原处。

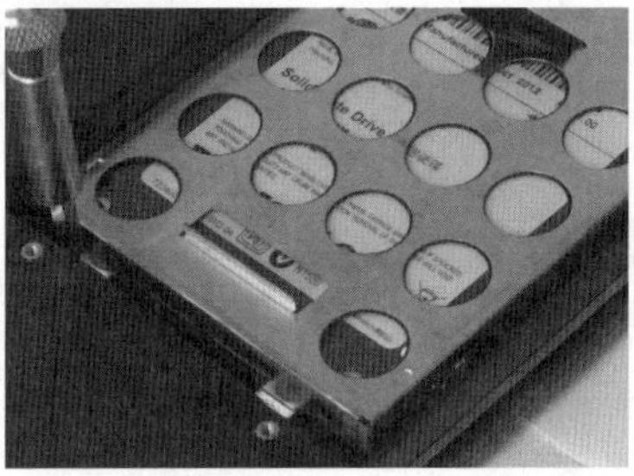

图 6-8　将固态硬盘固定于笔记本计算机中

步骤 4　重新开机测试

硬盘更换完成后，重新开机，测试升级后的笔记本计算机的速度和性能。

子任务 3　DVD 光驱/刻录机的选配与安装

目前市场上常见的光驱种类包括 DVD 光驱、DVD 刻录机、外置 DVD 光驱、外置刻录机、蓝光刻录机、蓝光光驱、蓝光 Combo 以及拷贝机等，其中 DVD 光驱及 DVD 刻录机为主流的产品，本任务以内置式产品为例进行介绍。

1. DVD-ROM 的选购

DVD 光盘利用 MPEG2 的压缩技术来储存影像，DVD-ROM 是可以读取 DVD 碟片的驱动器，兼容 DVD 及 CD 的多种常见格式，DVD-ROM 的选购方法同 CD-ROM 基本类似，需考虑以下因素：

(1)选择主流产品

对于 DVD-ROM 的选购，首先要尽量选择口碑较好的主流品牌，这样光驱的性能、质量、售后服务才能有保障。

(2)确定 DVD-ROM 的读取速度

确定了购买的品牌后，最需要注意的就是光驱的最大读取速度。最大读取速度是指光存储产品在读取 DVD-ROM 光盘时，所能达到的最大光驱倍速。该速度是以 DVD-ROM 倍速来定义的。DVD-ROM 的倍速标准和 CD-ROM 的标准不同，它的倍速标准是1350 kbit/s，也就是说，标识为 16X 的 DVD-ROM，其读取速度为1350×16＝21600 kbit/s。目前 DVD-ROM 驱动器的常见的 DVD 读取速度是 18 倍速。

(3)了解 DVD-ROM 的区码设定

DVD-ROM 的用途除了读取普通的 CD 数据光盘之外，主要就是观看 DVD 电影。出于这个目的，在购买 DVD-ROM 之前最好先了解 DVD-ROM 的区码设定。在制定 DVD 标准的过程中，划分了六个分区码，中国台湾地区和香港地区划分在第 3 区码(Region3)范围内。正常条件下，某区的 DVD-ROM 是不能播放其他区影片的，而 DVD-ROM 也只能更改 5 次分区码信息。有些厂商为了迎合消费者的要求，生产了无分区码的 DVD-ROM 产品，或者其分区码可以通过简单的方法加以破解。对于用户来说，这些产品当然是更好的选择。

(4)测试 DVD-ROM 的兼容性

无论是 DVD 数据光盘还是 DVD 电影光盘，都有其不同的盘片规格，因此，用户在购买 DVD-ROM 时，最好带一些不同规格的 DVD 盘片，以测试 DVD-ROM 对于不同盘片的兼容性。

(5)纠错能力

在光驱的选购中纠错性一直就是用户关心的焦点，许多高纠错能力的技术都已成为品牌的专利以及产品最大的卖点之一。

光驱的容错能力主要看光驱的程序芯片 BIOS 是否能够识别盘片中的毛病并提供解决的方法，解决的方法出来后就会被传导至要执行该解决方法的部件来执行，这个程序是需要厂家的研发人员写进去的。

(6)Cache 容量

高速缓存(Cache)的大小对光驱性能也有很大的影响。主流产品的 Cache 容量为 512 KB、1 MB、2 MB 甚至 4 MB。在价格相差不大的情况下，容量越大越好。

2. DVD 刻录机的选配

刻录机包括了 CD-R、CD-RW、DVD 和蓝光刻录机等，其中 DVD 刻录机又分DVD＋R、DVD-R、DVD＋RW、DVD-RW(W 代表可反复擦写)和 DVD-RAM。由于光驱的硬件类型属于向下兼容，购买技术较新的产品，都能兼容以前的技术标准，当前主流性价比最高的仍然是 DVD 刻录机。

刻录机的外观和普通光驱差不多，只是其前置面板上通常都清楚地标识着写入、复写和读取三种速度，选择 DVD 刻录光驱时遵循以下原则：

(1)优先选择高刻录速度

刻录机既相当于一台可以读取光盘数据的普通光驱，又可以作为 CD-R 来刻录光盘，而 CD-RW 型的刻录机还可以对 CD-RW 盘片进行数据擦除。因此，对于刻录机而言就派生出了刻录速度、复写速度及读取速度。

刻录速度是购买 DVD 刻录机的首要考虑因素，它是指光储产品所支持的最大的刻录倍速，直接决定了刻录机的性能、档次与价格。目前市场主流内置式 DVD 刻录机产品 CD 刻录速度为 48 倍速。

外置式刻录机外形尺寸小巧，着重强调便携性，产品刻录速度一般较低，而体积相对较为笨重的外置式刻录机基本都保持较高的刻录速度，甚至与内置式持平。

除刻录速度外还要注意 DVD 复写速度，复写速度是指 DVD 刻录机在刻录原先存放有数据的光盘时，对其进行数据擦除并刻录新数据的最大刻录速度。

(2)重视缓存容量

对于刻录机来说，缓存越大则连续读取数据的性能越好。在整个刻录过程中硬盘或光驱要不断地向刻录机的缓存中写入数据，而刻录机又不停地把数据刻写在光盘上。因此，缓存容量的大小，直接影响刻录的稳定性。

(3)了解 DVD 刻录机的兼容性

兼容性是选购的另一个重要因素。首先是对盘片的兼容性。盘片是刻录数据的载体，包括 CD-R 和 CD-RW 盘片。高品质的刻录机对各类盘片都有好的兼容性，其次是对刻录方式的兼容性，尤其是是否支持增量包刻写(Incremental Packet Writing)的刻录方式，该技术允许用户在同一条轨道中多次追加刻写数据，提高 CD-RW 盘片的使用效率和刻写的稳定性。

(4)平均寻道时间及 CPU 占用率

平均寻道时间是从激光头定位到开始读写盘片所需要的时间，单位为毫秒。它也是衡量光驱和刻录机读写速度的一个重要指标，刻录机的平均寻道时间一般都比 CD-ROM 的平均寻道时间要长。

任何硬件在工作时 CPU 的占用率都是越低越好，对于刻录机来说，CPU 占用率的大小跟所使用的具体的刻录软件也有很大的关系。

(5)选择 DVD 刻录机安装方式

光驱按安装方式可以分为内置式和外置式。内置式光驱是目前普通用户广泛采用的安装形式，这种光驱可以安装在计算机机箱的 5 英寸的位置上，通过内部接口连接到主板上。外置式光驱自身带有保护外壳，可以放在计算机机箱外面，通过 USB 接口与计算机相连接使用，不必安装到计算机机箱里去，使用方便。建议选择内置式刻录机，如果 USB 接口的数据传输不够稳定，外置式刻录机就会经常出现刻录失败的问题，不够安全。

(6)刻录盘的选择

优质和劣质刻录盘的使用效果和保存时间有很大差别，劣质刻录盘不但刻录成功率低、保存时间短，甚至可能损坏刻录机。用户选择刻录盘的时候，可以从以下两个方面考虑：

质量：根据刻录盘使用有机染料的颜色不同，刻录盘分为金盘、蓝盘和绿盘。其中金盘的性能最好，具有较好的抗光性，适宜长期存放资料，不过成本稍高；绿盘和蓝盘最为普遍，价格较便宜，兼容性较好，但抗光性相对较弱，寿命较短。

速度：随着高速刻录的流行，更多的用户开始选择高速刻录盘。刻录盘支持的速度一般都标识在盘面上，用户可以根据自己刻录机的情况进行选择。

3. 蓝光产品选购

蓝光(Blu-ray)或称蓝光盘(Blu-ray Disc，BD)是最新的革命性光学储存技术，它利用波长较短(405 nm)的蓝色激光实现录制、重复写入及播放高画质的影片，同时可以存储大容量的数据资料。

(1)选择蓝光刻录机或蓝光康宝

蓝光刻录机对 CD、DVD、BD 三种盘片各种规格的读取和刻录要求都可以满足,功能全面,适合数据读取频繁及有蓝光刻录需求的用户。

COMBO 光驱是一种集合了 CD 刻录、CD-ROM 和 DVD-ROM 的多功能光存储产品,俗称“康宝”,是三星公司智慧、技术和用户消费需求的完美结合。其最大特点就在于功能的高度集成化以及它相对低廉的价格,购买 COMBO 光驱主要考虑它的速度和缓存的大小。

BD 康宝价格相对较低,但它只可以播放蓝光光盘,以及刻录 DVD、CD 光盘,而不能刻录 BD 盘,比较适合喜欢看高清电影又不需要刻录蓝光光盘的用户。

(2)注意光驱噪声及振动控制

一款出色的蓝光光驱不仅具有主流的出色性能,还应具备特有的静音设计技术。因此用户在选购时,应着重注意该光驱是否有相应的噪声控制及减振技术,如 LG 蓝光光驱加入的超强静音自动减振技术,可大大减少产品的运行过程中由于盘片不平衡和光驱机身振动而引起的振动和噪声,令光盘运转顺滑流畅,确保读盘及刻录时安静的效果,更好地提高光盘的可读性及保证刻录和读取品质。

(3)注意选购一线品牌产品

目前市场上蓝光光驱品牌众多,如先锋作为蓝光技术创建者之一,第一个实现了蓝光产品的成品化。购买时可以首先考虑先锋、LG、华硕等一线品牌产品。

4. DVD 光驱/ DVD 刻录机的安装

微课

光驱的安装

目前市场上的光驱/刻录机主要分为外置式和内置式两种,内置式就是安装在计算机主机内部,外置式则是通过外部接口连接在主机上。家用市场的外置式光储产品性能要远低于内置式;而在专业市场,外置式光储产品性能基本与内置式光储产品性能相当,目前市场上主流光驱/刻录机为内置 SATA 接口产品,下面以该标准为例介绍安装步骤。

步骤 1 准备工作。

与安装硬盘类似,为了顺利完成安装光驱/刻录机的工作,用户需要提前准备安装工具。在安装光驱/刻录机前要去除安装人员及机箱的静电,确保器件安全。

步骤 2 固定光驱/刻录机。

打开计算机机箱的外壳,选择一个空闲的 5 英寸插槽,卸下挡板,然后将光驱/刻录机置于插槽内,使光驱的前面板与机箱的前面板平齐,然后通过驱动器支架旁边的条形孔,用螺丝将光驱固定。

步骤 3 连接数据线及电源。

将 SATA 接口的数据线和 SATA 接口的电源线分别插入光驱/刻录机背部的数据接口和供电接口(有些厂商考虑到很多电源未必提供足够的 SATA 供电接口,随刻录机附送一条 4 针转 SATA 供电线,用于接口轮换),如图 6-9 所示。

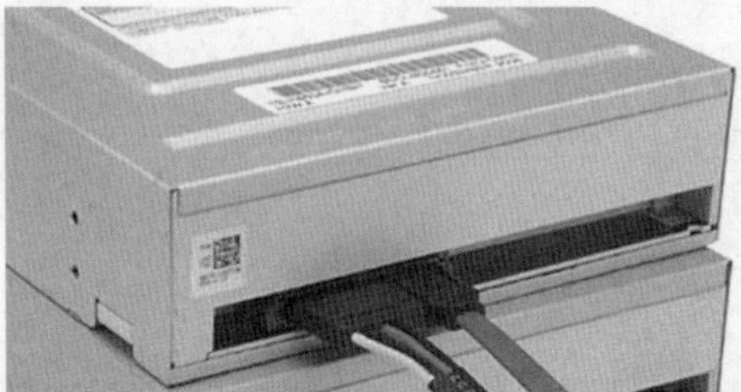

图 6-9　光驱/刻录机背板

步骤 4　将数据线与主板的 SATA 接口相连，接上电源线。

注意：如果只有一个硬盘和一个光驱/刻录机，由于 SATA 接口不分主盘和从盘，所以只要在 BIOS 中把第一启动项设置为挂载硬盘的 SATA 接口即可。

步骤 5　关闭机箱外壳，重新启动计算机，系统就可自动识别所连接的光驱/刻录机型号，至此光驱/刻录机安装完成。

注意：对于刻录机，为了进行刻录操作，用户还必须安装刻录软件(如 NERO 等)。

知识拓展：硬盘分类及主流产品

1. 硬盘分类

硬盘作为重要的计算机部件，类型丰富，应用广泛，可以从接口类型、适用范围及存取介质等角度进行分类。

(1)按接口类型分类

常见的硬盘按照接口类型不同，可以分为 SATA 接口硬盘、SAS 接口硬盘和 USB 接口硬盘等。SATA 接口硬盘由于传输速度快，是目前的主流硬盘；SAS 接口硬盘则主要用于服务器领域；而 USB 接口硬盘则大量用于移动存储。

①SATA 接口硬盘

SATA 接口硬盘是由 APT Technologies、Dell、IBM、Intel、Maxtor、Quantum 以及 Seagate 等公司合作开发，用于取代 Parallel ATA(PATA)接口标准的硬盘。

相对于原有的 PATA 内部硬盘总线，SATA 采用的是“序列式”结构，传送数据采取连续串行方式，一次只传送一位数据，减少接口的针脚数目，使连接电缆数目减少，效率更高；SATA 采用点对点的传输协议，所以不存在主从问题，这样每个驱动器不仅能独享带宽，而且使拓展 ATA 设备更加便利，只要增加通道数目，即可连接多台设备，很容易实现 RAID 技术，同时支持热插拔，这是 PATA 所不能及的。

②SAS 接口硬盘

SCSI(Small Computer System Interface)接口硬盘主要用于服务器，而 SAS(Serial Attached SCSI，串行连接 SCSI)是新一代的 SCSI 技术。和现在流行的 SATA 标准相同，SAS 采取直接的点到点的串行传输方式，其中 SAS 2.1 传输速率达 6 Gbit/s，而 SAS 3.0 传输速率达 12 Gbit/s；由于采用了串行线缆，不仅可以实现更长的连接距离，还能够提高抗干扰能力，并且这种细线缆可以显著改善机箱内部的散热情况，这些功能都是服务器所必需的。

每一个 SAS 端口最多可以连接 16256 个外部设备，依靠 SAS 扩展器还可以进一步扩充连接数量；此外，SAS 接口同时提供了 3.5 英寸和 2.5 英寸的两种接口，能够适合不同服务器环境的需求；SAS 接口和 SATA 接口单向兼容，SATA 硬盘可以直接使用在 SAS 的环境中(但是 SAS 却不能直接使用在 SATA 的环境中)，因此用户能够运用不同接口的硬盘来满足不同容量或不同效能的需求，以便在扩充存储系统时拥有更多的弹性，发挥更大的投资效益。

(2)按适用范围分类

硬盘按适用范围可分为台式机硬盘、笔记本计算机硬盘、服务器硬盘、监控硬盘等，其中台式机硬盘不再做介绍。

①笔记本计算机硬盘

笔记本计算机硬盘是专为笔记本计算机设计的，产品结构和工作原理与台式机硬盘并没有本质的区别。但由于笔记本计算机内部空间狭小、散热不便，且电池能量有限，再加上移动过程中难以避免的磕碰，这些因素导致要求笔记本计算机硬盘具有体积小、功耗低、防震等特点，价格也比台式机硬盘高一些。其主要技术指标如下：

• 尺寸。一般笔记本计算机硬盘都是 2.5 英寸的，更小巧的有 1.8 英寸，如图 6-10 所示为各种尺寸硬盘比较，从上到下分别是 1 英寸(用在 CF 装置)、1.8 英寸、2.5 英寸和 3.5 英寸硬盘；厚度是笔记本计算机硬盘特有的参数，一般厚度为 8.5～12.5 mm，质量在 100 g 左右，堪称小巧玲珑。

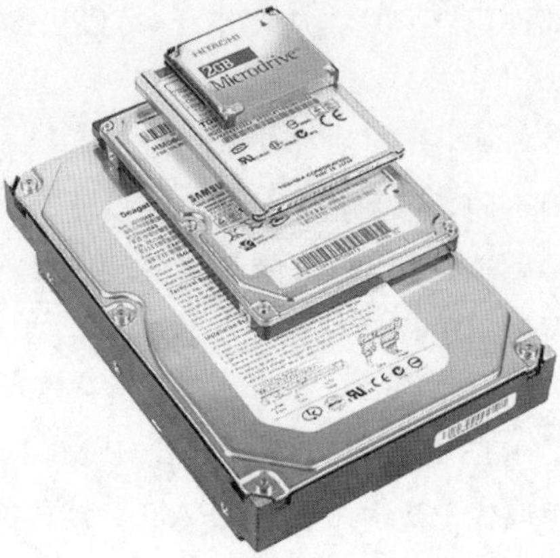

图 6-10 不同尺寸的笔记本计算机硬盘

• 转速。笔记本计算机硬盘速度一般为 5400 r/min；由于笔记本计算机硬盘采用的是2.5 英寸盘片，即使转速相同，外圈的线速也无法和 3.5 英寸盘片相比。硬盘转速是笔记本计算机性能提高的最大瓶颈。

• 接口类型。笔记本计算机硬盘一般采用三种形式和主板相连：通过硬盘针脚直接和主板上的插座连接，通过特殊的硬盘线和主板相连以及采用转接口和主板上的插座连接。目前在笔记本计算机硬盘中也开始广泛应用 SATA 接口技术。

• 容量。2.5 英寸笔记本计算的机硬盘只使用一个或两个磁盘进行工作，为了解决体积小却要求大容量的矛盾，笔记本计算机硬盘普遍采用了磁阻(MR)磁头技术或扩展磁阻(MRX)磁头技术，MR 磁头以极高的密度记录数据，从而增加了磁盘容量，提高了数据吞吐率。

②服务器硬盘

硬盘是服务器存储数据的核心，因此硬盘的可靠性非常重要。为了使硬盘能够适应大数据量、超长工作时间的工作环境，服务器硬盘具有速度快、可靠性高、多使用 SAS 接口以及可支持热插拔等特点。

• 接口。主流服务器一般采用高速、稳定、安全的 SAS 2.1 硬盘，数据吞吐量大，CPU 占有率极低，可以接多个设备，常见转速为 15000 r/min。

• 硬盘安装方式。安装方式分为热插拔及易插拔两种，热插拔硬盘通常用于 SAS 接口，由于 RAID 具有冗余性，所以可以在服务器不停机的情况下拔出或插入一块硬盘，操作系统能够自动识别硬盘的改动，通常这类硬盘架子有外部扳手，如图 6-11 所示。易插拔硬盘就是普通盘体硬盘，不支持在磁盘阵列系统工作的时候热插拔，通常这类硬盘的架子为蓝色。

图 6-11　支持热插拔的服务器硬盘

③监控硬盘

选购监控设备时，无论是 PC 式 DVR(Digital Video Recorder，数字硬盘录像机)还是嵌入式 DVR，都要搭配存储硬盘作为监控录像的载体。监控硬盘就是为常年不间断运行的数据存储系统特殊设计的硬盘，为了提供最稳定、最安全的数据存储而设计的存储介质，具体特点如下：

- 对流媒体的支持。监控硬盘专门为视频和数据定制不同读写模式，极好地满足 DVR 以文件方式进行数字图像的存入及回放的需求，并进行了优化设计以充分保障对流媒体的支持。监控系统对硬盘的传输速度要求一般不高，但是会频繁进行小数据量的读写，在磁头读写机构上针对监控系统的读写特点做结构优化设计，能够延长磁头寿命，不但确保了视频的流畅可靠和数据的高度完整性，还能有效提升录像的时间或者质量。
- 运行功耗及散热。监控系统中通常会安装多个硬盘，普通硬盘在上电启动的时候会全速启动，瞬间电流可能达到 2 A 甚至更高，而监控硬盘启动的时候会缓慢加速，启动电流控制在 2 A 以下，避免启动的瞬间产生很大的启动电流，导致电源难以承受甚至烧毁。DVR 专用硬盘运行功耗仅相当于普通台式机硬盘功耗的 55%，低运行功耗不仅对电源系统有重要意义，而且对数字硬盘录像机系统的散热也十分必要。
- 不间断传输模式。DVR 专用硬盘除了采用传统台式机硬盘的传输模式，还引入了一个更新的不间断传输模式，传输速率最大为 65 Mbit/s。通过引入不间断传输模式，硬盘对流媒体的支持更加可靠，充分保障数字硬盘录像机在录入的同时进行回放的流畅性和稳定性，这是其他硬盘所不具备的特性。

(3)按存取介质分类

硬盘按存取介质可分为传统机械硬盘、固态硬盘和混合硬盘，以下重点介绍后两者。

①固态硬盘

固态硬盘(Solid State Disk，SSD)简称固盘，是利用固态电子存储芯片阵列制成的硬盘，其芯片的工作温度范围很宽(商规产品为 0～70 ℃，工规产品为 −40～85 ℃)。新一代的固态硬盘普遍采用 SATA 2.0 接口、SATA 3.0 接口、MSATA 接口和 CFast 接口。

- 分类

固态硬盘的存储介质分为两种：一种采用闪存(Flash 芯片)作为存储介质，另一种采用 DRAM 作为存储介质。

基于闪存的固态硬盘(IDE Flash Disk、Serial ATA Flash Disk)：采用 Flash 芯片作为存储介质，即通常所说的 SSD，外观形式多样，如笔记本计算机硬盘、微硬盘、存储卡、U 盘等。这种 SSD 固态硬盘最大的优点就是可以移动，而且数据保护不受电源控制，能适应各种环境，但是使用年限不高，适于个人用户使用。

基于 DRAM 的固态硬盘：采用 DRAM 作为存储介质，应用范围较窄，属于非主流的设备。它效仿传统硬盘的设计，可被绝大部分操作系统进行卷设置和管理；采用工业标准的 PCI 和 FC 接口，用于连接主机或者服务器；应用方式可分为 SSD 硬盘和 SSD 硬盘阵列两种，是一种高性能的存储器，而且使用寿命很长，美中不足的是需要独立电源来保护数据安全。

- 基本结构

基于闪存的固态硬盘是固态硬盘的主要类别，其内部构造十分简单，固态硬盘的主体其实是一块 PCB 板，而这块 PCB 板上最基本的配件就是主控芯片、缓存芯片(部分低端硬盘无缓存芯片)和用于存储数据的闪存芯片。

主控芯片。主控芯片是固态硬盘的核心，除了合理调配数据在各个闪存芯片上的负荷，还承担了整个数据中转的作用，连接闪存芯片和外部 SATA 接口。不同的主控芯片能力差别很大，在数据处理能力、算法、对闪存芯片的读取写入控制上会有非常大的不同，会直接导致固态硬盘产品在性能上的差距。

缓存芯片。主控芯片旁边是缓存芯片，缓存芯片辅助主控芯片进行数据处理。有一些廉价固态硬盘为了节省成本，省去了这块缓存芯片，这样对于使用性能会有一定的影响。

闪存芯片。除了主控芯片和缓存芯片以外，PCB 板上其余的大部分位置都是 NAND Flash 闪存芯片。NAND Flash 闪存芯片又分为 SLC(单层单元)、MLC(多层单元)以及 TLC(三层单元)NAND 闪存。

现在不少计算机采用双硬盘安装模式：一块固态硬盘，用于安装操作系统；另外一块大容量的机械磁性硬盘用于保存大量的数据。这样系统启动速度往往比安装在机械磁性硬盘时快很多。

②混合硬盘(HHD)

混合硬盘，顾名思义，就是传统机械硬盘与固态硬盘的结合体，即 HDD 内置闪存记忆体高速缓存的硬盘(SSD)。混合硬盘在传统机械硬盘的基础上添加了一小部分快速的、容量较小的闪存颗粒来存储常用文件，容量通常在 8～16 GB，将常用文件保存到闪存内能够缩短寻道时间，提升效率。当然，在混合硬盘中，磁盘才是最为重要的存储介质，闪存仅起到了缓冲作用。

混合硬盘汇集了传统机械硬盘和固态硬盘速度快、容量大且预算合理的优势，它为用户获得更高设备性能、更丰富的应用提供了解决方案。

2. 主流硬盘

如前所述，目前硬盘市场以 SATA 接口居多，生产厂商主要有希捷、西部数据、日立、东芝和三星等。

(1)希捷

希捷是硬盘业界的中坚力量,在高端领域保持着绝对的领先优势,同时在主流台式机市场也极具影响力,深受各类消费者的欢迎。希捷科技在 2008 年 4 月率先公布已经出售 10 亿块硬盘,稳固了其世界市场第一占有率的地位。希捷硬盘产品系列丰富,主要面向家庭、商务、企业三类用户。

台式机存储的主打产品就是著名的酷鱼 Barracuda 系列。Barracuda 的名称来自 Seagate 的 SCSI 酷鱼系列硬盘,在 ATA 系列硬盘上,Seagate 使用 SCSI 硬盘技术,因此 ATA 系列硬盘采用了与高端 SCSI 酷鱼相同的命名。事实证明,酷鱼 ATA 的寻道时间是最接近 SCSI 硬盘的,这让酷鱼在用户之中赢得了相当不错的口碑。

其成员 Barracuda 7200 系列采用行业领先的制造技能,构建硬盘的材料有 70%可循环利用,是环保存储中的领先者。同时采用第二代希捷垂直磁记录技术,在垂直方向而非水平方向储存数据,可显著提高数据密度和硬盘性能。此外可提供高达 6 Gbit/s 的瞬间突发数据传输率,性能卓越,希捷 Barracuda 7200 ST3000DM001 硬盘(3 TB,7200 转,64 MB,SATA 3)如图 6-12 所示。

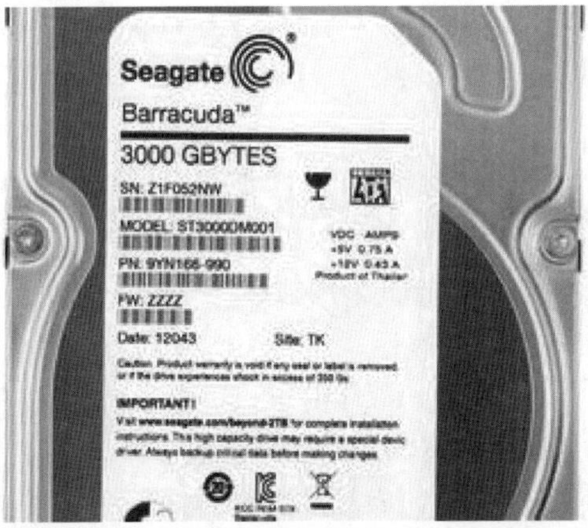

图 6-12　Barracuda 7200 硬盘

(2)西部数据

西部数据(简称西数)公司创建于 1970 年,最初专门从事半导体制造,1988 年进入硬盘制造领域,市场上的主流硬盘产品是 Caviar 鱼子酱系列。

四大系列:

为了满足不同层次的用户需求,西数硬盘将旗下的硬盘划分为四大系列,分别是"蓝、绿、黑、红"四种版本,如图 6-13 所示为四个版本示意图。

图 6-13　西部数据"蓝、绿、黑、红"四种硬盘系列

①WD Blue

该系列硬盘的性能和可靠性适合日常计算,同时具有超低发热量和超静音的优点。如

WD5000AAKX(500 GB,7200 转,16 MB,SATA 3)。

②WD Green

该系列硬盘最适于家用和商用计算领域,能够有效保护用户数据,同时注重环保,发热量低并且运行安静。如 WD30EZRX(3 TB,7200 转,64 MB,SATA 3)。

③WD Black

该系列硬盘拥有高性能电子架构,适用于高性能计算应用,诸如图片和视频编辑、高性能游戏机。如 WD2002FAEX(2 TB,7200 转,64 MB,SATA 3)。

④WD Red

西数新推出的针对 NAS 市场的硬盘,面向的是拥有 1～5 个硬盘位的家庭或小型企业 NAS 用户。其性能特性与绿盘比较接近,功耗较低,噪声较小,能够适应长时间的连续工作。拥有特色技术 NASware,无论是针对 NAS 或是 RAID 都能够拥有突出的兼容性表现。如 WD20EFRX(2 TB,7200 转,64 MB,SATA 3)。

⑤紫盘新成员

西数紫盘 WD Purple 是西部数据于 2014 年 2 月推出的专门面向视频监控应用的机械硬盘产品,由一个或者多个铝制或者玻璃制的碟片组成,碟片外覆盖有铁磁性材料。经过专门的监控兼容性测试(包括 CCT 认证),能够 24 小时×7 天不间断运行,平均故障间隔时间为 100 万小时,适合家用、SOHO 以及中小企业。

产品特性:

兼容性高:WD Purple 监控硬盘能够兼容行业领先机箱和芯片组,可无缝地集成于新购置的或者现有的视频监控系统中。

性能优化好:WD Purple 监控存储盘采用独家的 AllFrame(全帧)技术,在家庭或者中小型商务安全系统中,可带来极高的可靠性;经过优化,WD Purple 能够最多支持八块硬盘、32 个高清监控摄像头并行,年写入负载量 60 TB,可以灵活地升级和扩展安全系统。

功耗低:在高温全日值守型监控环境中,WD Purple 由于采用了独家的 IntelliSeek 技术,硬盘可计算最佳的寻道速度,从而降低功耗和噪声,并且能够迅速减少损坏和降低导致台式机硬盘磨损的振动。

得益于过硬的性能表现以及良好的市场口碑,WD Purple 系列监控存储产品一经推出便获得全球各地安防从业者的积极回应,满足了不同用户的监控存储需求,目前 WD Purple 已被广泛应用于平安城市、智能交通、银行安全、家庭安保、智能楼宇等众多领域的监控系统。

3. 移动硬盘

移动硬盘,顾名思义,是以硬盘为存储介质,强调便携性的存储产品,采用 Winchester 硬盘技术,具有固定硬盘的速度快、容量大等基本技术特征。移动硬盘的盘片和软盘一样,是可以从驱动器中取出和更换的,存储介质是盘片中的磁合金碟片。根据容量不同,移动硬盘的盘片结构分为单片单面、单片双面和双片双面三种,相应驱动器就有单磁头、双磁头和四磁头之分。

(1)移动硬盘(盒)

目前移动硬盘内所采用的硬盘盒类型主要有支持普通 3.5 英寸硬盘的硬盘盒,支持笔记本的 2.5 英寸硬盘盒以及 1.8 英寸微型硬盘盒三种。

（2）转速

与固定硬盘一样，家用的普通移动硬盘的转速一般有 5400 r/min、7200 r/min 等几种，高转速硬盘是台式机用户的首选；而对于笔记本计算机用户则以 4200 r/min、5400 r/min 为主；服务器用户对移动硬盘性能要求最高，硬盘转速基本都采用 10000 r/min 甚至 15000 r/min 的，性能要超出家用产品很多。

（3）供电问题

2.5 英寸 USB 接口移动硬盘工作时，硬盘和数据接口由计算机 USB 接口供电，可提供 0.5 A 电流，而笔记本计算机硬盘的工作电流为 0.7～1 A，一般的数据拷贝不会出现问题。但如果硬盘容量较大或移动文件较大时很容易出现供电不足，而且若 USB 接口同时给多个 USB 设备供电也容易出现供电不足的现象，造成数据丢失甚至硬盘损坏。为加强供电效果，2.5 英寸 USB 硬盘盒一般会提供从 USB 接口取电的电源线，所以在移动较大文件时就需要接上电源线。

3.5 英寸的硬盘盒一般都自带外置电源，所以供电基本不存在问题。

（4）数据传输率及接口

台式机硬盘的数据传输率强调的是内部传输率（硬盘磁头与缓存之间的数据传输率），而移动硬盘则更侧重于接口类型。接口类型是指该移动硬盘所采用的与计算机系统相连接的接口种类，并不是其内部硬盘的接口类型。因为移动硬盘要通过接口才能与系统相连接，因此接口就决定着其与系统连接的性能表现和数据传输速度。选择移动硬盘时，首先要考虑的就是其接口类型。目前 USB 3.0 接口为主流选择，此外还有雷电接口（Thunderbolt）和火线接口。

①雷电（Thunderbolt）接口

Intel 融合了 PCI-E 数据传输和 DisplayPort 显示技术，发布了雷电连接技术，PCI-E 用于数据传输，可方便地进行任何类型的设备扩展；DisplayPort 用于显示，能同步传输 1080p 乃至超高清视频以及最多八声道音频。两条通道在传输时都有自己单独的通道，不会产生任何干扰。

雷电接口的外观与 miniDisplay Port 接口的外观是一样的，每个雷电接口都有两个通道，每个通道的带宽都可以达到双向 10 Gbit/s。2.5 英寸莱斯（LaCie）Rugged 2 TB 移动硬盘雷电接口如图 6-14 所示。此外，雷电接口还可以通过菊花链的连接方式最多连接六个设备和一个带有原生 DP 接口的显示设备。

图 6-14　移动硬盘雷电接口

雷电接口的连接线材质主要有两种，一种是已经面世的电缆型雷电连接线，它除了可以提供双通道双向 10 Gbit/s 的传输带宽，还能够提供 12 W 的供电，可以直接驱动无源的移动设备；另一种连接线材质为光纤，理论上光纤的传输速度可以达到 100 Gbit/s（电缆型的 10 倍，USB 3.0 接口的 20 倍），是对传输速度有极高要求的设备的最佳选择。

②火线(FireWire)接口

火线接口即IEEE 1394接口，主要用于Intel高端主板、数码摄像机(DV)、移动硬盘等采集视频。LaCie 2 TB探路者USB 3.0火线800接口如图6-15所示。

图6-15　移动硬盘火线800接口

火线接口是由苹果公司领导的开发联盟开发的，允许用户在计算机上直接通过火线接口来编辑电子影像档案，从而节省硬盘空间。接口传输速率最大可接近50 Mbit/s，低于USB 2.0的速度。

(5)主流移动硬盘

前面所述的几大硬盘厂家都生产移动硬盘，以希捷为例，面向家庭外置存储的典型代表是睿品便携式移动硬盘系列。其中希捷Backup Plus Portable睿品(升级版) 2.5英寸2 TB移动硬盘STDR1000300(301,302,303) 如图6-16所示，该产品功能强大且使用简单，容量为2000 GB，USB 3.0接口，质量为160 g。

希捷Backup Plus Portable能够与Windows及Apple计算机互操作，并提供各种全新的功能，以保护、共享和保存数字信息。这些产品预装希捷全新的无障碍Dashboard软件，可更加轻松地实现数字内容一键本地备份。并且希捷Backup Plus外置硬盘在全球率先提供社交网络(如Facebook和Flickr)的内容备份功能。

图6-16　希捷移动硬盘

习题

一、判断题

1. 硬盘又称硬盘驱动器，是计算机中广泛使用的外部存储设备之一。（　）
2. 目前在笔记本计算机中使用的硬盘为2.5英寸或1.8英寸。（　）
3. 在计算机中显示出来的硬盘容量一般情况下要比硬盘容量的标出值大，这是由不同单位之间的转换造成的。（　）
4. 现在市场上1 TB的硬盘已经是很普通的了。（　）
5. 平均寻道时间是指硬盘磁头移动到数据所在磁道时所用的时间，以毫秒为单位。（　）

二、问答题

1. 硬盘的种类、技术指标和类型有哪些?
2. 各种硬盘接口的规格和特点有哪些?
3. 硬盘的结构是什么样的?
4. CD-ROM、DVD 光驱有哪些规格?

任务7 显卡及显示器的选配与安装

任务实施要点：

知识要求：

- 了解显卡和显示器的工作过程
- 掌握显卡及显示器的选购原则

技能要求：

- 能够熟练安装显卡

准备知识导入：

计算机的显示输出部分主要由显卡和显示器组成，主要功能是将 CPU 处理后的数据通过显卡转换成显示器可以识别的信号，并输出显示。早期计算机输出的信息主要由 CPU 来处理，图形处理器 GPU(Graphic Processing Unit)出现后，CPU 把图形计算等功能交给显卡来处理，减少了 CPU 的工作量，提高了图形图像处理效果。最新的显卡甚至可以替代 CPU 完成科学计算等大规模并行处理任务。

本任务主要介绍显示器以及显卡的选配与安装。由于显卡更新速度快、周期短，所以主要从选配原则上进行介绍。显示器已由 CRT 显示器过渡到 LCD 显示器，在本任务中，主要介绍液晶显示器的选配和安装。

子任务1 显卡的选配

当前市场上主流显示卡(简称显卡)都采用 PCI-E X16 插槽，如图 7-1 所示最右侧浅色插槽。从理论上讲，只要插口相同，主板就能和显卡任意搭配。但在实际的显卡选配中，还需要考虑计算机的应用领域和性能等因素。

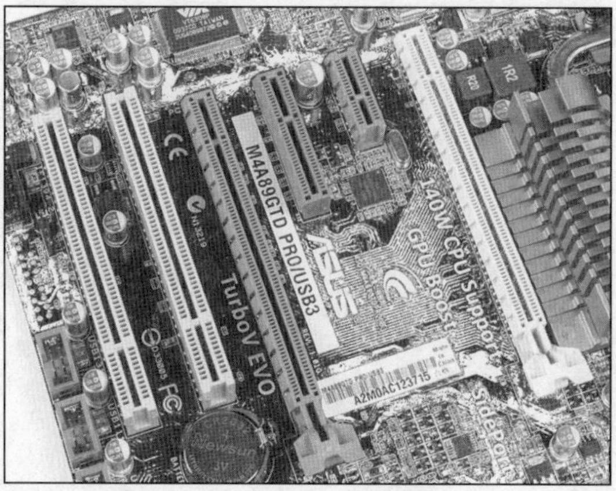

图 7-1　PCI-E X16 插槽

选配显卡之前，首先要确定计算机的使用范围，进而确定显卡的定位。从应用领域上划分，一般把显卡分为以下三个层次。

1. 基本应用

通俗地讲，就是利用计算机办公、上网、观看视频以及玩二维游戏等，这类用户对显卡的图像处理器(GPU)、显存容量、带宽、物理加速能力没有特殊要求，可以选择集成显卡或者低档家用独立显卡。现在市场共有 AMD、Intel 和 VIA 三家厂商提供集成了显卡芯片组的主板。随着融合技术的发展，AMD 和 Intel 两家公司都将集成显卡从主板的北桥芯片转移到 CPU 内部，使其性能大大加强，尤其是 AMD 的 APU 系列产品，已经达到或超过了入门级独立显卡的水平。

2. 游戏娱乐应用

不同于简单的二维游戏，很多大型 3D 游戏对显卡的实时三维处理能力要求很高，这类用户除对显卡的图像处理器(GPU)规格、数量，显存容量，带宽有较高要求外，为了使游戏特效更加真实，对显卡的物理加速能力有更高要求。所以我们要选配满足用户需求的独立显卡，如图 7-2 所示为华硕 GTX1080 Ti 独立显卡。

图 7-2　华硕 GTX1080 Ti 独立显卡

3. 专业应用

对于设计员或行业内部用户，普通显卡无法满足他们的需求，需要选配专业显卡。专业显卡根据侧重点不同，分为 2D 显卡和 3D 显卡两种，前者突出色彩、色阶等平面表现能力以及多屏幕显示功能，后者则突出 OpenGL 绘图函数的处理能力，主要用于 CAD 领域。如图 7-3 所示为 Matrox M9188 专业 2D 显卡。

图 7-3　Matrox M9188 专业 2D 显卡

除了性能外，选配显卡还有一些其他的注意事项。例如，全尺寸卡只能安装在大型机箱内，很多迷你机箱只能装下半高型显卡；HTPC(Home Theater Personal Computer，家庭影院计算机)内最好安装无风扇的静音型显卡等。如图 7-4 所示为 Quadro K1200 半高显卡及可更换的全高挡板。如图 7-5 所示为使用了纯被动散热器的同德 GTX 1050 Ti KalmX 静音型显卡。

图 7-4　Quadro K1200 半高显卡

图 7-5　同德 GTX 1050 Ti KalmX 静音型显卡

子任务 2　显卡的安装

步骤 1　将显卡竖直插入对应插槽内,并向下按紧,如图 7-6 所示。

步骤 2　固定好螺丝,根据需要,连接好显卡辅助电源,接口如图 7-7 所示。

图 7-6　插入显卡

图 7-7　显卡辅助电源接口

对于双(多)显卡的安装,还需要进行以下步骤。

步骤 3　连接显卡顶端的 SLI/CrossFire 连接桥,实现显卡桥连接互通,如图 7-8 所示。

图 7-8　SLI/CrossFire 连接桥

微课

独立显卡的安装

步骤 4　安装显卡的驱动程序,在桌面属性中设置好屏幕的分辨率和颜色质量。

子任务 3　显示器的选配与安装

1. 显示器的选配

显示器是计算机中最重要的信息输出设备，除服务器外，每台计算机至少包含一台显示器。在选配显示器时主要注意以下几个方面：

(1)尺寸。根据实际需要，选择适当尺寸的显示器。

(2)用途。显示器也分为家用、商用和专业等类型，性能指标和价格也大有不同，消费者要按照自己的实际应用领域进行选购。

(3)外观。虽然外观一般不影响显示器的性能，但作为计算机中最大的外设之一，显示器的颜色、造型等特征也会直接影响用户的使用效果。

(4)品牌。知名品牌显示器在质量、性能和售后服务等诸多方面要优于杂牌显示器。

2. 显示器的安装

步骤 1　将显示器面板牢固固定在底座或支架上。如图 7-9 所示为可以支撑两台显示器的 DELL MDS14 双显示器支架。

步骤 2　将显示器平放在稳定、坚固的计算机桌面上，并关闭电源开关。

步骤 3　连接显示器的信号线到显卡对应端口，并拧紧插头固定螺丝。如图 7-9 所示。

步骤 4　如果连接多个显示器或者显卡缺少某种类型的接头，则需要使用转接头来转接，如图 7-10 所示为左边接头使用了 HDMI 转 DVI 转接头。

图 7-9　DELL MDS14 双显示器支架

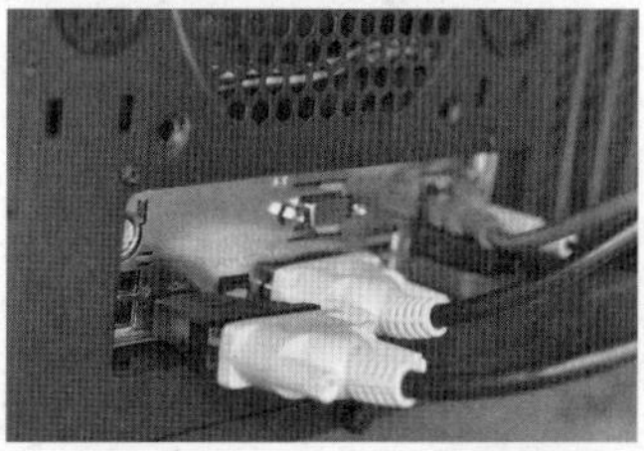

图 7-10　显示器信号线连接

步骤 5　连接显示器电源线，打开显示器电源开关，打开主机电源，启动计算机，调整好显示器的亮度、对比度等参数。

知识拓展：计算机显示系统相关技术

1. 显卡的结构、工作原理及主要性能指标

(1)显卡的结构

显卡是计算机中集成度较高的部件，不论是何种品牌显卡，通常都包含显示芯片、显存、RAMDAC、BIOS 和输出接口等几个最重要的部件，如图 7-11 所示。

①显示芯片

显示芯片也称为显示核心、GPU，是显卡的“心脏”。它决定了显卡的档次和性能。全世界现在共有 AMD、nVidia 和 VIA(S3)三家厂商生产家用独立显卡的 GPU，其中前两家的生产规模和市场份额较大。

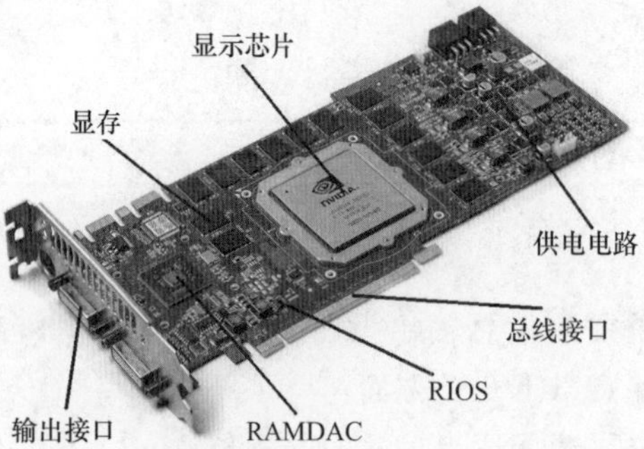

图 7-11　显卡外部结构

AMD 使用三位数字标识 GPU 的型号，例如“RX 580”，其中“R”是商品名“Radeon”的缩写，“X”和“5”表示采用 VLIW4(GCN)架构后的第 15 代产品，“80”表示此系列中的高档产品。RX 580 GPU 如图 7-12 所示。

nVidia 使用字母和四位数字标识 GPU 的型号，例如“GeForce GTX 1080”，其中“GeForce GT”是商品名，“X”表示顶级产品序列，“10”表示改进为统一渲染架构后的第十代产品，“8”表示单 GPU 中最高端的系列，“0”表示此系列中未经改进的第一个型号。GeForce GTX 1080 GPU 如图 7-13 所示。

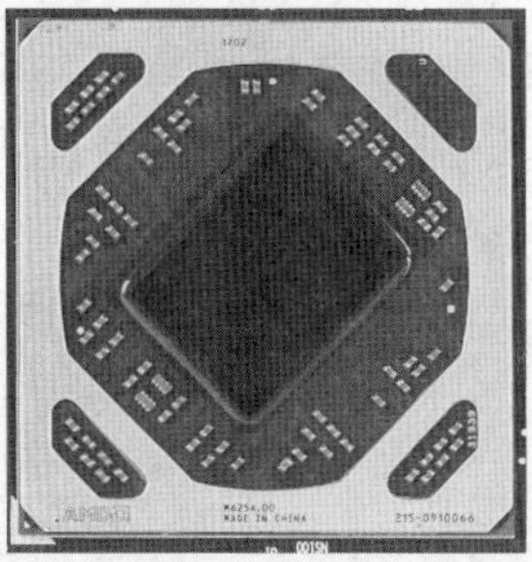

图 7-12　RX 580 GPU

图 7-13　GeForce GTX 1080 GPU

其实，AMD 和 nVidia 两家公司并不生产成品显卡，而是通过蓝宝石、索泰、讯景和七彩虹等板卡厂商购买 GPU 后，再将它和其他采购来的元件焊接在 PCB 电路板上，安装散热器并检测包装，形成我们在市场上能够买到的显卡。例如“七彩虹 iGame GTX 1080Ti Vulcan X OC”是世和资讯公司推出的一款显卡，这款显卡隶属于“iGmae 超频”系列，使用 nVidia 的 GTX 1080Ti GPU，显卡搭载 8 GB 显存，存储器类型为 GDDR 五代。

②显存

显存也被称为帧缓存，与内存功能相似，只不过它存放的是显示芯片处理所需要的数据。显存越大，显卡支持的最大分辨率就越高，3D 应用时的贴图精度也越高。随着显存中的数据交换量越来越大，新型的显存也不断涌现，除此之外，还有专门为显卡生产的 GDDR5 双接口显存，速度更快。现在主流显卡均使用 GDDR3 或 GDDR5 这两种显存，它们通过提高显存的带宽来增大数据交换速度，以减少等待时间。除此之外，还有专门为显卡生产的 HSB、GDDR5X 显存，速度更快。现在主流的显存品牌主要有三星(Samsung)、现代(HY)等。

③RAMDAC(Random Access Memory Digital-to-Analog Converter,随机数模转换记忆体)

在显存中存储的信息是数字信息 0/1,这些 0 和 1 控制着每一个像素的色深和亮度。然而 CRT 显示器并不以数字方式工作,它工作在模拟状态下,这就需要转换。RAMDAC 的作用就是将数字信号转换为显示器能够显示的模拟信号,通常集成在 GPU 内部。它的另一个重要作用就是提供显卡能够达到的刷新率,其工作速度越高,频带越宽,高分辨率时的画面质量就越好。

④BIOS

BIOS 主要用于存放显示芯片与驱动程序之间接口的控制程序,还存有显卡的型号、规格、生产厂家及出厂时间等信息。打开计算机时,通过显示 BIOS 内的一段控制程序,将这些信息显示在屏幕上。BIOS 在 FlashROM 中,可以通过专用的程序进行改写或升级。很多显卡就是通过不断推出新版本的 BIOS 来修改原程序中的错误,以适应新的规范(例如对宽屏幕显示器的支持),提升显卡的性能。

⑤输出接口

计算机所处理的信息一般要输出到显示器上,显卡的 VGA 插座就是计算机与显示器之间的接口,它负责向显示器输出相应的图像信号,也就是显卡与显示器相连的输出接口,它通常是 15 针的 D 型插座。不过大部分显卡还加上了用于连接 LCD 等数字设备的 DVI 输出接口、用于连接数字高清电视 HDMI(High Definition Multimedia Interface,高清多媒体界面)等接口,用于连接显示器的高清数字显示接口 Display Port,如图 7-14 所示。

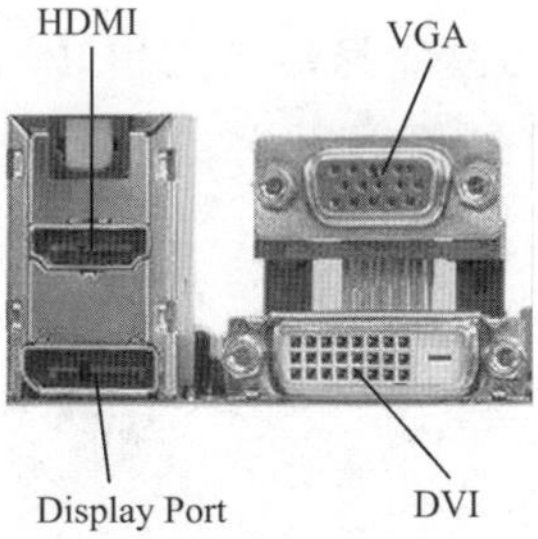

图 7-14　显卡的接口

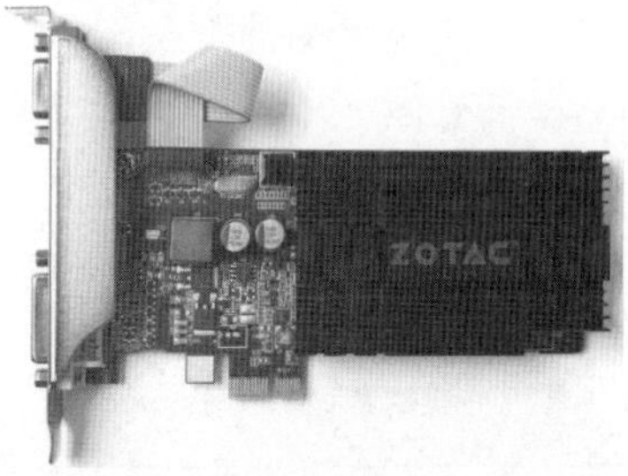

图 7-15　PCI-E X1 插槽显卡

⑥总线接口

总线接口也就是独立显卡和主板之间的插槽。除了常见的 PCI-E X16 插槽外,还有带宽较低的 PCI-E X1 插槽,如图 7-1 中最短的插槽。PCI-E X1 插槽显卡如图 7-15 所示,X1 插槽显卡可以插入 X16 插槽,反之则要对插槽进行改造才可以。

(2)显卡的工作原理

显卡的主要功能是对图形图像进行处理。在早期的计算机中,CPU 通过标准的 EGA 或 VGA 显卡以及显存可以对大多数图像进行处理,但它们只是传递信息,并不进行计算或者处理。但是这种组合无法适应复杂的图形和高质量的图像处理,特别是当用户使用 Windows 操作系统后,CPU 已经无法对众多的图形函数进行处理,而最根本的解决方法就是使用图形加速卡。

图形加速卡拥有自己的图形函数加速器和显存,这些专门用来执行图形加速任务,因此可以大大减少 CPU 必须处理的图形函数。例如:画个圆圈,如果单让 CPU 做这个工作,它就要考虑需要多少个像素来实现,还要考虑用什么颜色,但是,如果显卡芯片具有画圈这个函数,

CPU 只需要告诉它“画个圆圈”，剩下的工作就由显卡来进行。

显卡的工作流程：显示芯片接收到 CPU 发出的指令后进行计算，把计算数据暂时存放在显存，然后把已处理好的显示信息送到 RAMDAC 进行数-模转换，最后传送到 VGA 接口输出到显示器。显卡工作原理示意图如图 7-16 所示。

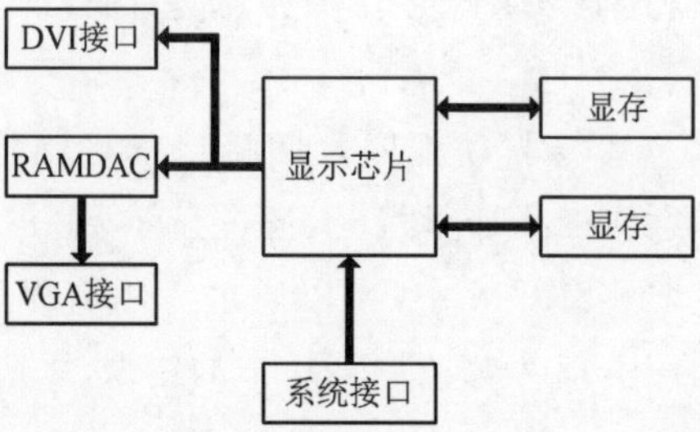

图 7-16 显卡工作原理示意图

(3)显卡的主要性能指标

①GPU 规格

GPU 是显卡的核心，它主要由三类逻辑电路组成：一是流处理器单元，它相当于 CPU 内部的运算流水线，负责图形的建模和渲染；二是纹理单元，流处理器计算完成的数学图像模型(纯矢量)被送至纹理单元进行纹理贴图；三是光栅单元，经过纹理贴图的立体图形(半矢量)最终被送入光栅单元转换成为平面的点位图像。这三者的数量都是越大越好，工作频率也是越高越好。但不同品牌的 GPU 之间流处理器的数量不可简单类比。表 7-1 列出了现在市面上常见 GPU 的参数。

表 7-1 常见 GPU 的参数

GPU	流处理器	纹理单元	光栅单元	核心频率(MHz)	显存位宽	显存带宽(GB)	典型功耗(W)
RX VEGA	4096	256	64	1247	2048	484	295
RX 580	2304	144	32	1257	256	256	185
RX 570	2048	128	32	1168	256	224	150
RX 560	1024	64	16	1175	128	112	80
RX 550	512	32	16	1183	128	112	50
RX 540	512	32	16	1119	128	96	30
GTX TITAN Xp	3840	240	96	1405	384	548	250
GTX 1080Ti	3584	224	80	1503	384	384	250
GTX 1070	1920	120	64	1506	256	256	150
GTX 1060	1280	106	48	1506	192	192	120
GTX 1050	640	53	32	1354	128	112	65
GT 1030	384	32	16	1228	64	48	35

②GPU 数量

受到单个 GPU 性能的限制，不少厂商推荐使用多 GPU 协同工作，基本上有两种方式：一是单卡多 GPU，也就是在一块显卡上焊接多块 GPU，如图 7-17 所示为双 GPU 的 Radeon Pro Duo 显卡；二是多卡并行处理，即一块主板同时安装多块显卡并行处理数据，AMD 公司的此项技术称为 CrossFire，nVidia 公司称为 SLI。理论上，两块协同工作的显卡必须完全一样，但随着技术的发展，不同规格甚至是集成显卡与独立显卡之间也可以进行协作处理。

图 7-17 双 GPU 的 Radeon Pro Duo 显卡

③显存容量

显卡支持的分辨率越高，需要安装的显存越多。现在市场上主流的显卡基本上附带了 1～2 GB的显存，但是，家用显卡过多地增加显存容量并不能有效地提高显卡性能，反而会增加系统的管理负担。

④显存带宽

显存不仅要数量足，而且要速度快，显存带宽描述的就是显示存储器和 GPU 之间的数据交换速率，单位是 GB/s。决定显存带宽的参数有三个：一是显存的工作频率；二是显存的位宽，也就是一次同时传输二进制数据的位数；三是显存的类型，DDR5 型显存每周期可读取数据 16 次，HBM2 型显存每周期可读取 32 次，同频率下是前者性能的 2 倍。这三个指标相乘就是显存的带宽。在很多场合下，显存的高带宽甚至比大容量更能提升显卡性能。

⑤物理加速功能

物理加速就是为了使游戏中特效更加真实。虽然 CPU 也可以完成物理加速，但由具有此功能的 GPU 来处理更加合适。现今市场上只有 nVidia 公司的 GPU 具有此功能，其他产品如果需要物理加速功能，则只能购买独立的物理加速卡。

⑥显卡功耗

虽然显卡的处理性能越来越强，但其功耗也越来越大，同时带来费电、发热量大及风扇噪声过大等不足，而且主机电源也必须使用更高规格的产品。所以在同等性能的前提下，用户可以选择功耗较低的产品。

⑦通用计算能力

GPU 通用计算就是用 GPU 来处理一些原本 CPU 可以处理的计算。CPU 的逻辑判断能力、计算精度和单核心计算能力要比 GPU 更强，但是 GPU 的优势在于内核（流处理器）数非常多，一般可以过百上千，因此在一些相对简单但计算次数很多的并行计算时效率要比 CPU 高很多，比如密码破解、文件压缩、视频转码及虚拟货币运算（挖矿）等场合。

2. 显示器的分类及主要性能指标

(1)显示器的分类

显示器可以按照显示原理和屏幕宽高比来进行分类，按照显示原理可以分为四类。

①CRT 显示器

CRT(Cathode Ray Tube，阴极射线管）发明于 1897 年，自 20 世纪 30 年代开发成功电子电视以来，一直是用于电视的主要显示器件。它经历了从黑白到彩色的变换，玻壳屏幕从球型到柱面，到平面直角，再到纯平，如图 7-18 所示为普通 17 英寸纯平 CRT 显示器。CRT 显示器已被淘汰。

图 7-18　普通 17 英寸纯平 CRT 显示器

②PDP 显示器

所谓等离子体（Plasma）态，是指正负电荷共存，处于电中性的放电气体的状态。PDP(Plasma Display Panel，等离子体显示板）是利用等离子体放电发光进行显示的平面显示板，它可以看成是由数百万个微小荧光灯并排构成的。在液晶技术还未完善前，等离子显示器很容易通过累加等离子发光体获得大屏幕和高分辨率。因为重量大、体积和功耗都比较大，PDP 显示器也已经被淘汰。如图 7-19 所示为全球最大的松下 150 寸等离子电视。

图 7-19　松下 150 寸等离子电视

PDP 显示器通常以大屏幕平板电视形式出现，计算机使用较少。

③LCD 显示器

LCD(Liquid Crystal Display，液态晶体显示器）用的液晶材料，在常温下即处于液晶状态。所谓液晶，是在某一温度范围内，其状态介于晶体与液体之间，呈现出既有液体的流动性，又有晶体的光学各向异性，具有规则性分子排列的有机化合物。它们既不同于不能流动的晶体，也有别于各向同性的液体。液晶显示器件本身不发光，需设背光源。目前，液晶显示器多采用透射式显示方式。透射式显示是利用液晶的电光效应，通过施加信号电压，改变液晶分子的排列，从而改变液晶的光学特性，使透过液晶面板的光强被信号调制。

液晶面板是液晶显示器的核心部件。常见液晶面板包括 TN 类、MVA 类、ADS 类、IPS 类和 PLS 类。TN 面板主要应用于入门级和中端产品，它基于早期可视角度很小的 TN 技术(视角最大为 90°)，但在面板上增加了一层转向膜，将可视角度提高到了 140°左右，成为一种视角较广的产品。由于 TN 技术是公开的，制造商不用负担高昂的授权和研发费用即可生产，因此 TN 面板在成本上占据了巨大的优势。从色彩角度上看，TN 面板实际所能产生的色彩十分有限，最大色彩数只能达到 16.2M 色标准。

目前三星所开发的 B-TN 型 LCD 面板在 TN 上做了很大的改进，可以通过抖动算法显示 16.7M 颜色，但其色彩准确度还不能令人满意。市面上绝大多数非广角液晶显示器均采用 TN 类面板。

MVA 是较早投入应用的广视角液晶面板，最初由富士通公司开发，是一种多象限垂直配向技术。MVA 是利用突出物使液晶静止时，位置并非传统的直立式，而是偏向某一个角度静止；当施加电压让液晶分子改变成水平以让背光通过则更为快速，这样便可以大幅度缩短显示时间，也因为突出物改变液晶分子配向，让视野角度更为宽广，并且对黑色区域的漏光控制较好，适合视频处理工作。

IPS 是日立公司最先开发的液晶技术，它也是目前主要的一种液晶面板类型。IPS 通过液晶分子平面切换的方式来改善视角，利用空间厚度、摩擦强度并有效利用横向电场驱动的改变让液晶分子做最大的平面旋转角度来增加视角，所以 IPS 型液晶面板具有可视角度大、颜色细腻等优点，看上去比较通透，不过响应时间较慢和对比度较难提高也是这类型面板比较明显的缺点。IPS 面板适合平面设计等静态图像处理工作。

PLS 面板是三星开发的一种新型面板，它改进了 IPS 面板亮度偏低和 MVA 面板响应时间长的缺点，也是一种广视角面板。

④LED/OLED 显示器

OLED(Organic Light Emitting Diode，有机发光二极管)显示器是在原 LED 发光管的基础上开发出的一种新型主动发光彩色显示器。它在性能上具有其他显示器的所有优点，首先应用于手机等便携设备，但现在的生产成本仍然很高，价格很贵。预计会在几年内大量进入市场。如图 7-20 所示为索尼 BVM-X300 V2 30 英寸参考级 OLED 主控监视器。

图 7-20　索尼 BVM-X300 V2 30 英寸参考级 OLED 主控监视器

表 7-2 列出了四种类型的显示器各项性能的对比。

表 7-2　　常见显示方式性能对比

种类	是否物理纯平	重量	耗电量和发热	色彩	可视角度	寿命	价格
CRT	否	重	大	好	大	长	低廉
LCD	是	轻	小	一般	较小	长	低廉
PDP	是	很重	很大	好	大	中	较高
OLED	是	轻	小	好	大	短	很高

显示器按照屏幕宽高比可以分为两类:普通宽屏和超宽屏。

①普通宽屏显示器

当前大部分宽屏显示器的宽高比为 16∶9 或 16∶10。

②超宽屏幕显示器

少量大屏幕娱乐显示器采用 21∶9 或 32∶9 的宽高比。如图 7-21 所示为三星 C49HG90DMC 49 英寸 32∶9 曲面屏幕显示器。

图 7-21　三星 32∶9 曲面屏幕显示器

(2)显示器的主要性能指标:

①分辨率

分辨率指屏幕上像素的数目,像素是指组成图像的最小单位。比如,640×480 的分辨率是指在水平方向上有 640 个像素,在垂直方向上有 480 个像素。每种显示器均有多种供选择的分辨率模式,能达到较高分辨率的显示器性能较好。LCD 的分辨率与 CRT 显示器不同,CCD 其中每个像素点都能被计算机单独访问,一般不适合随意调整,它是由制造商设置和规定的。

②刷新频率

显示器刷新频率是指显示帧频,即每个像素刷新的时间,与屏幕扫描速度及避免屏幕闪烁的能力相关。也就是说刷新频率过低,可能出现屏幕图像闪烁或抖动。CRT 显示器的最佳刷新率为 85 Hz,而 LCD 显示器不需要像素扫描,所以最佳刷新率为 60 Hz。支持 3D 显示的液晶显示器则需要最低 120 Hz 的刷新率。

③背光光源类型

LCD 面板不会发光,它仅阻挡背光光源发出的白光。LCD 的背光光源有 CCFL(Cold Cathode Fluorescent Lamp,冷阴极荧光灯管)和 LED(Light Emitting Diode,发光二极管)两种。CCFL 就是我们所说的节能灯;LED 背光又分为白色 LED 背光和 RGB 三色 LED 背光两种。白色 LED 背光因其能耗低、低色温漂移、寿命长和尺寸较薄等优点正逐步替代 CCFL 背光,而 RGB 三色 LED 背光则因为效果好、成本高主要用于专业领域。

④可视角度。可视角度是指用户可以从不同方向清晰地观察屏幕上所有内容的角度，可视角度的大小决定了用户可视范围的大小以及最佳观赏角度。由于提供 LCD 显示器显示的光源经折射和反射后输出时已有一定的方向性，超出这一范围观看就会产生色彩失真现象，一般用户可以以 120°的可视角度来作为选择标准。

⑤亮度、对比度

液晶显示器的可接受亮度为 150 cd/m² 以上，CRT 显示器一般都能达到 300 cd/m²。亮度超过 500 cd/m² 的显示器被叫作高亮显示器。对比度是指显示器所能显示的最高亮度和最低亮度之间的比值，这个数值越大，色彩的动态效果越好。普通 LCD 显示器的对比度应达到 700∶1。需要说明的是，很多 LCD 显示器都标识了“动态对比度”这个指标，一般认为，打开动态对比度功能并不能有效增强图像显示效果，这个指标也不具有很大意义。

⑥响应时间

这个指标仅对 LCD 显示器有效。它反映了液晶显示器各像素点对输入信号的反应速度，即像素由暗转亮或由亮转暗的速度。响应时间越小则使用者在看运动画面时越不会出现尾影拖曳的感觉。一般将反应速率分为两个部分：上升和下降。而表示时以两者之和为准。响应时间越小越好。

⑦色彩深度及色域

色彩深度是表示一台显示器所能表达颜色的种类，LCD 和 CRT 显示器理论上都可以显示 24 位真彩色，但由于本身技术上的限制，一部分采用 TN 面板的 LCD 显示只能显示 18 位彩色，并通过动态抖动来模拟 24 位真彩色。我们把原生支持 24 位真彩色的显示器叫作 16.7M色显示器，把模拟支持真彩色的显示器叫作 16.2M 色显示器。前者的色彩细节过渡效果比后者好很多，价格上也贵一些。如图 7-22 所示为可显示 30 位彩色的 BARCO Coronis Uniti 12MP 医用显示器。

色域是表示显示器显示颜色纯度的一个指标，通俗地说，如果某台显示器显示的颜色比其他显示器总是更加浓郁，我们就说它的色域更广。一般以 Adobe RGB 标准规定的色彩范围叫作标准色域，其他显示器用百分数表示其自身能够标识的色彩范围。例如，某台显示器的色域为 76%，则说明它能够显示的色彩范围是 Adobe RGB 的 76%。市场上把色域超过 80%的显示器叫作广色域显示器。但并不是色域越广越好，要根据信息源来确定。LCD 的色域和采用何种面板没有关系，只与使用背光光源的类型有关。如图 7-23 所示为使用广色域 LED 背光的艺卓 CG3145 液晶显示器，其色域达到 99.5%，常用在平面设计和印刷领域。

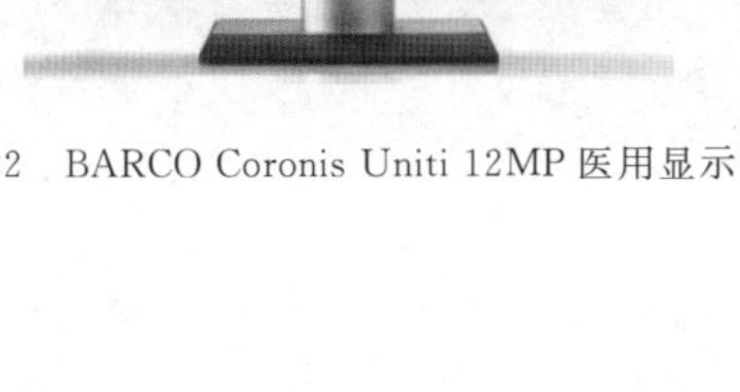

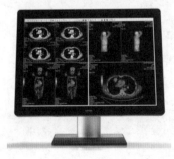

图 7-22　BARCO Coronis Uniti 12MP 医用显示器

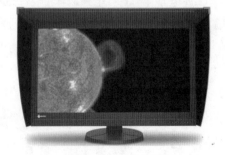

图 7-23　艺卓 CG3145 液晶显示器

⑧像素点距

点距指的是屏幕上距离最近的两个同色荧光点之间的距离。对于 LCD 显示器，则是两个最近同色像素颗粒之间的距离。两个同色荧光点之间的距离越小的显示器显示出来的图像越细致。但对于 LCD 显示器来说，过小的点距也会造成文字阅读困难。图像工作者可以选择点距较小的显示器，文字工作者可以选择点距适中的显示器。表 7-3 所示为常见尺寸 LCD 显示器的分辨率和点距。

表 7-3　　常见尺寸 LCD 显示器的分辨率和点距

屏幕尺寸(英寸)	宽屏(16∶10)		宽屏(16∶9)		宽屏(21∶9)	
	分辨率	点距(mm)	分辨率	点距(mm)	分辨率	点距(mm)
19	1440×900	0.285	1366×768	0.3		
20	1680×1050	0.258	1600×900	0.277		
22	1680×1050	0.282	1920×1080	0.248		
23			1920×1080	0.265		
24	1920×1200	0.27	1920×1080	0.277		
			2560×1440	0.205		
27			1920×1080	0.311		
			2560×1440	0.233		
			3840×2160	0.155		
29			2560×1440	0.233		
			3840×2160	0.16		
32(34)			2560×1440	0.277	2560×1080	0.312

⑨辐射和环保安全标准

随着人们对健康的重视和环保意识的加强以及科技进步造成的对产品质量要求的不断提高，在选购显示器时，消费者对辐射、节能、环保等方面的要求越来越高。目前来说，比较权威的验证机构有 TCO(瑞典专业雇员联盟)和 MPRⅡ(由瑞典技术委员会议制定的电磁场辐射规范)，其中 TCO 比 MPRⅡ更为严格。

• TCO(The Swedish Confederation of Professional Employees，瑞典专业雇员联盟)。TCO 规范是由 TCO 组织制定的。该组织是以瑞典 UTIA(信息与自动化学院，成立于 1959 年)以及全国其他各学科专家和教授所组成的。TCO 以研究和保护生态、环保为目的，在不同的历史时期针对电子工业产品的电磁辐射限制制定了相应的 TCO 系列环保规范。在 1992 年制定了 TCO′92 规范，其后又相继制定了 TCO′95、TCO′99 至 TCO′06 规范，最新标准为 TCO′06，如图 7-24 所示。

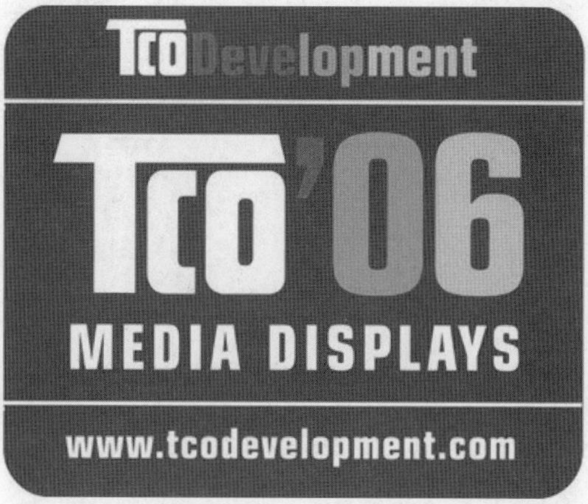

图 7-24　TCO′06 标志

• MPRⅡ。MPRⅡ是由瑞典国家测量测试局(Swedish National Board for Measurement and Testing)制定的标准，主要是对电子设备的电磁辐射程度等实行标准限制，包括电场、磁场和静电场强度三个参数。现已被采纳为世界性的显示器质量标准。面向普通工作环境设计，其目的是将显示器周围的电磁辐射降低到一个合理程度。

• 3C 认证。CCC 为英文 China Compulsory Certification 的缩写，意为“中国强制认证”，也可简称为“3C”，认证标志是《3C 认证产品目录》中产品准许其出厂销售、进口和使用的证明标记，如图 7-25 所示。

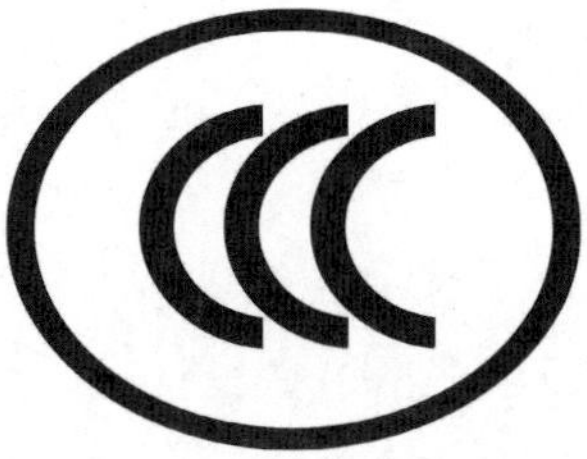

图 7-25　3C 认证的标志

另外，还会见到一些其他的认证标准，如 FCC 是美国联邦通信管理局颁发的电磁干扰认证，它规范了电子产品对周边环境的电磁干扰强度。通常家用产品应符合“FCC B 级”标准；EPA“能源之星”(Energy Star)则是由美国能源部颁发的节能认证标准。

习　题

一、填空题

1. 现在最常用的独立显卡接口是________。

2. 显存全称为________。

3. 广角 LCD 主要使用________和________两种屏幕。

4. 无风扇显卡被称作________。

5. LCD 显示器有________、________、________、________、________和________等性能指标。

二、选择题

1. 文字处理用户最适合选用(　　)。

A. 游戏显卡　　B. 专业显卡　　C. 集成显卡　　D. 多卡并联

2. 以下哪种接口传输的是模拟信号？(　　)

A. HDMI　　B. DVI　　C. DisplayPort　　D. VGA

3. (　　)是分辨率最高的显示器。

A. 医用显示器　　B. 影视监视器　　C. 家用显示器　　D. 绘图用显示器

4. GeForce GTX 760 GPU 属于(　　)。

A. 集成显示核心　　B. 入门显示核心

C. 中高档显示核心　　D. 顶级显示核心

5. 以下哪项不是LCD显示器的优点(　　)。

A. 亮度很高　　B. 纯平　　C. 功耗低　　D. 体积小

三、简答题

1. 显卡主要包含哪些部件？

2. 如何选择显卡？

3. 显卡有哪些主要性能指标？

4. 目前LCD显示器大多使用哪几种面板？

5. 显示器的主要安全认证标准有哪些？

任务8 声卡及音箱的选配与安装

任务实施要点：

知识要求：

- 了解声卡和音箱的主要作用
- 掌握声卡和音箱各项参数的含义

技能要求：

- 能够正确安装声卡并连接音箱

准备知识导入：

计算机的声音处理系统主要由声卡和音箱（或耳机）组成，声卡可将声音信号输出给音箱（或耳机），而且还能把从麦克风及其他音频设备传送来的音频信号输入到计算机内部，是一个标准的I/O设备。

声卡（Sound Card）是计算机内部完成声音信号输入和输出的设备，也叫Audio Devices。

音箱（或耳机）是将声卡输出的数字或模拟音频信号通过扬声器振膜的振动转换成声音的一种设备。

子任务1 声卡的选配与安装

根据声卡结构存在的形式，可以将声卡分为集成声卡和独立声卡。集成声卡是焊接在主板上的，它具有价格低廉、使用简单、运行稳定等特点，超过95%的用户都选择这种声卡。如果对音质、音效还有特别的要求，就需要选购独立声卡。独立声卡根据安装位置的不同，又可分为内置声卡和外置声卡，内置声卡安装在主板的PCI或者PCI-E插槽上；外置声卡通过USB接口、IEEE 1394接口或雷电接口与计算机主板连接。

1. 声卡的安装

集成声卡没有音频处理芯片，由CPU完成声音处理，然后把数字信号传送给集成在主板上的数模/模数转换器（Codec），如图8-1所示，所以不用安装，只需要将机箱前置音频接口的接头插入\声卡的输出插针即可。输出插针如图8-2所示。

2. 内置声卡的安装

将PCI或者PCI-E插口的声卡竖直插入主板空闲的对应插槽中，如图8-3所示。

3. 外置声卡的安装

将外置声卡的连接线插入机箱上对应的USB接口、IEEE 1394接口或雷电接口即可，如果需要，还要另外连接外置供电电源。声卡连接所使用的雷电接口扩展卡如图8-4所示。

图 8-1　数模/模数转换器

图 8-2　机箱前置音频接口输出插针

图 8-3　声卡插槽

图 8-4　雷电接口扩展卡

子任务 2　音箱的选配与安装

1. 音箱的选配

音箱是将音频信号放大输出的设备，音箱按是否需要外接供电电源分为有源音箱（自带信号放大器）和无源音箱（无信号放大器）两种，计算机使用的音箱一般属于前者。计算机音箱有数字和模拟两种信号传输方式，一般来说数字方式要优于模拟方式，但大部分音箱智能机接收模拟信号；另外，数字音箱必须搭配带有数字输出功能的声卡才能使用。在选择计算机音箱时，需考虑以下因素：

(1)选择音箱的外观和材质，通常可选择大小适中、做工良好的木质有源音箱。

(2)查看说明书，了解音箱技术参数，掌握音箱的性能指标。

(3)扬声器质量是决定音箱效果的重要因素，尤其是低音扬声器的盆架，应选择铸铝盆架，这样才能有更好的低音效果。

(4)关键还是试听，通过播放熟悉的音乐，亲身体验音箱的效果。

2. 音箱的安装

(1)模拟音箱的连接与安装

步骤 1　将音箱的电源插头插接到电源插座上。

步骤 2　将音箱上的 3.5 mm 音频插头根据颜色插接到声卡的对应插孔内，一般定义如下：绿色，前左、前右声道；灰色，中左、中右声道；黑色，后左、后右声道；橙色，中置、超重低音声道。2.0 或 2.1 声道音箱仅连接绿色插头，5.1 声道音箱不连接灰色插头。

3.5 mm 彩色插头、插孔分别如图 8-5 和图 8-6 所示。

图 8-5　3.5 mm 彩色插头

图 8-6　3.5 mm 插孔

步骤 3　对于焊接了简化插孔的集成声卡，首先要在驱动程序的控制面板中进行插孔功能再分配，然后按照新定义的颜色进行插接。集成声卡插孔如图 8-7 所示。

图 8-7　集成声卡插孔

步骤 4　将音箱上的低音(Bass)旋钮拧到中央位置，将音量(Volume)旋钮拧到最小，避免开机时电流脉冲烧毁音箱。

步骤 5　按要求把多声道音箱的卫星箱摆放到位。

(2)数字音箱的连接与安装

数字音箱的连接和模拟音箱基本相同，只是在步骤 2 连接的是数字同轴电缆或者光纤。

数字同轴电缆如图 8-8 所示，光纤如图 8-9 所示，图 8-10 中右一和右二插孔分别为光纤和数字同轴电缆插孔。

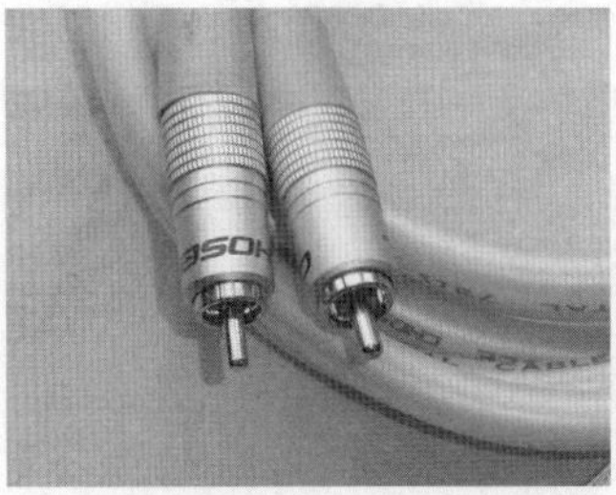

图 8-8 数字同轴电缆

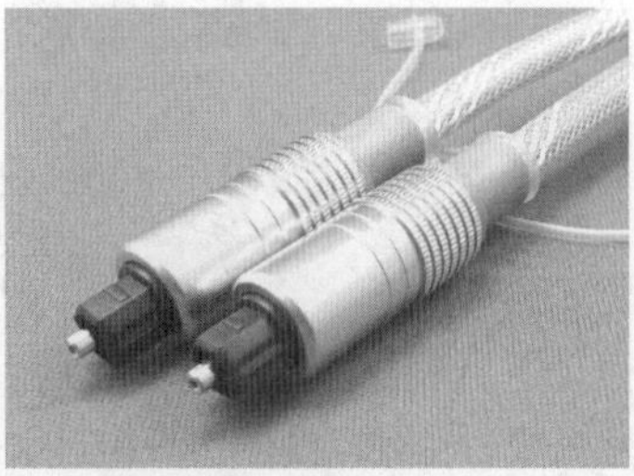

图 8-9 光纤

图 8-10 光纤和数字同轴电缆插孔

需要注意的是，不管使用几声道音箱，数字信号线均只需连接一根，部分数字音箱在连接后还要手动设置数字信号类型。

知识拓展：声卡、音箱的主要性能指标

1. 声卡的主要性能指标

(1)采样频率。采样频率是指录音设备在一秒钟内对声音信号的采样次数，采样频率越高声音的还原就越真实越自然。主流声卡的采样频率一般分为 48 kHz、96 kHz 和 192 kHz 三个等级，48 kHz 已经替代传统的 44.1 kHz 成为最低标准；96 kHz 的采样频率对于音乐播放有着更好的效果，主要用于高清影音的回放；192 kHz 则通常出现在专业领域。

(2)量化位数。量化位数可以理解为声卡处理声音的解析度。这个数值越大，解析度就越高，录制和回放的声音就越细腻。主流独立声卡则采用了 24 位量化，少数高档专业声卡使用 32 位量化。如图 8-11 所示为支持 192 kHz 采样，32 位量化的 Pro Tools HDX 专业声卡。

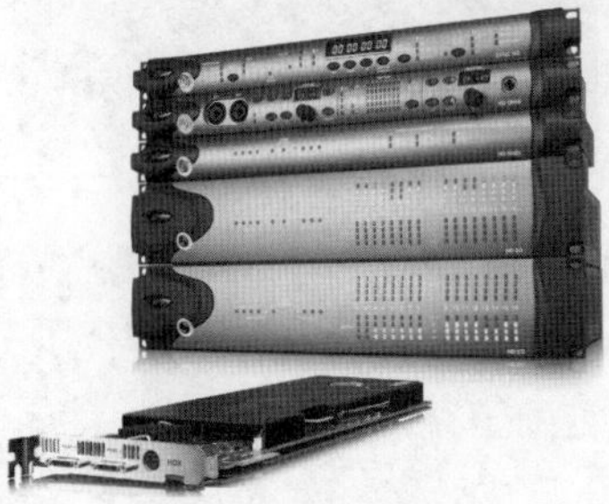

图 8-11 Pro Tools HDX 专业声卡

(3)输出声道数。多声道音箱要求声卡具有多声道信号的输出能力,单路双声道声卡已经被淘汰,专业声卡一般具有 3～4 路双声道输出;而普通家用声卡可以输出 5.1 声道信号,高级一些的则可以输出 7.1 声道信号。

(4)3D 音效 API。声卡的 3D 音效有两个重要因素——定位和交互,定位是让人们准确地判断出声音的来源;交互是实时地定位。声卡 3D 音效标准的控制是通过软件来实现的,这些软件统称为 3D 音效 API(Application Programming Interfaces,应用程序接口)。

2. 音箱的主要性能指标

(1)承载功率。音箱的承载功率主要是指在允许喇叭有一定失真度的条件下,所能够施加在扬声器输入端信号的最大持续功率之和。

(2)频响范围。音箱的频响范围是指该音箱在音频信号重放时,在额定功率状态下并在指定的幅度变化范围内,所能重放音频信号的频响宽度。从理论上讲,音箱的频响范围应该是越宽越好,至少应该是在 18 Hz～20 kHz 的范围。多媒体音箱的频率范围要求一般在 70 Hz～12 kHz(±3 dB)即可,要求较高的可在 50 Hz～16 kHz(±3 dB)。

(3)灵敏度。音箱的灵敏度是指在经音箱输入端输入 1 W/1 kHz 信号时,在距音箱喇叭平面垂直中轴前方一米的地方测试所得的声压级。灵敏度的单位为分贝(dB)。音箱的灵敏度越高则对放大器的功率需求越小。普通音箱的灵敏度在 85～90 dB 范围内,多媒体音箱的灵敏度则稍低一些。

(4)失真度。音箱的失真度的定义与放大器的失真度基本相同。不同的是放大器输入的是电信号,输出的还是电信号,而音箱输入的是电信号,输出的则是声波信号。所以音箱的失真度是指电信号转换的失真,声波的失真允许范围是 10%以内,一般人耳对 5%以内的失真基本不敏感。

(5)声道数。多声道音箱可以更好地模拟出声音的立体效果,常见有 2.0、5.1 和 7.1 三种声道规格,小数点前面的数字表示主声道数,后面的数字表示重低音声道数。2.0 的音响适合欣赏音乐,5.1 和 7.1 声道的音箱适合游戏或欣赏电影。如图 8-12 所示为创新 inspire T7900 7.1 声道音箱。

(6)连接方式。除了有线连接,部分音响还内置了电池和蓝牙模块,可以通过无线信号与计算机连接,播放计算机的声音。蓝牙通信协议有很多版本,4.1 以上的版本支持较高传输带宽,对音乐播放效果较好。如图 8-13 所示为 JBL GO 无线蓝牙便携音箱。

图 8-12　创新 inspire T7900 7.1 声道音箱

图 8-13　JBL GO 无线蓝牙便携音箱

习　题

一、填空题

1. 现在世界上最大的声卡厂商是________。

2. 绿色音箱插头连接了________和________两个声道。

3. 内置声卡主要使用________和________两种接口。

4. 无内置放大器的音箱被称作________。

二、选择题

1. 文字处理用户最适合选用(　　)。

A. 游戏声卡　B. 专业声卡　C. 集成声卡　D. 娱乐声卡

2. 以下(　　)不是声卡 3D API。

A. DirectX　B. A3D　C. EAX　D. Sound Blaster

3. (　　)声道音箱最适合高保真音乐欣赏。

A. 2.0　B. 2.1　C. 5.1　D. 7.1

4. 下列(　　)不是音箱的性能指标。

A. 承载功率　B. 扬声器材质　C. 频率响应　D. 失真度

三、简答题

1. 数字声卡如何与数字音箱连接?

2. 集成声卡和独立声卡哪个更适合普通用户使用? 为什么?

3. 声卡的技术指标都有哪些?

4. 有源音箱和无源音箱的最主要区别在哪里?

任务 9 网络设备的选配与安装

任务实施要点：

知识要求：

- 学习网络设备的选配知识
- 了解无线局域网的工作原理
- 掌握网卡的种类
- 掌握 WiFi 设置方法

技能要求：

- 能够熟练安装常用的网络设备
- 能够熟练配置网卡、ADSL 设备
- 能够熟练设置网络选项
- 能够熟练配置无线路由器及掌握无线设备连接方法

准备知识导入：

随着网络技术的迅速发展和 Internet 应用的日益普及，人们对网络的需求不断增长，能够接入 Internet 成为许多用户对计算机的基本需要，网络设备成为组装计算机的必备部件之一。如何选配与安装常用的网络设备，如何通过 ADSL（Asymmetric Digital Subscriber Line，非对称数字用户环路，俗称宽带）接入 Internet 是每一个计算机用户需要掌握的基本知识和技能。

子任务 1 网卡的选配与安装

网卡是用户接入局域网和通过 ADSL 接入 Internet 所必需的网络设备，网卡质量的好坏会影响计算机的性能、连接速率和通信质量，甚至影响网络的稳定性，所以对网卡的选购应当非常慎重，选择网卡时主要考虑以下几个因素：

1. 网卡的选配

（1）传输速率

由于 10 Mbit/s 网络的传输速率较低，目前已经淘汰，可以选择的网卡的传输速率有 10/100 Mbit/s、10/100/1000 Mbit/s、1000 Mbit/s 和 10000 Mbit/s。

（2）总线类型

目前网卡的总线类型有 PCI 总线、PCI-X 总线、PCI-E 总线、USB 接口和 PCMCIA。最常用的是 PCI 总线的网卡，USB 接口的网卡具有即插即用、连接方便等优点，PCI-E 总线的网卡主要用于服务器，PCI-X 总线的网卡用于服务器，PCMCIA 总线的网卡用于笔记本。

(3)接口类型

按照传输介质相连的接口类型分为:RJ-45 接口(双绞线)网卡、BNC 接口(细缆)网卡、光纤网卡,不同的传输介质,需要不同类型接口的网卡。

(4)支持全双工

半双工网卡在同一时刻只能发送或接收数据,而全双工网卡却可以在发送的同时进行接收。因此,支持全双工的网卡数据传输速率要快于半双工。

(5)远程唤醒

远程唤醒就是在一台计算机上通过网络启动另一台已经关闭电源的计算机,这种功能特别适合机房管理人员使用。

(6)远程引导

如果要创建无盘工作站,所购买的网卡必须具有远程引导芯片插槽,而且要配备专用的远程启动芯片。因为远程启动芯片在一般情况下是不能通用的,所以在购买时,必须购买与自己的网络操作系统相吻合的网卡。

2. 网卡的安装

网卡的安装与计算机的其他外部设备一样,分为物理安装和驱动程序安装两部分。本任务以 PCI 总线接口的网卡为例介绍如何安装网卡。

步骤 1 物理安装

关闭计算机电源,打开机箱,找到主板上的一个空闲 PCI 插槽,将对应的机箱背后的挡板取下,将 PCI 网卡插入插槽中,用螺丝将网卡固定在机箱上,将连接线(如双绞线)带水晶头的一端插入网卡的 RJ-45 接口,另一端插在互连设备(如交换机)上。

步骤 2 驱动程序安装

启动计算机,操作系统发现新硬件后,进入添加新硬件操作,按提示操作安装随卡附带的驱动程序。

步骤 3 配置网卡

右击桌面上的"网上邻居",选择网上邻居属性,右击"本地连接",双击"属性"中 TCP/IP 协议,在 Internet 协议(TCP/IP)属性的"常规"选项卡中,按要求设置网卡的 IP 地址、子网掩码、默认网关等。也可以选"自动获取 IP 地址"项,让系统自动获取 IP 地址。

子任务 2 ADSL 的选配与安装

ADSL 是家庭用户连接 Internet 的主要途径,ADSL Modem 是使用宽带上网的主要设备,在选购 ADSL Modem 时应注意以下几个问题:

1. ADSL 的选配

(1)常见的 ADSL Modem 有内置、外置两种,用户可根据实际需要选择任何一种。

(2)考虑 ADSL Modem 功能上是否能满足用户的需求,如是否具有路由器、防火墙等功能。

(3)考虑 ADSL Modem 所支持的协议,现在通常以 PPOE(Point-to-Point on Ethernet。基于以太网点对点协议)协议连接网络,所选 ADSL Modem 必须支持 PPOE 协议。

(4)在选择 ADSL Modem 时,还需考虑其制造工艺及售后服务。

2. ADSL 的安装

与电话拨号上网相同,使用 ADSL 上网同样需要调制解调器,不同公司的 ADSL 的客户端硬件略不相同。我们以 TP-Link TD-8820 增强型为例介绍 ADSL 客户端硬件安装。

步骤 1　连接信号分离器。

如图 9-1 所示,该设备包括一个 ADSL Modem(自带电源)和一个滤波分离器。另外还要两根两端为 RJ-11 的电话线和两根两端为 RJ-45 头交叉网线。

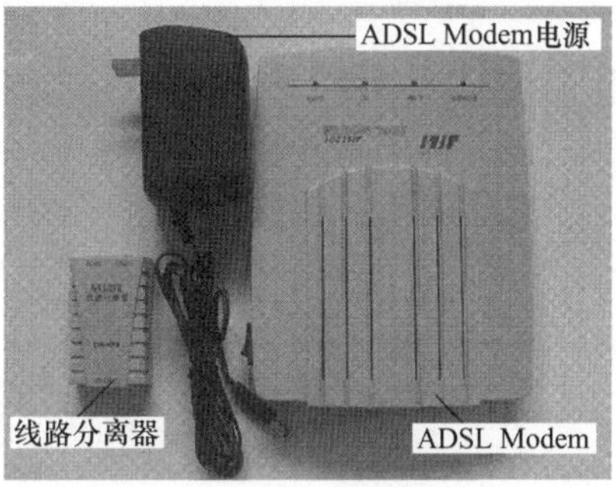

图 9-1　ADSL 设备

先将来自电信局的电话线接入滤波分离器的输入端(Line),然后再用准备好的电话线一头连接滤波分离器的语音信号输出口(Phone),另一端连接到电话机。电话部分连接完成,与普通电话一样使用。

步骤 2　连接 ADSL Modem。

用一根电话线将来自于滤波分离器的 ADSL 的高频信号接入 ADSL Modem 的 Line 插孔,再用一根交叉网线,一头连接 ADSL Modem 的 Ethernet 插孔,另一头连接计算机网卡的网线插孔。如图 9-2 所示给出了 ADSL 的安装原理图。

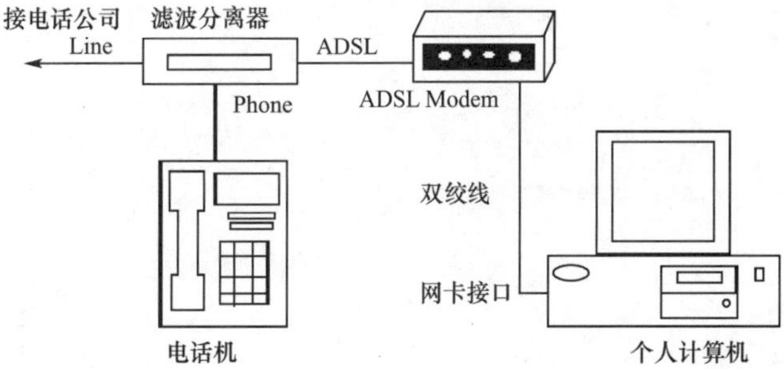

图 9-2　ADSL 的安装原理图

步骤 3　打开计算机和 ADSL Modem 的电源,如果两边连接网线的插孔所对应的 LED 灯都亮,说明硬件连接成功,在 ADSL Modem 上还有其他指示灯,依次是:Power、Line、Data、PC。通过这些指示灯的信号我们可以了解 ADSL 的工作状况。

步骤 4 建立 ADSL 虚拟拨号连接

以 Windows 7 为例建立 ADSL 虚拟拨号连接。

(1)选择“开始”→“控制面板”→“网络和 Internet”→“网络和共享中心”,单击“设置新的网络或连接”,显示如图 9-3 所示的“设置连接或网络”窗口。

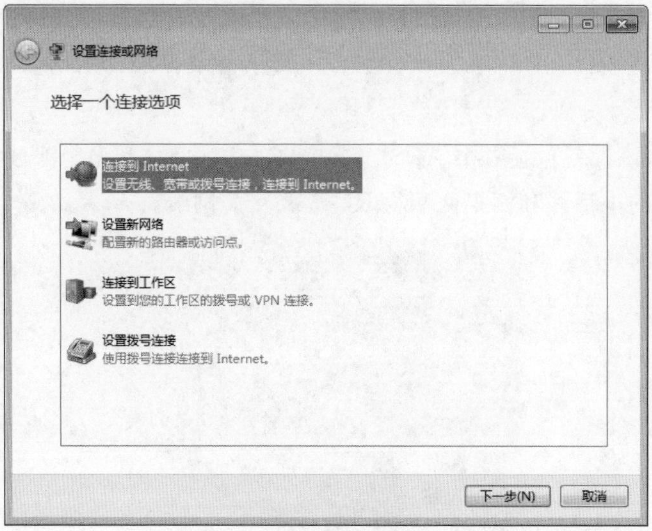

图 9-3 “设置连接或网络”窗口

(2)在显示的窗口中,默认选择“连接到 Internet”,单击“下一步”按钮。

(3)在弹出的窗口中,单击“宽带(PPPoE)”,如图 9-4 所示。

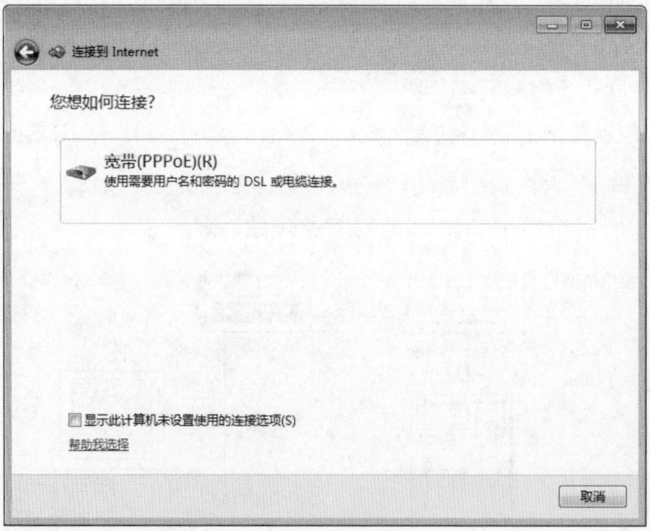

图 9-4 选择“连接到 Internet”

(4)在窗口中输入用户名、密码(一定要注意用户名和密码的格式和字母的大小写)和连接名称(如 ADSL),选中“显示字符”,密码以明码显示,用于查看输入的密码是否正确,选中“记住此密码”,系统保存输入的密码,下次拨号不用再次输入密码,如图 9-5 所示。

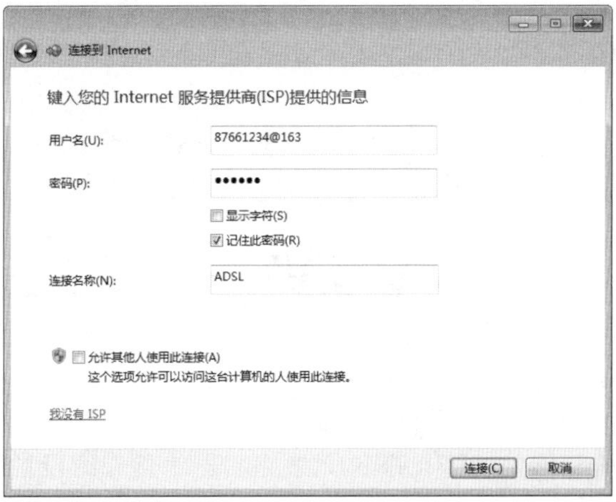

图 9-5　输入用户名、密码和连接名称

（5）在该窗口中，可以选择允许其他人使用此连接，直接单击“连接”按钮，至此，ADSL 虚拟拨号设置就完成了。

（6）此时在“网络连接”中多了个名为“ADSL”的连接图标。双击该图标，出现如图 9-6 所示的“连接 ADSL”对话框，如果确认用户名和密码正确，直接单击“连接”按钮即可拨号上网。成功连接后，你会看到屏幕右下角有两部计算机连接的图标。

图 9-6　“连接 ADSL”对话框

3. 无线路由器配置

无线路由器是用于用户上网、带有无线覆盖功能的路由器。无线路由器可以看作一个转发器，将宽带网络信号通过天线转发给附近的无线网络设备（笔记本计算机、支持 WiFi 的手机、平板电脑以及所有带有 WiFi 功能的设备），根据入户宽带线路的不同，分为电话线、光纤、网线三种接入方式。无线路由器除了具备拨号等功能外还具有其他一些网络管理的功能，如 DHCP 服务、NAT 防火墙、MAC 地址过滤、动态域名等功能。市场上流行的无线路由器一般只能支持 15～20 个设备同时在线使用。

步骤 1　路由器连接到外网。

将前端上网的宽带线连接到路由器的 WAN 口，上网计算机连接到路由器的 LAN 口上，如图 9-7 所示。

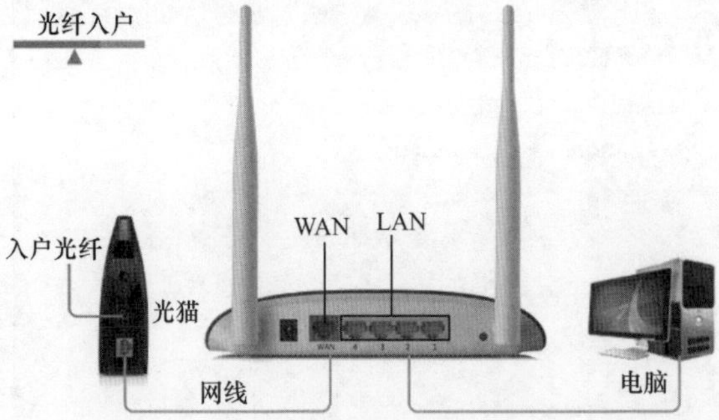

图 9-7 路由器连线图

步骤 2 设置路由器上网，以 TP-LINK 无线路由器为例介绍设备配置。

(1)打开浏览器，清空地址栏并输入 tplogin. cn(部分较早的路由器管理地址是 192. 168. 1. 1)，并在弹出的窗口中设置路由器的登录密码，密码长度为 6～15 位，如图 9-8 所示，该密码用于以后管理路由器(登录界面)，单击“确定”按钮完成登录密码设定。

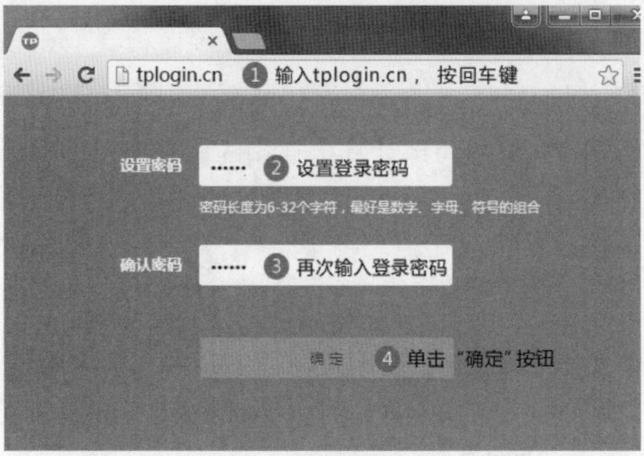

图 9-8 路由器登录密码界面

(2)登录成功后，路由器会自动检测上网方式，根据检测到的上网方式，输入宽带帐号和宽带密码，如图 9-9 所示，单击“下一步”按钮进入无线密码设置界面。检测结果是自动获得 IP 地址还是使用固定 IP 地址上网，请按照页面提示进行操作。

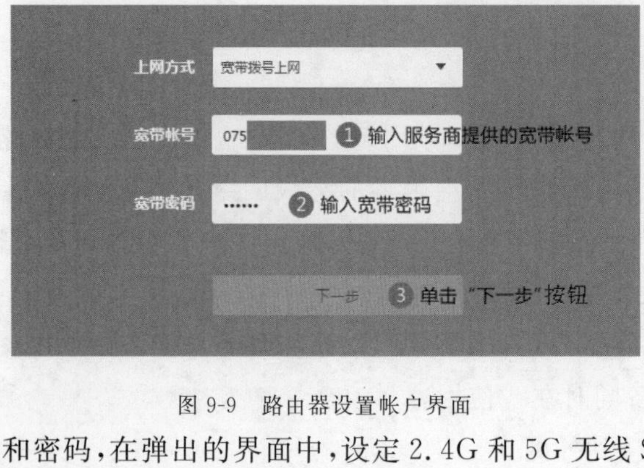

图 9-9 路由器设置帐户界面

(3)设置无线名称和密码，在弹出的界面中，设定 2. 4G 和 5G 无线 SSID 的名称，设置无线密码(密码长度为 8 至 63 个字符，最好是数字、字母、符号的组合)，如图 9-10 所示，单击“确定”按钮保存配置，无线路由器设置完成。

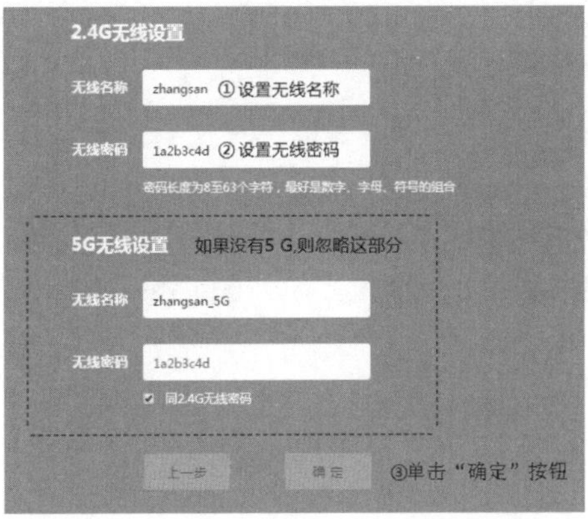

图 9-10　路由器设置无线名称和密码界面

子任务 3　WiFi 设置

WiFi(Wireless Fidelity)，是一种允许电子设备连接到一个无线局域网(WLAN)的技术，通常使用 2.4G UHF 或 5G SHF ISM 射频频段。连接到无线局域网时通常是需要密码的；但也可以是开放的，这样就允许任何在 WLAN 范围内的设备都可以连接上。手机或 PDA 等手持移动设备通过无线局域网以无线的方式接入互联网，一般从无线路由器发出无线信号，手机或 PDA 等手持移动设备通过接收无线信号连接到无线路由器，再通过宽带接入互联网。下面以安卓手机为例介绍使用 WiFi 连接无线路由器的操作。

步骤 1　将手机切换到主界面，然后点击主界面中的“设置”图标，如图 9-11 所示。

步骤 2　在打开的“常用设置”界面中，选择点击“WLAN”，将关闭的 WLAN 打开，即开启手机 WiFi，如图 9-12 所示。

图 9-11　手机主界面

图 9-12　手机常用设置界面

步骤 3 进入 WLAN 界面后，点击 WLAN 开关，从关闭状态切换到打开状态，点击后，系统显示“正在扫描...”，如图 9-13 所示。

步骤 4 WLAN 打开后，要稍等一会，手机正在搜索附近的 WiFi，然后在列表中选择要连接的 WiFi 热点 LI_24G，如图 9-14 所示。

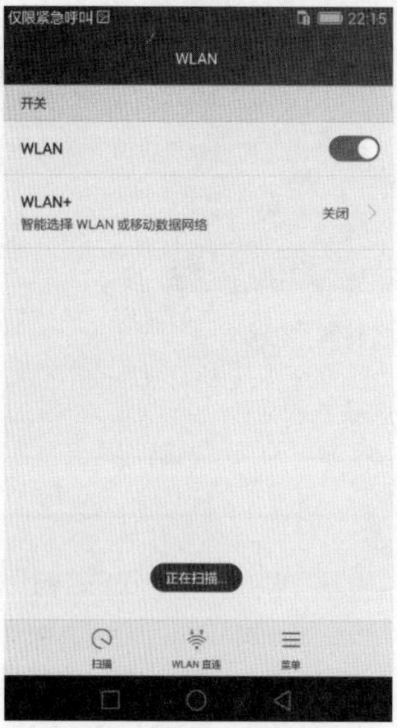

图 9-13 手机打开 WLAN 界面

图 9-14 手机搜索 WiFi 热点界面

步骤 5 点击要连接的 WiFi 热点后，在弹出的密码框中输入的无线网连接密码，然后点击“连接”，如图 9-15 所示。点击“连接”后，界面会返回到 WLAN 列表，并显示“正在获取 IP 地址...”的提示信息。

步骤 6 如果你输入的密码被校验正确，稍等即可以看到连接成功了，并显示“已连接 WLAN 到网络‘LI_24G’”，如图 9-16 所示。

图 9-15 手机输入连接密码界面

图 9-16 手机连接热点界面

知识拓展：网卡的功能和结构及无线局域网络的设置

1. 网卡的功能和结构

(1)网卡的功能

网卡(Network Interface Card，简称 NIC)，也称网络适配器，是计算机接入局域网的必备设备。无论是普通计算机还是高端服务器，只要连接到局域网，就必须安装一块网卡。如果需要，一台计算机也可以同时安装两块或多块网卡。

局域网中的计算机之间在相互通信时，数据是以帧的方式进行传输的。可以把帧看作一种数据包，在数据包中不仅包含数据信息，而且还包含数据的发送地、接收地和数据的校验信息。

网卡的功能主要有两个：一是将计算机的数据封装为帧，并通过传输介质将数据发送到网络上；二是将从网络上接收到的帧重新组合成数据，发送到所在的计算机中。网卡能监听到所有在网络上传输的信号，但只接收发送到该计算机的帧和广播帧，将其余的帧丢弃。然后，将接收到的帧传送到系统中，CPU 做进一步处理。

每块网卡都有一个唯一的 ID 号，也叫作 MAC(Media Access Control)地址。MAC 地址被收录于网卡的 ROM 中，就像我们每个人的遗传基因 DNA 一样，即使在全世界范围内也绝对不会重复。MAC 地址用于在网络中标识计算机的身份，实现网络中不同计算机之间的通信和信息交换。

网络有许多种不同的类型，如以太网、令牌网、FDDI、ATM、无线网络等，不同的网络必须采用与之相适应的网卡。我们常见的网络为以太网，以太网中使用的是以太网卡。

(2)网卡的结构

网卡由主控制编码芯片、调控元件、Boot Rom 插槽和指示灯等部分组成，如图 9-17 所示。

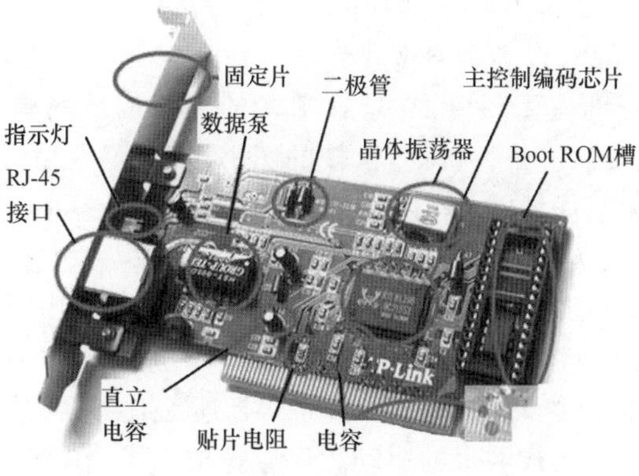

图 9-17　网卡结构图

①主控制编码芯片

网卡的主控制编码芯片是网卡中最重要的部件，是网卡的控制中心，控制着整个网卡的工作和进出网卡的数据流，负责数据传送和连接时的信号侦测。早期的 10/100M 的双速网卡采用两个控制芯片(单元)，分别用来控制两个不同速率环境下的运算，而目前的产品通常只有一个芯片，控制两种速度。

②调控元件

调控元件的作用是发送和接收中断请求(IRQ)信号。在发送信号时，它会先给数据泵一个指令,然后才发送信号;在接收信号时,它会发一个指令给主控制编码芯片。当遇到信号繁忙的时候,它会调节数据流,起到指挥数据正常流动的作用。

③晶体振荡器

晶体振荡器(简称晶振),负责产生网卡所有芯片的运算时钟,其原理就像主板上的晶体振荡器一样,通常网卡使用 20 Hz 或 25 Hz 的晶体振荡器。

④Boot ROM 插槽

在做无盘工作站时,需把远程引导芯片 Boot ROM 插到插槽中,以便实现无盘启动功能,Boot ROM 芯片是一块只读存储器,里面存放了网络启动的程序,根据网络操作系统的不同分为 Netware、UNIX 和 Windows NT 的 Boot ROM。Boot ROM 的作用在于即使工作站不安装软盘与硬盘,仍然可以开机引导操作系统并连接上网络,实现无盘工作站。购买 Boot ROM 时,切记与自己的网络操作系统(NOS)一致,例如:Boot ROM for Netware、Boot ROM for NT、Boot ROM for UNIX 等,否则就不能启动工作站。Boot ROM 最好是跟网卡一起买,因为通常情况下各厂商的 Boot ROM 不能相互兼容。

⑤指示灯

网卡上的指示灯被用来显示网卡的工作状态,便于用户了解其工作状态和诊断故障,通常配置有电源指示、发送指示(TX)和接收指示(RX)。

2. 无线局域网络配置

目前应用最广泛的 WLAN 遵循 802.11 系列标准,根据用户网络环境的不同,需要使用不同的组网方式。目前市场上的 AP(Wireless Access Point,无线接入点)可以支持 AP 基础结构模式、点对点桥接模式、点对多点桥接模式和无线中继模式等组网方式。下面介绍 AP 基础结构模式。

AP 基础结构模式又称为 AP 模式,在这种应用模式中,AP 作为无线接入点为无线客户端连接企业局域网提供了一种灵活的接入方式。通常情况下,AP 模式的覆盖半径在空旷区域能达到上百米,室内则为 30 m 左右,能同时支持几十个无线客户端。在 AP 模式下,还允许若干个 AP 构成无线漫游系统,以满足便携式无线客户端无缝移动的需求。

AP 模式有着极为广泛的应用环境,它是最基本的无线局域网构建模式。大多数无线客户端都需要采用这种方式接入网络。例如,学校的图书馆、阅览室和自习室是学生课余时间去的最多的地方,在此组建无线局域网,学生就可以通过便携式计算机上网查询所需资料和校园网内的课件。教室、办公室、实验室则是无线网络应用的重点,可以方便教师授课和移动办公。

构建基础结构 WLAN 前,需要准备一个 AP,每台计算机应安装无线网卡,在组建 WLAN 时,首先需要安装访问节点 AP,一般无须对 AP 进行设置(除非配置安全机制和密钥),需要通过 AP 访问有线网络时,使用双绞线将 AP 连到有线网的交换机上即可。

安装无线网卡,需要安装无线网卡的驱动程序。一般而言,在 Windows XP 系统下无线网卡无须安装驱动,系统可自动识别无线网卡。但从兼容性考虑,还是建议安装网卡自带的驱动程序。

下面以 TP-LINK TL-WDN6200 USB 接口网卡为例介绍无线网卡的安装与配置。

步骤 1 运行产品自带的光盘,按驱动程序安装向导提示安装无线网卡驱动程序,如图 9-18 所示。

步骤 2 当无线网卡通过 USB 接口接入计算机后,计算机发现新硬件,自动安装驱动程序。

步骤 3 无线网卡安装成功,系统增加一个网络连接,相应的设备管理软件也安装成功。

图 9-18　驱动安装欢迎界面

步骤 4　单击任务栏的网络图标，系统自动搜索无线网络，并在右侧窗口显示。本例中找到了名字(SSID)为"i-LiaoNing"的无线网络，单击"连接"按钮可以使计算机连接到该无线网络中，如图 9-19 所示。

步骤 5　为了使计算机能够通过无线网络和其他计算机通信访问有线网络，与有线网络设置相似，无线网络也需要设置适当的 IP 地址、网关等信息。双击无线网络连接图标，显示如图 9-20 所示的"WLAN 属性"对话框，双击"Internet 协议版本 4(TCP/IPv4)"，显示"Internet 协议版本 4(TCP/IPv4)属性"对话框，可以设置 IP 地址、子网掩码、网关等内容，设置完毕后就可以正常访问网络了。

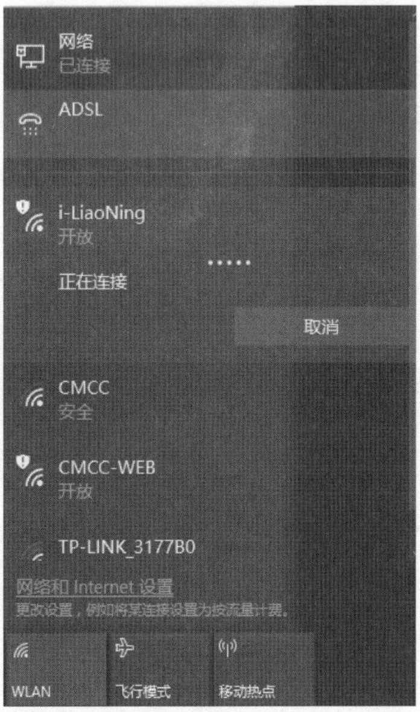

图 9-19　无线网络连接

图 9-20　"WLAN 属性"对话框

习　题

1. 简述网卡的功能、种类和结构。
2. 如何安装、配置 ADSL?
3. 如何通过配有无线网卡的计算机接入无线网络?
4. 如何使用手机接入无线网络?

任务10 计算机外部设备的选配与安装

任务实施要点：

知识要求：

- 了解键盘和鼠标的分类
- 了解无线键盘、无线鼠标知识
- 熟悉打印机、扫描仪的性能指标
- 理解打印机、扫描仪的工作原理

技能要求：

- 能够合理选配键盘和鼠标
- 能够合理选配打印机、扫描仪等设备
- 能够熟练安装键盘、鼠标以及打印机、扫描仪
- 能够熟练组装一台计算机

准备知识导入：

计算机外部设备主要指输入/输出设备，目前广泛使用的外部设备包括键盘、鼠标以及打印机、扫描仪等。本任务以上述典型输入/输出设备为例，详细地介绍其选配和连接方法，同时就其结构、种类、工作原理进行说明。此外，随着计算机技术日新月异地发展，对常用的新型外部设备进行介绍。

子任务1 键盘、鼠标的选配与安装

键盘和鼠标作为主要的输入设备，对计算机的性能虽然没有太大的影响，但是劣质的键盘和鼠标不但会因为手感差而影响输入速度，而且长期使用还会造成身体的诸多不适，并且在应用中频繁出现故障，所以选购时还是应多加注意。

1. 键盘的选购

(1)选择合适的键盘接口类型。

由于USB接口支持热插拔，因此这种接口的键盘在使用中比较方便。但是计算机底层硬件对PS/2接口的支持更完善，如果计算机遇到某些故障，使用PS/2接口的键盘兼容性会更好。因此主流键盘既有使用PS/2接口的也有使用USB接口的，购买时可根据需要选择。各种键盘接口之间还能通过特定的转接头或转接线实现转换，例如USB转PS/2转接头等。

(2)注意按键手感。

键盘的手感非常重要，手感好的键盘可以使用户操作方便，并且手指、关节和手腕不会过于疲劳。检测键盘手感好坏的方法非常简单，只要用适当的力量按下按键，感受其弹性、回弹速度、声音即可，而且要全面检测键盘上的每一个键。手感好的键盘应该弹性适中、回弹速度

快且无阻碍、声音小、键盘晃动幅度小。

(3)注意生产工艺和质量。

检查键盘质量的时候，用手抚摸键盘的表面和边缘，并观察按键上的字母和数字，判断其是否使用激光刻写以及清晰度如何。拥有较高生产工艺和质量的键盘表面是经过研磨的，边缘平整、无毛刺；用激光刻写的按键字母清晰耐磨，而普通印刷的字母会微微凸起，字母边缘还会由于油墨的原因而产生一些毛刺。

(4)注意外形、颜色和主机是否搭配。

键盘、机箱和鼠标等设备都是暴露在我们视线中的设备，因此要注意使它们的颜色和外形能够互相搭配，这样会让整个计算机看起来更和谐、更美观。

(5)尽量选择带防水功能的键盘。

2. 键盘的连接

目前常用的键盘为 PS/2 接口键盘。PS/2 设备有主从之分，主设备采用 Female 插座，从设备采用 Male 插头(针)，如图 10-1 所示。现在广泛使用的 PS/2 键盘、鼠标均在从设备方式下工作。

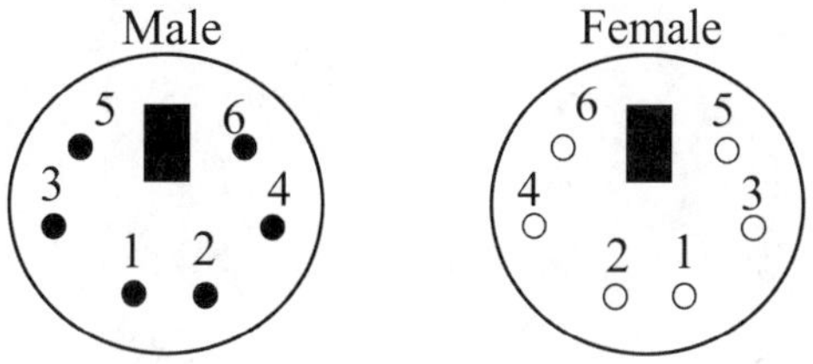

图 10-1　PS/2 接口

Male 接口针脚定义如下：

1：空；

2：键盘、鼠标数据信号；

3：+5 V(驱动控制芯片和 LED 指示灯)；

4：地；

5：空置；

6：键盘、鼠标时钟信号。

ATX 主板上集成有 PS/2 键盘接口，连接 PS/2 接口键盘时，将键盘插头插在主板上的 PS/2 键盘接口上。

注意：PS/2 接口很容易插错，连接时要根据标记和颜色正确连接，键盘 PS/2 接口为紫色，鼠标 PS/2 接口为绿色，防止插错。

3. 鼠标的选配

鼠标的选择同样也是因人而异，首先要看自己所选鼠标的用途。对于一般的用户来说，鼠标小巧时尚的外形与靓丽的色彩比较重要，对于热爱游戏的用户来说，更注重的是鼠标反应速度和定位精度。

(1)根据用途选购

通常选择普通的光电鼠标(有线或无线)即可满足我们日常生活和工作的需要。对于图形设计、三维图像处理的用户，则最好选择专业光电鼠标或者多键、带滚轮、可定义宏命令的鼠标。

(2)根据接口类型选购

目前鼠标常采用的接口类型有 PS/2 和 USB 接口，可以根据需要选择其中一种接口的鼠标。相比之下，USB 接口的鼠标连接方便，使用较多。

子任务2 打印机、扫描仪的选配与安装

随着计算机应用的日益普及，计算机外设的使用也逐渐趋向一个成熟阶段，特别是扫描仪和打印机等设备，在信息输入、输出过程中起到了重要作用，下面介绍打印机（以常用的激光打印机为例）和扫描仪的选购与安装。

1. 打印机的选购

根据实际需要选择打印机，常见的打印机有针式、喷墨和激光三种类型。一般来说，在打印数量较大而质量要求不高的情况下，针式打印机比较合适；在输出量较小而对质量要求较高的情况下，喷墨打印机和激光打印机比较理想；在需要进行复写或打印蜡纸的情况下，针式打印机是最好的选择。

2. 打印机的安装

常见的打印机的接口类型一般有两种：并行接口和 USB 接口。安装并行接口打印机时，先用并口数据电缆线正确连接打印机和计算机，再连接好打印机的电源线，打开打印机电源，安装相应的打印机驱动程序即可完成打印机的安装。USB 接口打印机的连接方法与此类似，只是连接电缆线不同而已。

3. 扫描仪的选购

扫描仪是常用的信息输入设备，选购扫描仪时，主要应考虑以下几个方面的因素：

(1)档次定位

扫描仪的主要参数有分辨率、色彩位数和幅面。

①扫描仪的分辨率的单位是 dpi，其大小决定了扫描仪扫描物体的精细程度。分辨率越高，其性能就越好，不过分辨率也是和价格成正比的。

②色彩位数用来表示扫描仪能够获得的色彩层次和数量，例如，16 位色的扫描仪表示可以获得 216 种颜色，也就是说色彩位数越高，扫描仪就有越好的色彩还原能力。目前 1200 dpi 的扫描仪中大多都具有 42 位色。

③扫描仪的幅面表示能够扫描的最大纸张的大小，一般分为 A4 和 A3 两种。对于家庭用户和一般应用来说，A4 幅面的扫描仪就足够了。

(2)根据自己的用途来选择

扫描仪一般分为三个档次：

①一般家庭和个人使用的扫描仪都用在非专业的领域，不需要太多的专业功能，对图像质量要求不是太高，可选择 30 位色彩，分辨率为 300×600 dpi，接口为 EPP 或 USB 的扫描仪。如果要扫描底片或幻灯片等，扫描仪还必须具有扫描透射稿的功能。

②办公自动化和商业用户选择面较宽，由于其对扫描仪的速度、吞吐量、可靠性、易用性等方面要求较高，一般应选择 36 位色彩，分辨率为 600×1200 dpi 以上的。

③图形图像和广告设计等专业用户对图像和扫描速度的要求很高，因此要选择分辨率为 1200 dpi 以上的扫描仪，最好在 1600 dpi 以上，甚至达到 2400 dpi。

4. 扫描仪的安装

下面以明基彩色扫描仪 BenQ 5560B 为例介绍扫描仪安装过程。

开始安装前，应先检查包装内容，该扫描仪包装内含有下列物品：5560B 扫描仪、扫描仪软件安装光盘、电源转换器、USB 连接线、扫描仪安装指南。

步骤 1　安装扫描仪软件

建议按先安装驱动程序和软件，再连接扫描仪到计算机上的顺序进行。将光盘插入光驱后自动弹出如图 10-2 所示安装程序界面。根据需要单击列表中的项目，选择要安装的程序。

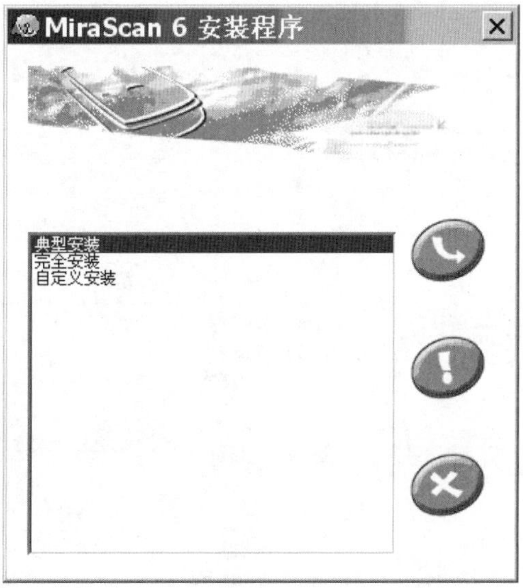

图 10-2　明基 5560B 扫描仪软件安装界面

按照屏幕提示信息，依次执行后续操作直至完成。回到安装列表后可以选择其他软件并进行安装。

步骤 2　解除扫描仪锁定

打开扫描仪盖板，在靠近玻璃台的右下角处有个扫描仪锁，它主要用于保护扫描仪内部部件，将锁滑到解除锁定的位置，便可解除扫描仪的锁定，如果用户需搬动扫描仪则应该将该锁锁上。

步骤 3　连接扫描仪

将 USB 线的一端插入扫描仪连接端口，另一端插入计算机的 USB 接口；用电源转换器连接电源接口与电源开关。此时扫描仪自动开启并开始自检，测试结束后，扫描仪前面板上的指示灯会重新亮起。

注意：扫描仪上并无电源开关，不用时扫描仪会自动恢复为省电模式。

步骤 4　第一次扫描

打开扫描仪的盖板，将原稿正面朝下放在玻璃台上，盖上盖板，运行 MiraScan 扫描程序，先进行图像类型、输出尺寸、分辨率等参数的设置，之后启动预览功能以确定扫描范围，分别如

图 10-3、图 10-4 所示，确认无误后即可开始扫描。也可以单击扫描仪前面板上的“快速扫描”键，即可进行高效而方便的扫描。

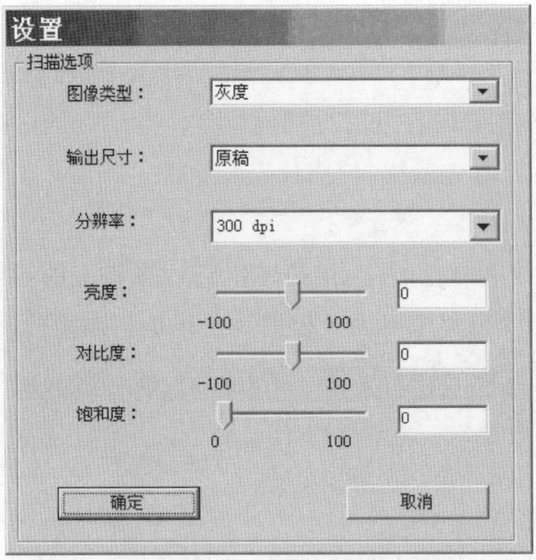

图 10-3　扫描仪设置界面

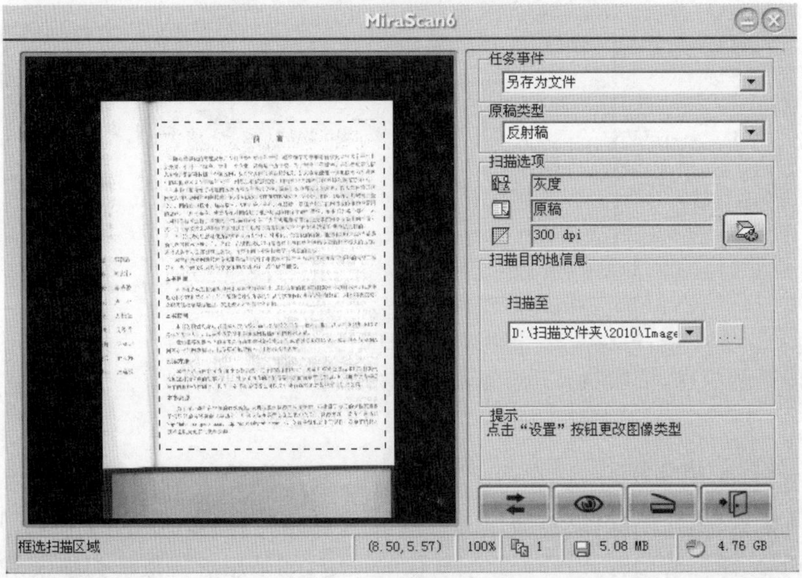

图 10-4　扫描仪扫描界面

知识拓展：打印机、扫描仪的分类及主要性能指标

1. 打印机的分类

打印机的分类方法有多种，当前比较流行的观点是把打印机分为针式打印机、喷墨打印机、激光打印机、热转印打印机和多功能一体打印机。

(1)针式打印机

针式打印机在打印机历史上曾占有重要的地位，从 9 针到 24 针，再到今天基本走出打印机历史的舞台，可以说针式打印机已有几十年的历史。针式打印机之所以在很长的一段时间内能流行不衰，与它低廉的价格、极低的打印成本和易用性是分不开的。但是，打印质量低、工作噪声大使它无法适应高质量、高速度的商用打印需要，所以现在只有在银行、学校、医院、商业等需要票单打印的地方使用。

(2)喷墨打印机

喷墨打印机因其有着良好的打印效果与较低价位的优势而占领了广大中低端市场。此外，喷墨打印机还具有更为灵活的纸张处理能力，在打印介质的选择上，喷墨打印机也具有一定的优势，可以打印信封、信纸等普通介质，还可以打印各种胶片、照片纸、卷纸、T 恤转印纸等特殊介质。喷墨打印机按工作原理可分为固体喷墨打印机和液体喷墨打印机两种(后者更为常见)，而液体喷墨方式又可分为气泡式和液体压电式。

(3)激光打印机

激光打印机是近年来高科技发展的一种新产品，分为黑白和彩色两种。它除了具有高质量文字及图形、图像打印效果外，为了更好地适应信息技术发展的需求，新产品中增加了办公自动化所需要的网络功能。激光打印机是利用电子成像技术进行打印的。当调制激光束在硒鼓上沿轴向进行扫描时，按点阵组字的原理，使鼓面感光，构成负电荷阴影。当鼓面经过带正电的墨粉时，感光部分就吸附上墨粉，然后将墨粉转印到纸上，纸上的墨粉经加热熔化形成永久性的字符和图形。激光打印机工作速度快、文字分辨率高，作为输出设备主要用于平面设计、广告创意、服装设计等。

(4)热转印打印机

热转印打印机是利用透明染料进行打印的，它的优势在于专业高质量的图像打印，可以打印出近似于照片的连续色调的图片来，一般用于专业图形输出。

(5)多功能一体打印机

多功能一体打印机是指将打印、复印、扫描、传真功能集成为一体的机器，以其经济高效、快速可靠的优势，开启了智能办公的新时代。在实际应用中，如果经常打印和复印彩色文档，可选择喷墨一体机，打印成本相对较高；如果打印、复印、传真的量较大，又只用黑白文档，可选择激光一体机。

2. 打印机的性能指标

(1)分辨率

衡量图像清晰度最重要的指标是分辨率(dot per inch，dpi)，即每平方英寸多少个点，分辨率越高，图像就越清晰，打印质量也就越好(360 dpi 以上的打印效果才能令人满意)。目前市面上绝大多数产品都已采用 600 dpi，还有些产品达到了 1200 dpi，甚至更高。

(2)打印速度

打印机的打印速度是用每分钟打印多少页纸(PPM)来衡量的，通常标注黑白和彩色两种打印速度。另外，打印速度还与打印时的分辨率有直接的关系，分辨率越高，打印速度也就越慢，所以衡量打印机的打印速度要综合评定。激光打印在三种打印方式中是最快的，一般激光打印机的彩色和黑白打印速度都是每分钟十几页。

(3)打印幅面

打印幅面是打印输出纸张的大小,通常以A4为主,A3、A2幅面的打印机一般用于CAD、广告制作、艺术设计、印刷出版等行业。

3. 扫描仪的分类

扫描仪的种类繁多,常用的扫描仪大体上分为平板式扫描仪、名片扫描仪、胶片扫描仪等。

(1)平板式扫描仪

平板式扫描仪又称为平台式扫描仪、台式扫描仪,扫描幅面一般为A4或是A3。从指标上看,这类扫描仪光学分辨率为300～8000 dpi,色彩位数从24位到48位,应用比较广泛。

(2)名片扫描仪

顾名思义,名片扫描仪是能够扫描名片的扫描仪。名片扫描仪以其小巧的体积和强大的识别管理功能,成为许多办公人士最能干的商务小助手。名片扫描仪由一台高速扫描仪加上一个质量稍高一点的OCR(光学字符识别系统),再配上一个名片管理软件组成。目前市场上主流的名片扫描仪的主要功能大致以高速的输入、准确的识别率、快速查找、数据共享、原版再现、在线发送、能够导入PDA等为基本标准。尤其是通过计算机可以与掌上计算机或手机连接这一功能越来越为使用者所看重。

(3)胶片扫描仪

胶片扫描仪又称底片扫描仪或接触式扫描仪,其扫描效果是平板扫描仪所不能比拟的,它的主要任务就是扫描各种透明胶片,扫描幅面从135底片到4×6英寸甚至更大,光学分辨率最低也在1000 dpi以上,一般可以达到2700 dpi水平,更高精度的产品则属于专业级产品。

4. 扫描仪的性能指标

(1)扫描仪的感光器件

扫描仪最重要的部分是其感光器件部分,目前市场上扫描仪所使用的感光器件有:光电倍增管、硅氧化物隔离CCD、半导体隔离CCD和接触式感光器件。光电倍增管性能最好,但生产成本高;硅氧化物隔离CCD和半导体隔离CCD,这两种感光器件的原理与日常使用的半导体集成电路相似,硅氧化物隔离CCD技术的生产成本比半导体隔离CCD技术高几倍,目前只能用在专业级扫描仪中,市场上的大多数家用和办公用扫描仪,都是采用半导体隔离CCD;接触式感光器件(CIS或LIDE),主要用在手持式扫描仪和传真机上,但接触式感光器件不能使用镜头,只能贴近稿件扫描,因此清晰度会受影响。

(2)扫描精度与色彩数

扫描仪对图像细节的表现能力用分辨率来衡量,分辨率通常用每英寸扫描图像上所含有的像素点的个数表示,记作dpi(dot per inch)。目前,多数扫描仪的分辨率在300～2400 dpi。分辨率有水平与垂直之分,水平分辨率取决于扫描仪使用的CCD元件本身和光学系统的性能;而垂直分辨率则取决于步进电动机的步长。所以扫描仪的参数说明中会有诸如300×600 dpi或600×1200 dpi的写法。

扫描仪的色彩数能标识出扫描仪在色彩空间上的识别能力。色彩的位数越高,对颜色的区分就越细腻。色彩数表示彩色扫描仪所能产生的颜色范围,通常用表示每个像素点上颜色的数据位数(bit)表示。比如常说的真彩色图像指的是每个像素点的颜色用 24 位二进制数表示,共可表示 $2^{24}=16.8$ M 种颜色,通常称这种扫描仪为 24 bit 真彩色扫描仪。色彩数越多,扫描图像就越生动艳丽。色彩数作为衡量扫描仪色彩还原能力的主要指标,经历了 24 bit 到 30 bit 再到 36 bit 的过渡,而 36 bit 是保证扫描仪实现色彩校正、准确还原色彩的基础。

(3)扫描仪接口

目前市场上扫描仪接口标准主要有 SCSI、EPP 及 USB 三种,其中传统的 SCSI 接口传输速度最快,达到 40 Mbit/s。目前只限于专业用户使用;EPP 接口扫描仪避免了拆机、装机的烦恼,即插即用,较适合普通消费者,但 EPP 接口存在传输速率慢、应用范围小的缺点;USB 接口作为近年新兴的行业标准,综合了 SCSI 和 EPP 的优点,USB 2.0 的传输速率达到了 480 Mbit/s,足以满足大多数外设对传输速率的要求。

习 题

1. 简述 PS/2 接口各引脚功能。
2. 简述打印机的分类及性能指标。
3. 简述扫描仪的主要性能指标。

任务11 平板电脑的选购与使用

任务实施要点：

知识要求：

- 了解平板电脑的用途和使用方法
- 掌握平板电脑各项参数的含义

技能要求：

- 能够使平板电脑正确连接计算机并安装应用软件

准备知识导入：

平板电脑由笔记本计算机演化而来，精简了笔记本计算机的固定键盘并将触摸板改为触摸屏，体积和尺寸都有减小，更加便于携带和随身使用。它取代平板 PC（Tablet PC），定位在智能手机和便携笔记本计算机之间的一种体验、分享信息的终端。

平板电脑主要的用途是生活、娱乐及现场演示，从功能上讲，平板电脑还无法与以处理、编辑、存储信息为主的传统计算机相比，属于典型的消费类电子产品。我们将在这个任务中了解平板电脑的发展状况并学习相应知识。

子任务1 平板电脑的选购

平板电脑和笔记本计算机类似，都是由厂家直接生产，个人用户很少对其硬件结构定制或修改，而且，不同于某些没有预装任何软件的“裸机笔记本计算机”，所有平板电脑在出厂时都必须安装操作系统、硬件驱动程序和一些基本的工具软件。用户在选购平板电脑时，需考虑以下因素：

1. 确定平板电脑的操作系统

当前平板电脑可以使用 iOS、Android、Windows 三种操作系统之一，它们之间从硬件到软件互不兼容，在选购时，首先要确定平板电脑的操作系统。

2. 平板电脑硬件配置及性能

平板电脑硬件配置主要指 CPU、内存、Flash 存储容量、电池等，CPU 主频应不低于 2 GHz，内存一般为 4～8 GB，Flash 存储容量（相当于计算机的硬盘）通常在 64 GB 以上，电池要有足够的续航能力。

3. 触摸屏工作方式

屏幕采用的触摸屏技术关系到操作平板电脑的灵敏性和流畅性，触摸屏技术有电阻技术和电容技术，通常我们可选择电容触摸屏。

4. 平板电脑外观工艺

平板电脑外观是否时尚、有质感，工艺是否精细也是选购时需要考虑的因素，良好的外观也反映了平板电脑的品位。

子任务 2　了解平板电脑的操作系统

平板电脑使用的操作系统有：苹果（Apple）公司的 iOS、谷歌（Google）公司的 Android（安卓）和微软（Microsoft）公司的 Windows（视窗），了解平板电脑使用的操作系统，有助于帮助用户更好地选择和使用平板电脑。

1. 苹果（Apple）公司的 iOS

iOS 是苹果公司专为智能手机和平板电脑开发的一种手持设备操作系统，早期仅使用在 iPhone 上，现在也使用在 iPad 平板电脑、iPod Touch 随身听和 Apple TV 机顶盒上。iOS 是一种基于 BSD 的类 UNIX 操作系统，最大的特点是用户界面流畅、视觉新颖，硬件环境封闭并享有一个完整的生态圈。iOS 最新的版本是 iOS 11，iOS 11 标识如图 11-1 所示。

2. 谷歌（Google）公司的 Android（安卓）

Android 是一种基于 Linux 的开源操作系统，主要用于移动设备，如智能手机和平板电脑，现在 Android 占据全球智能手机操作系统市场 79.3%的份额，中国市场占有率约为 90%。Android 操作系统的特点是开源免费，整个产业链完全开放，产品价格低，软件获取容易。Android 操作系统最新版本是 8.0，其标识如图 11-2 所示，是一个小机器人。

图 11-1　iOS 11 标识

图 11-2　Android 标识

3. 微软（Microsoft）公司的 Windows（视窗）

Windows XP Tablet 2005 是全球第一种专为平板电脑设计的操作系统，之后的 Windows Vista/7 也附带了 Tablet 功能组件包，直到 Windows 8 才开始完全为平板电脑的触控操作做优化设计。Windows 操作系统最大的优点是使用面广，各种软件极易获得，并且完全兼容台式/笔记本计算机的操作习惯。Windows 的最新版本为 Windows 10，标识如图 11-3所示。

图 11-3　Windows 10 标识

表 11-1 列出了三种操作系统的基本特性，供用户选购平板电脑时参考。

表 11-1　　各操作系统基本特性

操作系统	iOS	Android	Windows
硬件生产厂家	Apple	很多	较少
硬件价位	高	高、中、低	高
应用软件数量	很多	很多	很多
对触控支持	很好	很好	好
适用领域	演示、娱乐	娱乐	基础办公、娱乐

知识拓展：平板电脑的性能指标

1. 屏幕尺寸和分辨率

由于没有键盘，屏幕尺寸不但决定了可视区域的大小，也基本上决定了平板电脑的大小；同时，相同尺寸的屏幕还有宽高比不同的差异，通常有 4∶3 和 16∶9 两种。同一个尺寸下，在高分辨率的屏幕上可以看到更多图像细节，显示效果更好，例如同为 8 英寸的屏幕，分别为 1280×800 和 2048×1536 两种分辨率，后者显示图像更加细腻，如图 11-4 所示为上述两种屏幕在显微镜下的对比图像。

图 11-4　两种分辨率屏幕对比

2. 处理器、内存和闪存

像 PC 一样，这三个部件决定着平板电脑的整体性能。CPU 的类型和核心数量决定了处理速度；内存大小决定了多任务或大任务量时计算机的流畅程度；闪存大小决定了平板电脑可以安装软件或者存放个人数据的多少。

另外，平板电脑的显卡是集成在 CPU 中的，它的性能决定了玩大型游戏时的效果。同时有些处理器还集成了其他辅助模块，例如苹果的 A11 处理器集成了仿生模块，华为的麒麟 970 处理器集成了网络 AI 模块等，表 11-2 列出了常见平板电脑处理器的基本情况。如果用户对技术指标不熟悉，也可以使用某些软件通过测试获取整个系统的性能得分，例如“安兔兔”，其界面如图 11-5 所示。

表 11-2　　常见平板电脑处理器的基本情况

处理器	厂家	架构	核心数	主频 (GB)	工艺 (nm)	GPU	典型产品
A10X	苹果	ARM	3+3	2.36	10	Power VRGT 8000	iPad Pro
骁龙 835	高通	ARMA73	4+4	2.45	10	Adreno540	Nokia N1
Exynos7580	三星	ARM A53	8	1.5	20	Mali-T720 MP2	Galaxy View
Tegra X1	nVidia	ARM A57	4+4	1.6	20	GeForceMaxwell	Google Pixel C
麒麟 950	华为	ARM A72	4+4	2.3	16	Mali-T880 MP4	华为 M3
MT8176	联发科	ARM A72	2+4	2.1	28	PowerVR GX6250	小米平板 3
酷睿 M3	Intel	X86-64	2	0.9	14	Intel HD 515	Surface Pro4

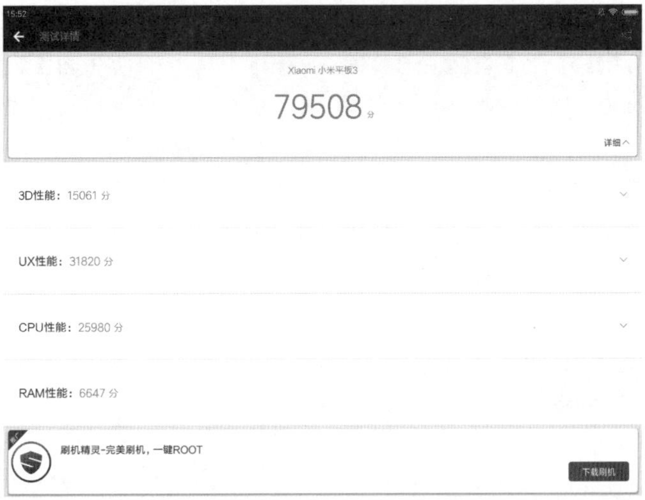

图 11-5 安兔兔评测软件检测平板电脑性能结果

3. 触摸屏工作方式

平板电脑通常使用三种工作方式的触摸屏，分别是电阻触摸屏、电容触摸屏和带有电磁感应的电容触摸屏。当前绝大多数平板电脑采用第二种触摸屏，带有压感电磁笔的商用平板电脑则采用带有电磁感应的电容触摸屏。

电容触摸屏配合专用的信号处理电路可以支持多点触摸功能，支持的点数越多，使用起来越方便，典型的应用就是游戏“水果忍者”(俗称“切西瓜”)。鲁大师硬件检测工具可以检测多点触摸的点数，检测界面如图 11-6 所示。

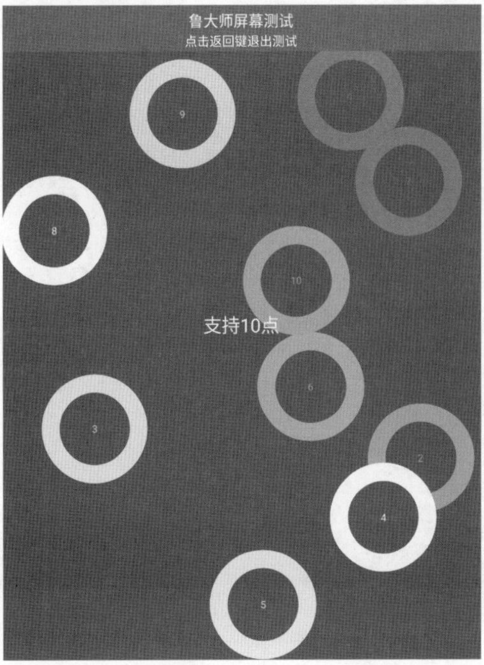

图 11-6 鲁大师检测多点触摸界面

4. 扩展能力

平板电脑尺寸有限，外壳上设置更多的接口有利于用户的使用，比如 TF 存储卡插槽、带有 OTG 功能的 USB 接口、HDMI 甚至 VGA 显示接口等。Windows 平板电脑因体积较大，在此方面优势明显。

5. 内置电池容量

平板电脑主要依靠内置锂电池供电，电池的容量直接决定了产品续航能力，其容量单位通常是 mAh（毫安时）或者 Wh（瓦时）。大容量内置电池虽然延长了使用时间，但也增加了设备的体积和重量，会降低其携带性。

习 题

一、填空题

1. 苹果公司的平板电脑操作系统是________。

2. 微软的 Windows 平板电脑操作系统有两个分支，分别是________和________。

3. 新旧版本的 iPad 连接计算机使用________和________两种接口。

4. iPad 获取任意软件安装权限的过程被称作________。

二、选择题

1. 文字处理用户最适合选用（　　）。

A. iPad　　B. iPad mini　　C. 安卓平板电脑　　D. Windows 平板电脑

2. 以下（　　）不是平板电脑的处理器。

A. 全志 A31　　B. 三星 Exynos5410　　C. Intel 志强　　D. Intel Atom

3.（　　）操作系统的平板电脑可以不受限制地安装或卸载软件。

A. Windows 7　　B. Windows RT　　C. iOS　　D. Android

4. 下列（　　）是不影响平板电脑性能的指标。

A. CPU 速度　　B. 尺寸大小　　C. 内存大小　　D. 显卡类型

三、简答题

1. 平板电脑常用的操作系统有几类，各有什么特点？

2. 安卓平板电脑如何安装应用软件？

情境3 BIOS设置

只有硬件的计算机称为“裸机”，不能正常使用，还需要安装满足用户要求的各类软件（系统软件和应用软件），在安装系统软件之前，我们需要了解计算机是如何引导的，如何才能将软件安装到硬盘的指定区域上。为此，我们依据工作任务要求，构建 BIOS 设置的学习情境，学生模拟公司技术人员，对已完成硬件安装的计算机进行基本的 BIOS 设置（引导顺序、硬盘参数等），以保障计算机软件系统的顺利安装和硬件设备的高效运行。

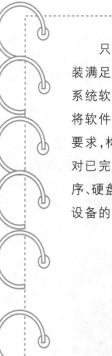

任务 12 BIOS 设置及保存

任务实施要点:

知识要求:

- 了解 BIOS 与 CMOS 概念
- 掌握 BIOS 设置中主要参数的含义
- 认识主板上 BIOS 和 CMOS 芯片

技能要求:

- 能够掌握不同厂商的 BIOS 设置程序的使用方法
- 能够掌握 BIOS 主要参数的设置方法

准备知识导入:

BIOS(Basic Input/Output System),即基本输入/输出系统,它包含控制键盘、鼠标、显示器、各类通信设备、磁盘驱动器等设备的代码,这段代码存放在主板的 Flash ROM 中,主要的功能是为计算机提供硬件设备支持和控制。CMOS 是计算机中用电池供电的可读写的一种 RAM 芯片,保存着硬盘参数、软驱信息、启动顺序等设置参数。因此,人们通常把这些参数的设置称为 CMOS 参数设置。同时,由于大多数厂家将 CMOS 参数设置的程序做到了 BIOS 芯片中,因此 CMOS 设置又称 BIOS 设置。

BIOS 设置程序的基本功能包括:系统时钟、显示器类型、启动自检错误处理方式设置、磁盘驱动器设置、内存设置、CPU 设置、总线设置、主板上集成接口的设置、电源管理设置、安全设置等。本任务以 Award BIOS 6.0 为例,讲述 BIOS 中常用的基本选项设置及优化方法。计算机启动时,在屏幕显示提示信息后,按下 Delete 键,进入 BIOS 设置主界面。该界面中共有 14 项设置选项,可根据需要选择其中某个选项进行设置,在界面中还给出了 BIOS 设置的功能键说明。主界面如图 12-1 所示。

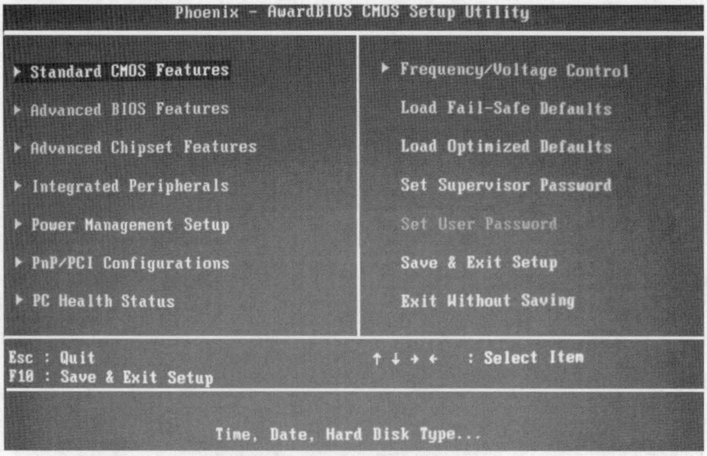

图 12-1 BIOS 设置主界面

子任务 1　时间、日期及硬盘参数设置

步骤 1　在 BIOS 设置主界面中，移动高亮光标到 Standard CMOS Features（标准 CMOS 特性设置）选项，按回车键进入设置界面，如图 12-2 所示。

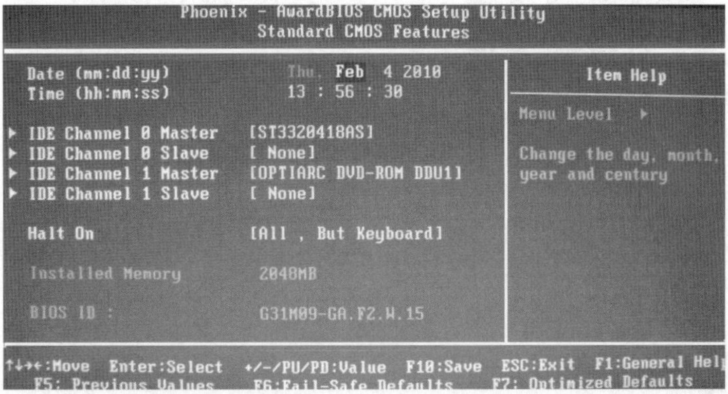

微课

BIOS 设置

图 12-2　日期及硬盘参数设置

步骤 2　将高亮光标分别移动到 Date 和 Time 选项上，使用＜Page Up＞和＜Page Down＞或＜＋＞/＜－＞键完成日期和时间的设置。

步骤 3　将高亮光标分别移到四个 IDE Channel 后的选项上，按回车键后显示如图 12-3 所示界面。在 IDE HDD Auto-Detection 后的选项上按回车键，系统弹出提示框，进行硬盘自动检测。

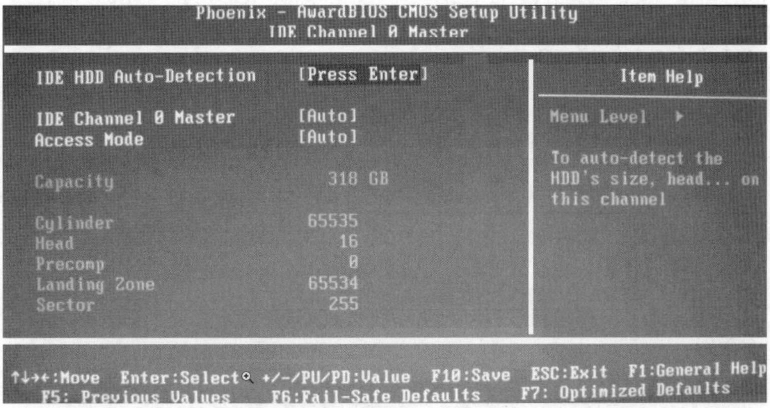

图 12-3　IDE HDD Auto-Detection 界面

步骤 4　检查完成后，按 Esc 键，回到图 12-2 界面。由检测结果可知，系统在 IDE Channel 0 Master 和 IDE Channel 1 Master 上分别连接了一个硬盘和一个 DVD-ROM。

子任务 2　系统引导顺序设置

步骤 1　在 BIOS 设置主界面中，移动高亮光标到 Advanced BIOS Features（高级 BIOS 功能设置），按回车键进入如图 12-4 所示的设置界面。

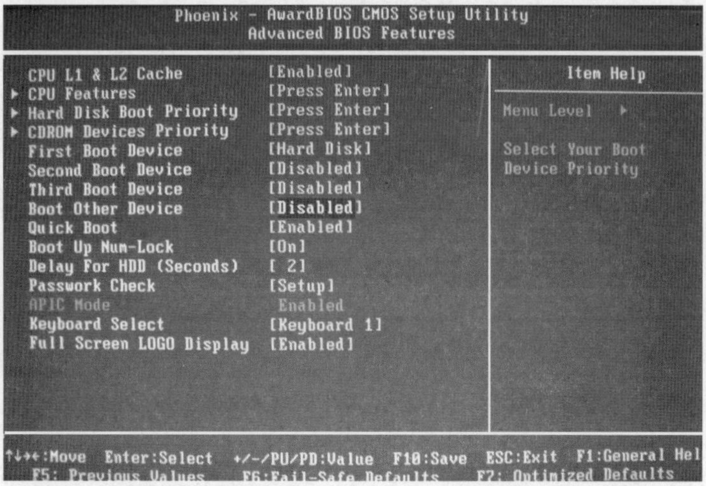

图 12-4　Advanced BIOS Features 设置界面

步骤 2　移动光标到 Quick Boot（快速加电自检）选项，将其值设置为 Enabled，表示打开快速引导功能，加快系统引导速度。

步骤 3　移动高亮光标到 First Boot Device 选项，将该值设置为"Hard Disk"，即首选用硬盘引导系统，也可设置为光盘或 U 盘启动，Second Boot Device、Third Boot Device 和 Boot Other Device 均设置为 "Disabled"。

步骤 4　按 Esc 键，返回到 BIOS 设置主界面，完成用硬盘引导系统的设置。

子任务 3　SATA 硬盘参数设置

步骤 1　进入 BIOS 设置主界面，选择 Integrated Peripherals（外围设备集成）选项按回车键，弹出如图 12-5 所示界面。

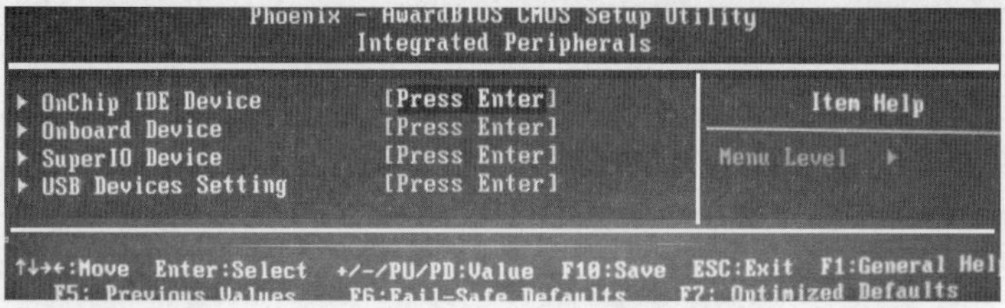

图 12-5　Integrated Peripherals 设置界面

步骤 2 将高亮光标移动到 OnChip IDE Device 后的选项上按回车键，显示如图 12-6 所示的界面。在该界面的 SATA Controller 后的选项上按回车键，显示如图 12-7 所示界面，选中 SATA Only 项，按两次 Esc 键回到 BIOS 设置主界面，完成 SATA 硬盘参数设置。

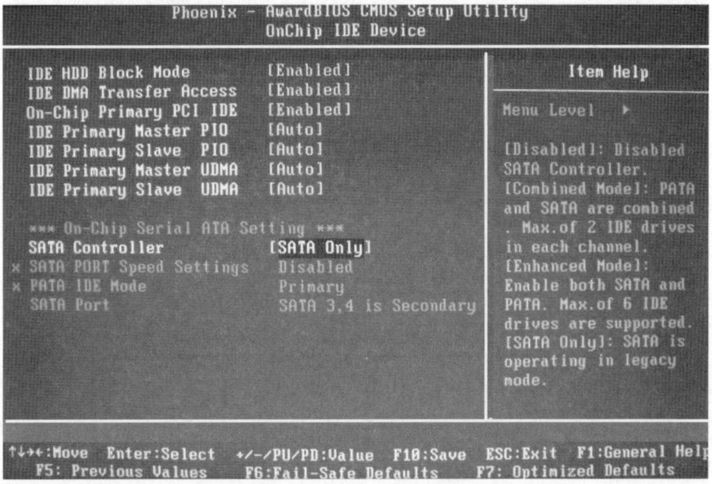

图 12-6 OnChip IDE Device 设置界面

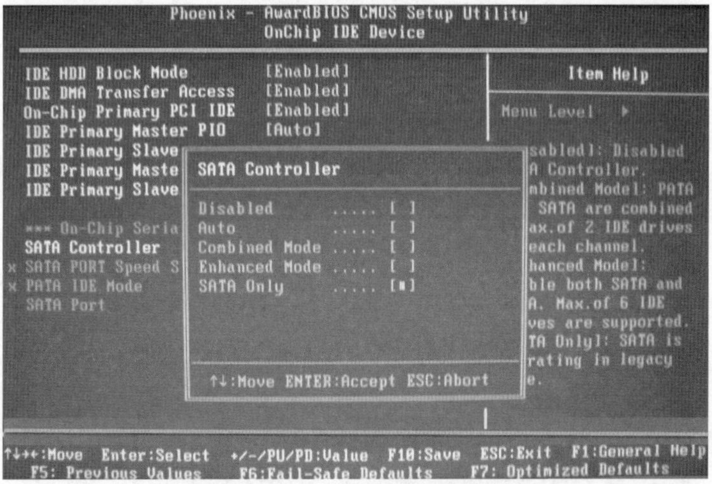

图 12-7 SATA Controller 参数设置界面

子任务 4 设置/取消 BIOS 密码

步骤 1 在 BIOS 设置主界面中，移动高亮光标到"Set Supervisor Password(设置管理员密码)"或"Set User Password (用户密码)"选项，按下回车键，弹出密码设置对话框，如图 12-8 所示，输入要设置的密码后，按回车键，再次确认输入的密码，无误后按"Y"键，屏幕自动回到主界面。完成管理员密码/用户密码设置。

步骤 2 在图 12-4 的"Advanced BIOS Features"界面中，将高亮光标移到"Password Check"选项上，将其值设置为 Setup，保存后，重新引导计算机。此时，要进入 BIOS 设置，需要输入管理员密码。

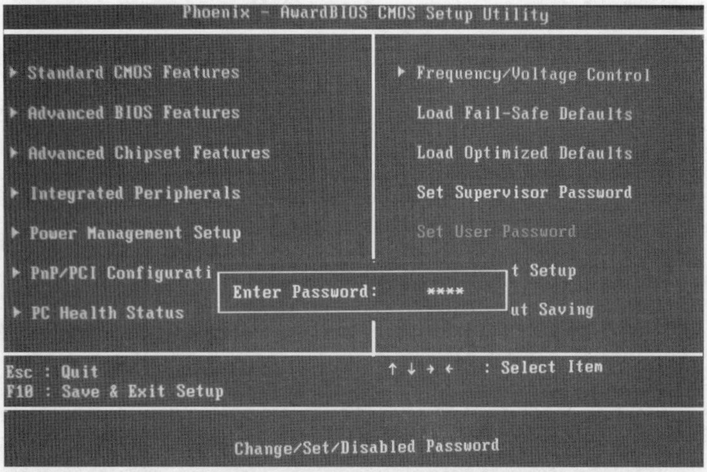

图 12-8　密码设置对话框

步骤 3　将高亮光标移到图 12-8 所示的“Set Supervisor Password”或“Set User Password”选项上，按回车键，在出现密码设置对话框时，不要输入任何信息而直接按回车键，在随后出现的界面中按任意键即可取消已设置的密码。

注意：如果“Password Check”选项的设置为 System，那么当开机时，必须输入用户或管理员密码才能进入开机程序。此时，要进入 BIOS 设置，还需要输入管理员密码。

子任务 5　恢复 BIOS 默认设置和保存 BIOS 设置

步骤 1　在 BIOS 设置主界面中，移动高亮光标到“Load Fail-Safe Defaults”或“Load Optimized Defaults”选项上。按回车键，弹出如图 12-9(a)或图 12-9(b)的界面，询问是否要装入默认设置值，按下“Y”键即装入默认设置。

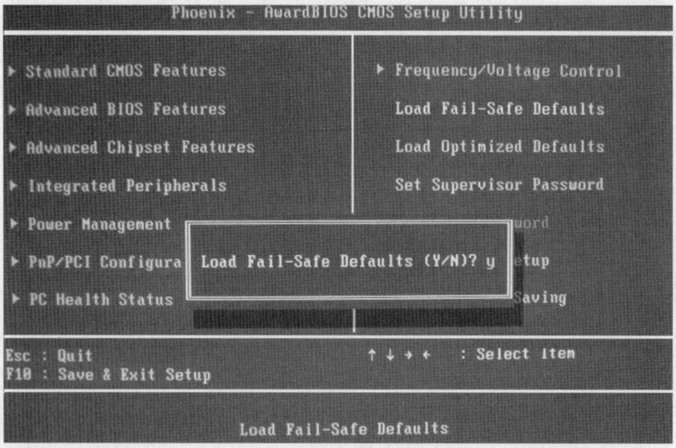

(a) Load Fail-Safe Defaults 界面

图 12-9　装入默认设置

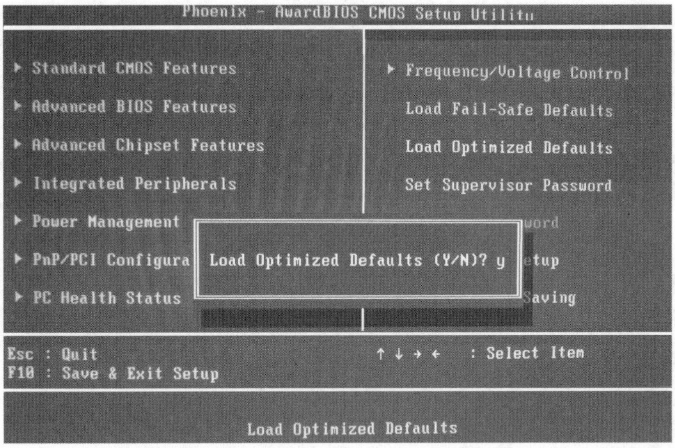

(b) Load Optimized Defaults 界面

图 12-9(续)　装入默认设置

步骤 2　上述设置完成后，按 Esc 键回到 BIOS 设置的主界面，选择“Save & Exit Setup”或“Exit Without Saving”选项，按回车键后显示图 12-10(a)或图 12-10(b)所示提示。

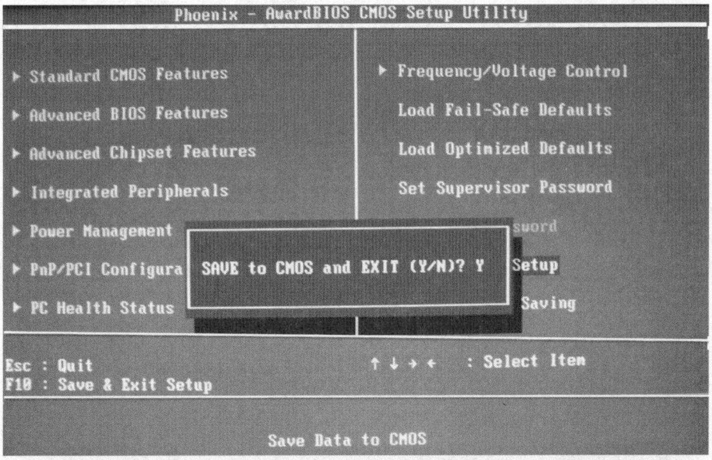

(a) Save & Exit Setup

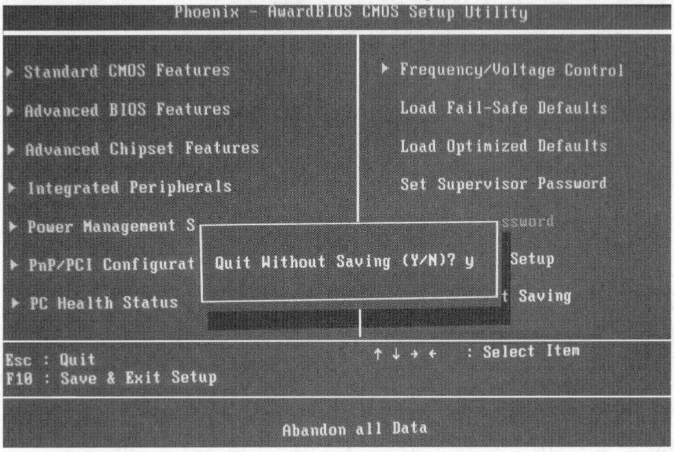

(b) Exit Without Saving

图 12-10　保存或放弃保存

步骤 3　在图 12-10(a)中按下“Y”键，保存 BIOS 设置退出；在图 12-10(b)中按下“Y”键，不保存 BIOS 设置退出。

注意：虽然 Load Fail-Safe Defaults 与 Load Optimized Defaults 选项都是为恢复默认值而设，但它们是有区别的。Load Fail-Safe Defaults（装载自动防故障缺省值）：是将主板 BIOS 各项设置设在“最佳”状态下，便于发生故障时进行调试工作。如果不小心修改了某些设置值而发生问题，便可以选择此项来恢复成主板出厂时的初始状态；Load Optimized Defaults(装载最佳缺省值)：是装入系统较高性能的 BIOS 设置。但是，如果在使用中感觉到系统不稳定或是不正常，应先设回到 Load Fail-Safe Defaults 选项，再了解问题的起因。

知识拓展：正确理解 BIOS 与 CMOS

1. BIOS 的含义

BIOS 是一组固化到计算机主板上的一块 ROM 芯片上的程序。在该程序中，储存着计算机的基本输入/输出程序、系统的设置信息、开机时的自检程序和系统启动自举程序，负责硬件与软件之间的沟通，解决硬件的即时请求，是计算机硬件与软件连接的“桥梁”。

2. CMOS 的含义

CMOS 的英文名称为 Complementary Metal Oxide Semiconductor，中文意思是“互补金属氧化物半导体储存器”，指一种大规模应用于集成电路芯片制造的原料。计算机中的 CMOS 是特指用电池供电的可读写的一种 RAM 芯片。它只起到储存的作用，而不能对储存于其中的数据进行设置。要对 CMOS 中的各项参数进行设置，需通过专门的设置程序进行。

3. BIOS 与 CMOS 的关系

多数生产厂家将 CMOS 的参数设置程序做到了 BIOS 芯片中，在计算机打开电源时，按屏幕上提示的按键，如 Delete 键，就可以方便地进入设置程序，对系统进行设置。也就是说，BIOS 中的系统设置程序是完成 CMOS 参数设置的手段，而 CMOS RAM 是存放设置好的数据的场所。因此，准确的说法应该为“通过 BIOS 设置程序来对 CMOS 参数进行设置”。BIOS 和 CMOS 既相互关联又有区别。通常人们所说的“CMOS 设置”和“BIOS 设置”只是对设置过程进行简化的两种叫法，从这种意义上说，这两种说法指的是一回事。

小常识：BIOS 程序种类及进入方法

目前主板 BIOS 有三大生产厂商，即 AMI、Award 和 Phoenix。AMI BIOS 是由 AMI 公司开发的 BIOS 系统软件，早期的计算机多采用 AMI BIOS。Award BIOS 是由 Award Software 公司开发的 BIOS 产品。其功能较为齐全，支持许多新硬件，目前市场上多数主板都采用这种 BIOS。Phoenix BIOS 是 Phoenix 公司开发的产品，多用于高档的服务器和笔记本计算机，Phoenix 已经合并了 Award，因此在台式机主板上虽然标有 Phoenix-Award，但实际还是 Award 的 BIOS。由于生产厂商的不同，各自的 BIOS 中的设置程序界面也不同，通常在开机界面有提示。几种常见的 BIOS 设置程序的进入方式如下：

Award BIOS：开机时按“Delete”键；

AMI BIOS：开机时按“Delete”键或“Esc”键；

Phoenix BIOS：开机时按“F2”键；

Compaq 品牌机：开机时按“F10”键。

习　题

1. 什么是 BIOS？
2. 什么是 CMOS？
3. BIOS 与 CMOS 有什么关系？
4. 计算机引导时即要求输入管理员密码，在 BIOS 中如何设置？
5. 目前主板 BIOS 的生产厂商有哪些？如何进入不同厂商的 BIOS 设置程序？

情境 4

软件系统安装

在完成了 BIOS 设置后，我们就可以根据用户需要，安装各类软件，包括用于引导计算机的操作系统、驱动各硬件设备正常工作的驱动程序、满足用户工作需要的应用软件、保障系统安全的防护软件、数据备份和恢复软件等。为此，我们按工作任务要求，构建软件安装的学习情境，学生两人一组，分别模拟客户和技术人员，由客户提出软件安装要求，按客户要求进行硬盘分区格式化，安装相应的操作系统和应用软件，并对系统进行备份，以便日后恢复系统使用。为用户提供主板说明书、系统软件、驱动程序和必备的应用软件，向用户简介计算机系统的使用和软件的安装情况，并将用户及系统软件安装信息整理存档。

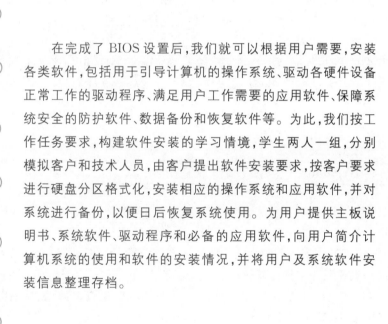

任务13 计算机软件系统的安装

任务实施要点：

知识要求：

- 掌握操作系统及常用工具软件的安装方法
- 掌握虚拟机的安装和使用方法

技能要求：

- 能够安装操作系统和工具软件
- 能够安装和使用虚拟机
- 能够完成基本的网络信息配置

准备知识导入：

没有安装软件系统的计算机称为“裸机”，如同没有信号源的电视机一样，是没有办法使用的。操作系统是管理计算机硬件和软件资源的一套作业管理系统，是计算机中最重要的软件系统，它根据用户的需求，按照一定的策略分配和调度计算机系统的硬件资源和软件资源。目前广泛使用的有微软公司出品的 Windows 7/8/10 等系列 Windows 操作系统，另外还有如 UNIX、Linux、苹果机上的 MAC OS 操作系统等。本任务以 Windows 7 企业版为例，简介操作系统及驱动程序的安装过程，并以杀毒、安全防护、图像处理软件为例，介绍常用工具软件的安装过程。

子任务1 Windows 7 企业版操作系统安装

Windows 7 作为主流操作系统，以其易用、快速、简单、安全、节约运行成本、更好的网络连接功能得到用户的普遍认可。Windows 7 的版本包括简易版、家庭普通版、家庭高级版、专业版、企业版和旗舰版等几个版本，同时产品型号还有 32 位版本和 64 位版本的区别。下面以 Windows 7(32 位)企业版介绍操作系统的安装与配置。

步骤1 设置计算机启动顺序。启动计算机，进入 CMOS 设置，将计算机中启动顺序的第一驱动器改为光驱模式，保存 CMOS 设置。

步骤2 将 Windows 7 企业版安装光盘放入光驱，重新启动计算机。

步骤3 安装 Windows 7 企业版。

(1)计算机使用光盘启动后，当计算机显示“press any key to boot from cd or dvd”后，按任意键，计算机启动光驱上的安装程序。显示如图 13-1 所示加载程序界面。

图 13-1　Windows 7 加载程序界面

微课

系统安装

(2)加载结束后,安装程序,显示如图 13-2 所示界面,选用中文模式(默认),单击“下一步”按钮继续安装。

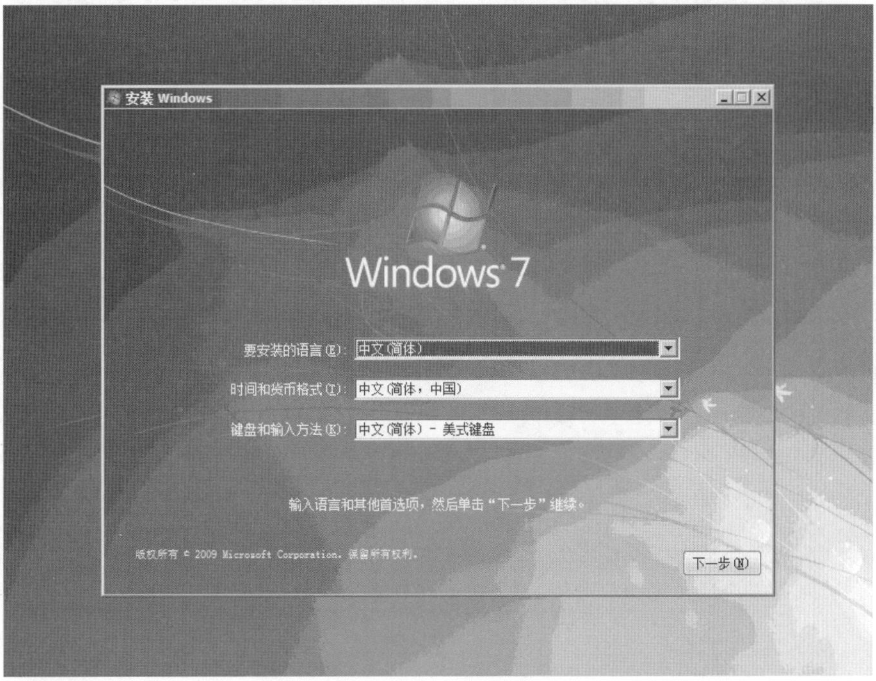

图 13-2　Windows 7 安装语言选择

(3)在如图 13-3 所示界面中,选择“现在安装”,系统启动安装程序,进入许可协议界面后,选择“我接受许可条款”,然后单击“下一步”按钮。

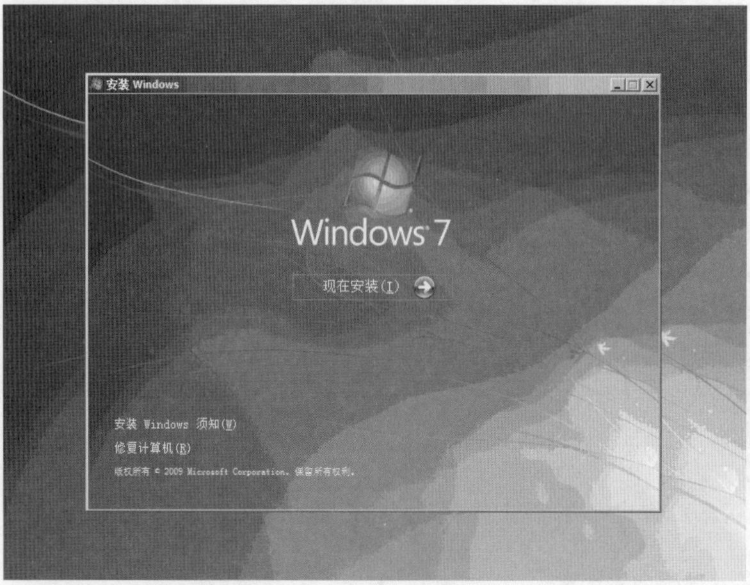

图 13-3　Windows 7 安装启动

(4)弹出如图 13-4 所示界面,我们可以设定 Windows 7 安装的位置。通过“驱动器选项(高级)”可以对磁盘分区进行重新设定,包括新建、删除、格式化等操作。选择“应用”后,如果系统提示“若要确保 Windows 的所有功能都能正常使用,Windows 可能要为系统文件创建额外的分区”时,选择“确定”即可。

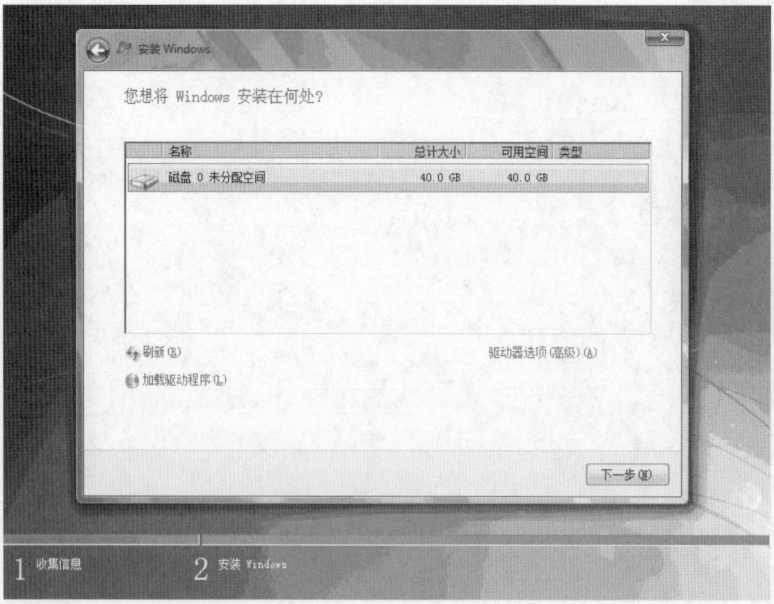

图 13-4　Windows 7 安装分区选择

(5)选择在未分配空间的磁盘 0 上安装 Windows 7 操作系统，单击“下一步”按钮。系统开始安装，如图 13-5 所示。经过一段时间安装成功，系统自动重新启动，依次进行“安装程序正在更新注册表设置”“安装程序正在启动服务”“安装更新”，然后计算机重新启动，进入 Windows 7的安装配置操作。

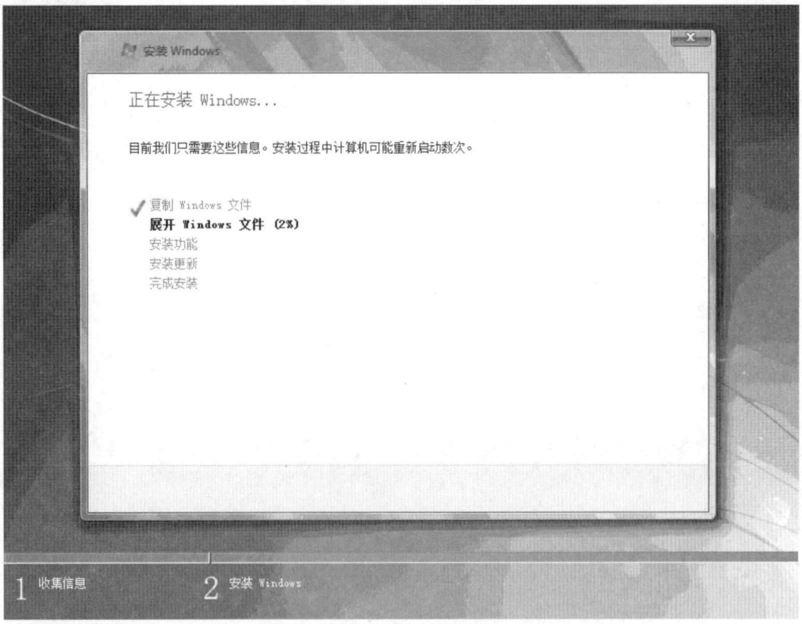

图 13-5　Windows 7 文件安装

(6)在如图 13-6 所示界面中，输入本机的用户名称和计算机名称，然后单击“下一步”按钮，进入帐户、密码设定界面，如图 13-7 所示。

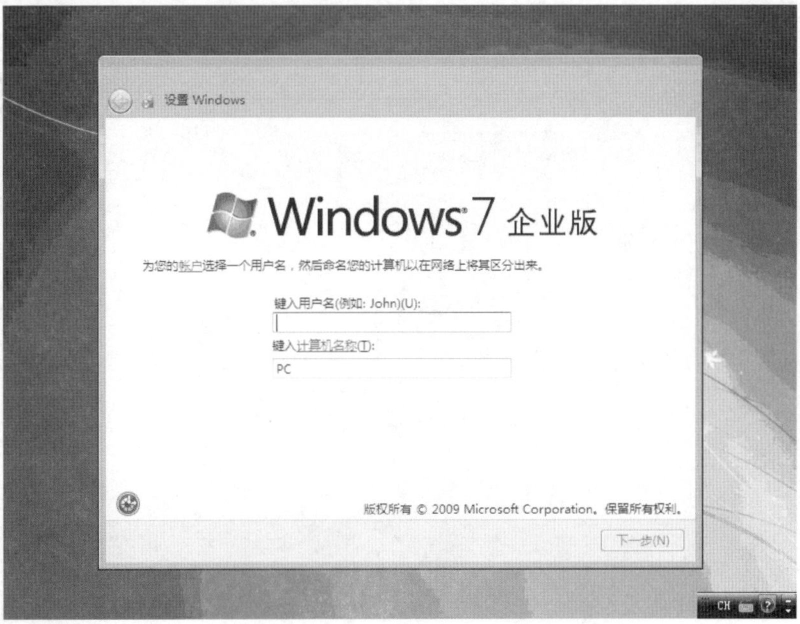

图 13-6　Windows 7 用户名称和计算机名称设定

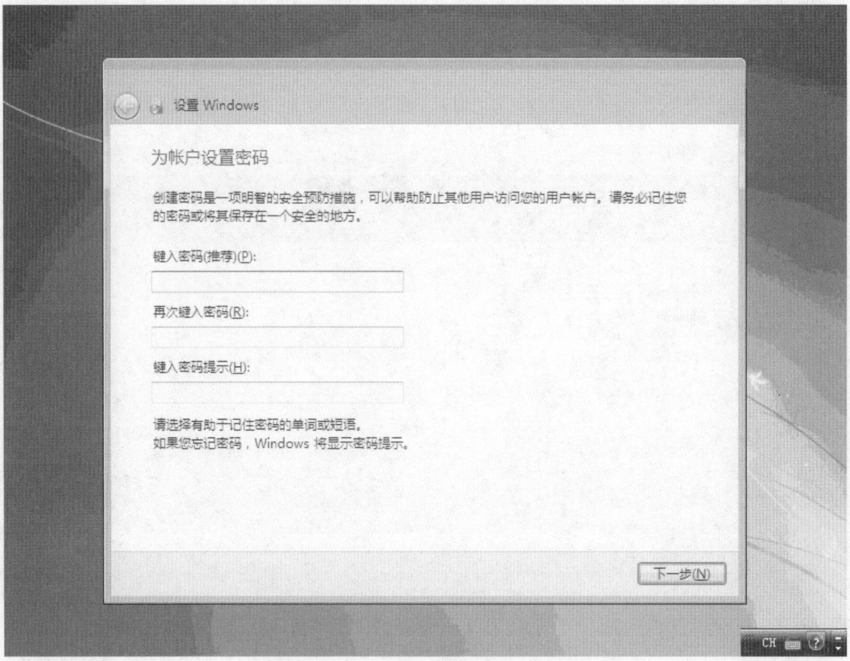

图 13-7　Windows 7 帐户、密码设定

(7)在如图 13-7 所示界面中，输入帐户、密码以及遗忘密码后找回密码的提示信息，然后单击“下一步”按钮，在出现的产品密钥操作界面(图 13-8)中，输入本安装盘对应的 Windows 7 操作系统的产品密钥，然后单击“下一步”按钮。

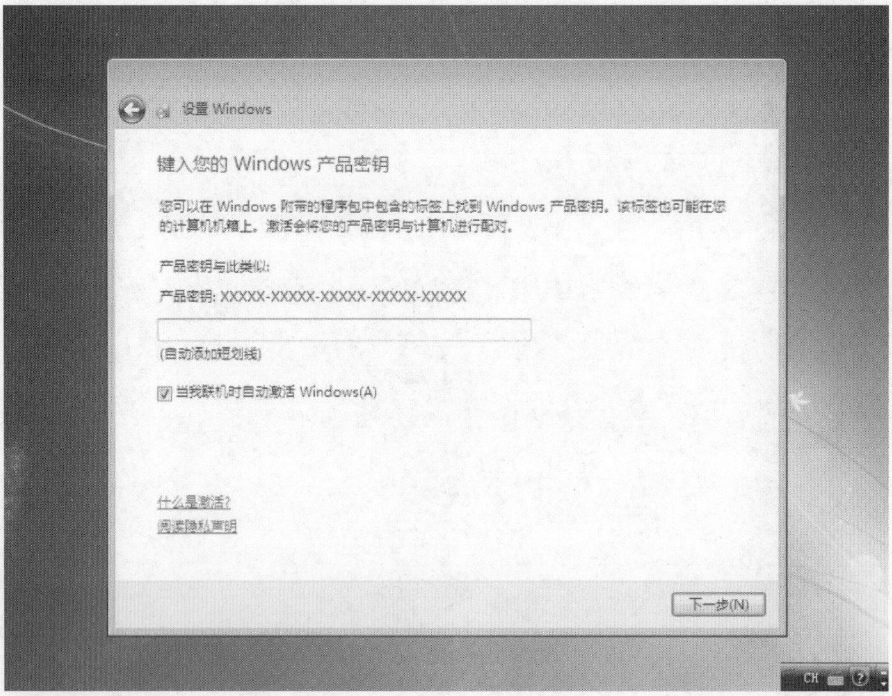

图 13-8　Windows 7 产品密钥设定

(8)系统进入安全项设定界面,如图 13-9 所示。

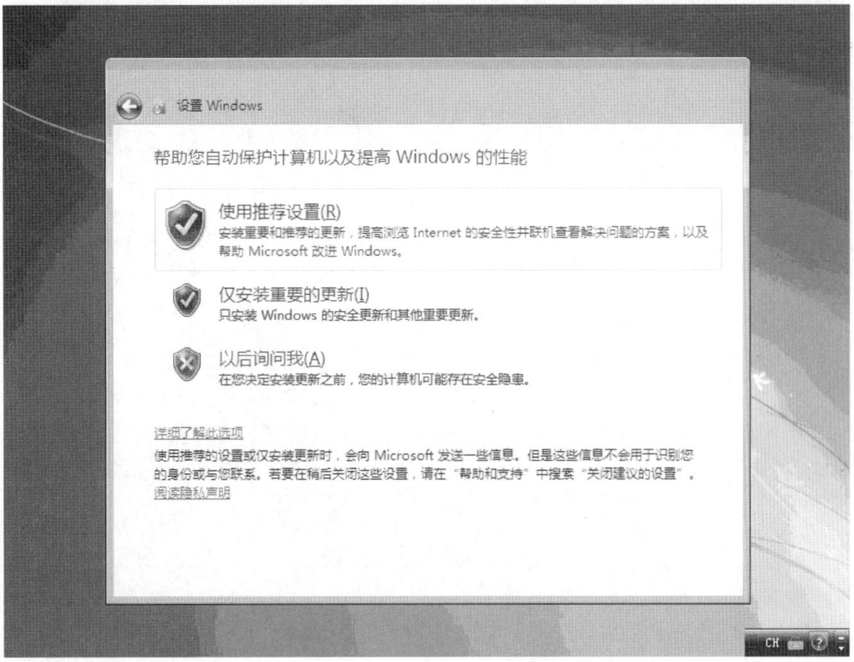

微课

系统设置

图 13-9　Windows 7 安全项设定

(9)设定好安全项,系统进入时间和日期设置界面,如图 13-10 所示。

图 13-10　Windows 7 时间和日期设定

(10)在图 13-10 中,设定时间和日期后,单击“下一步”,系统启动 Windows 7 界面,如图 13-11 所示。至此,Windows 7 操作系统正式安装完成,可以正常使用,如图 13-12 所示。

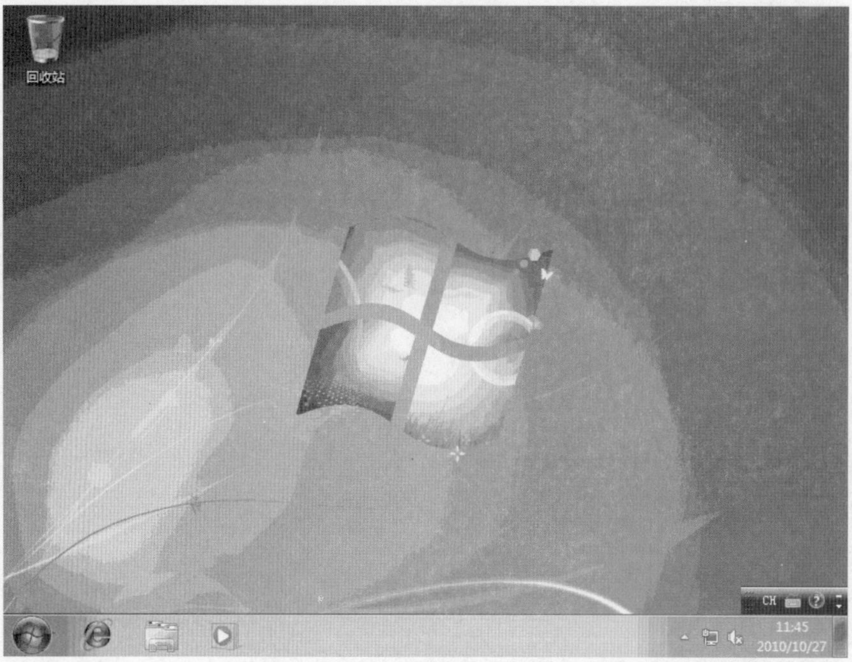

图 13-11 Windows 7 安装完成后界面

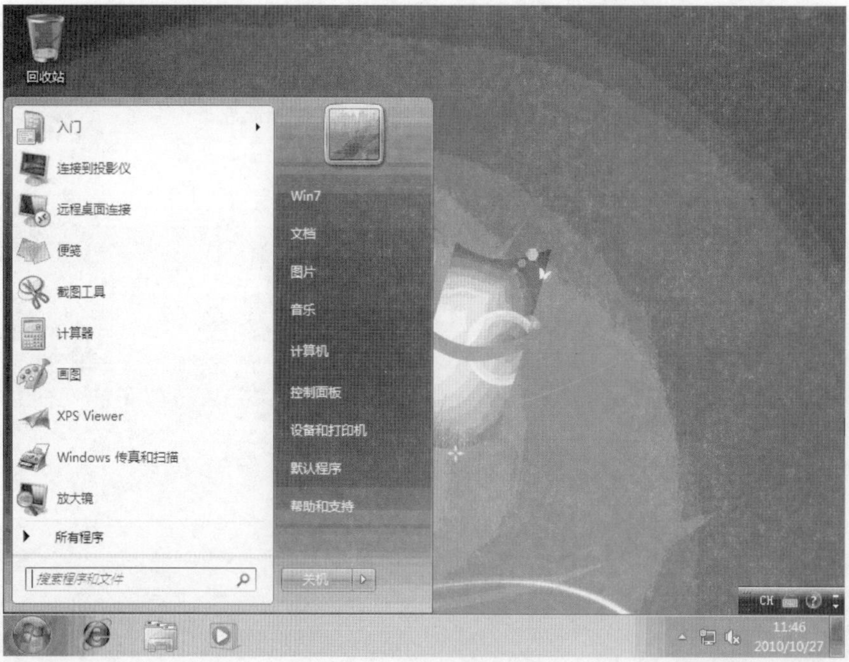

图 13-12 Windows 7 开始菜单项

子任务 2　虚拟机安装

虚拟机是在计算机使用过程中经常用到的软件，通过虚拟机可在一台物理主机上安装多个操作系统，模拟出多台主机，以方便用户使用。下面以 VMware Workstation Pro 安装为例，介绍虚拟机的安装和使用过程。

步骤 1　从互联网下载虚拟机安装程序，双击启动安装程序，出现的系统安装界面如图 13-13所示，等待数分钟后，出现欢迎界面，如图 13-14 所示，单击“下一步”按钮，进入用户许可协议界面，如图 13-15 所示，勾选“我接受许可协议中的条款”，单击“下一步”按钮。

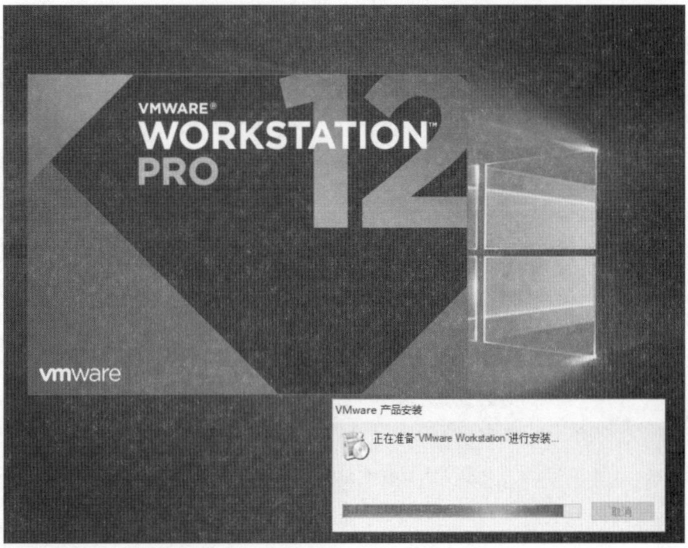

图 13-13　虚拟机安装界面

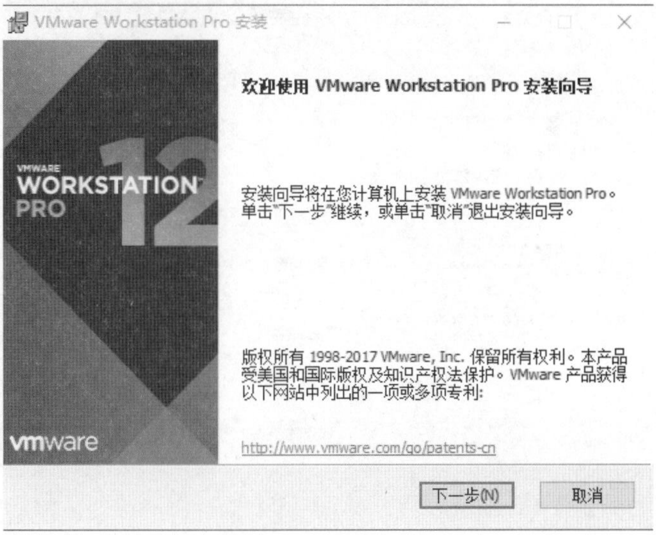

图 13-14　虚拟机安装向导欢迎界面

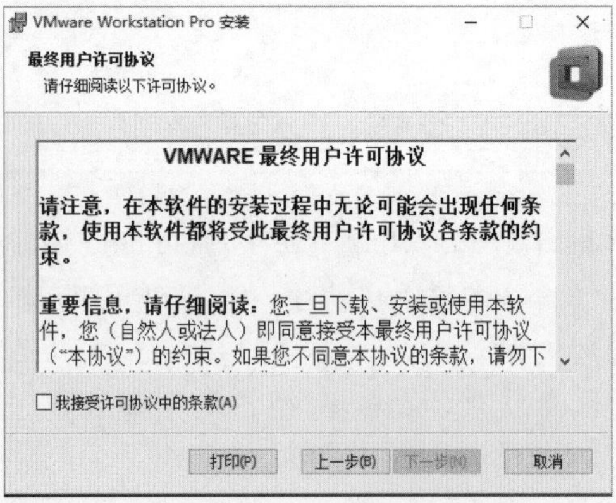

图 13-15　虚拟机许可协议界面

步骤 2　在自定义安装界面可以选择安装目录，亦可使用默认安装目录，如图 13-16 所示。单击“下一步”按钮，进入用户体验设置界面，如图 13-17 所示，设置产品更新和完善功能，单击“下一步”按钮，进入程序快捷方式设置界面，如图 13-18 所示，设置快捷方式位置，单击“下一步”按钮。

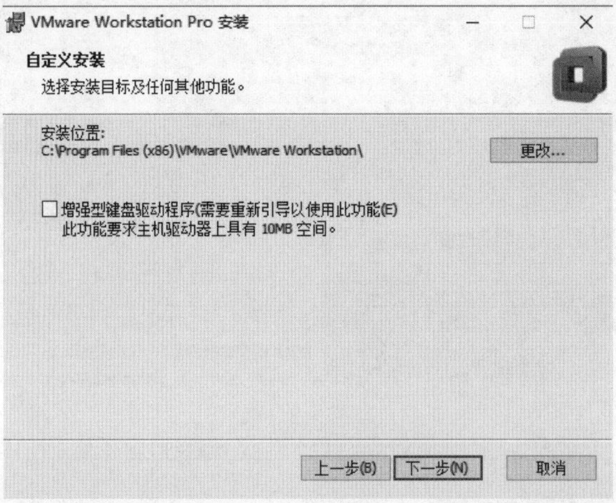

图 13-16　虚拟机自定义安装界面

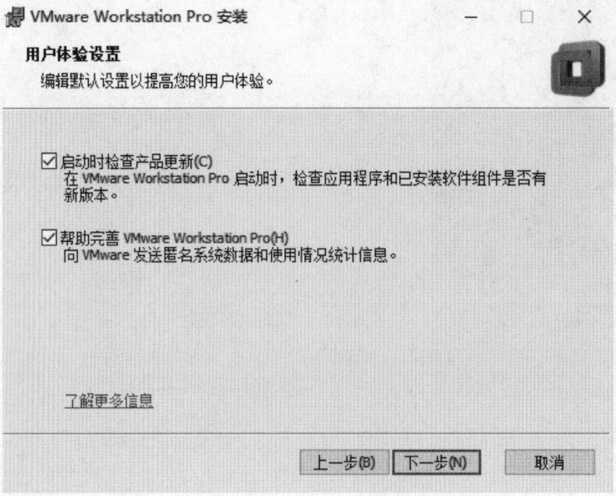

图 13-17　虚拟机用户体验设置界面

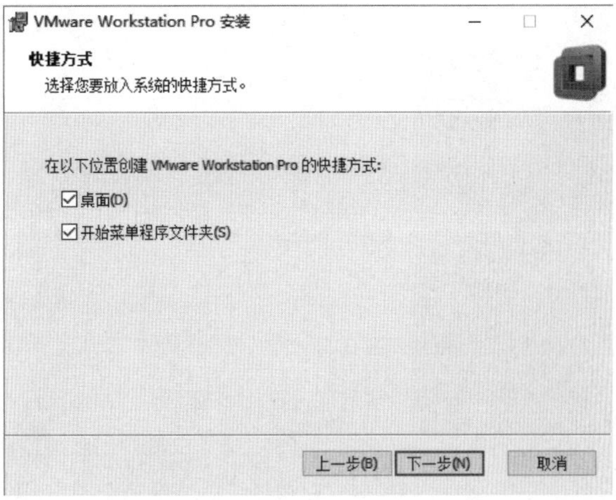

图 13-18　虚拟机快捷方式建立界面

步骤 3　在如图 13-19 所示的虚拟机安装界面，单击“安装”按钮，进入程序安装进度界面，如图 13-20 所示，开始安装程序，数分钟后程序安装完成，显示如图 13-21 所示的安装完成界面，单击“完成”按钮，进入虚拟机的主界面，如图 13-22 所示。

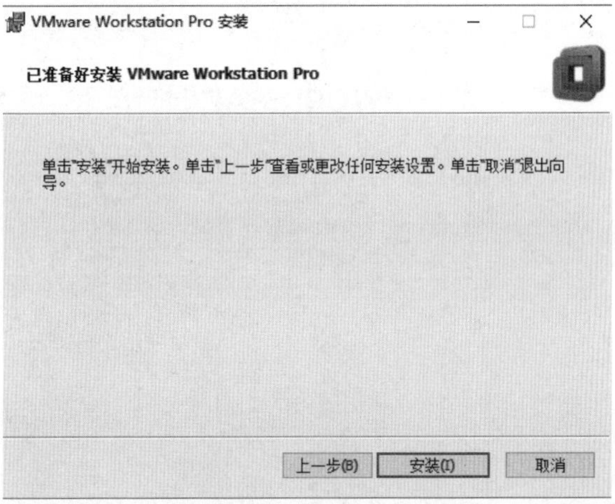

图 13-19　虚拟机准备安装界面

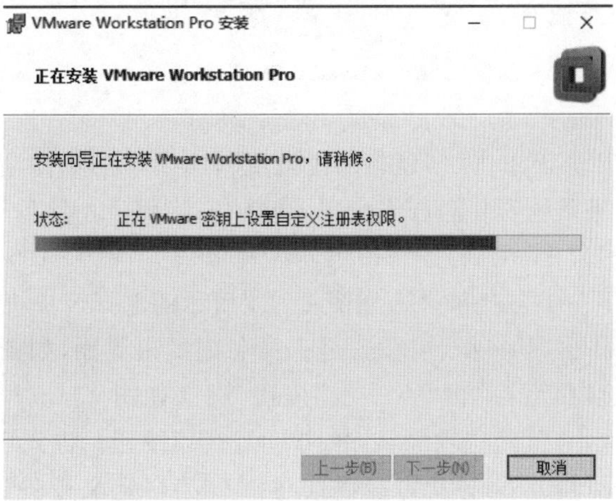

图 13-20　虚拟机安装进度界面

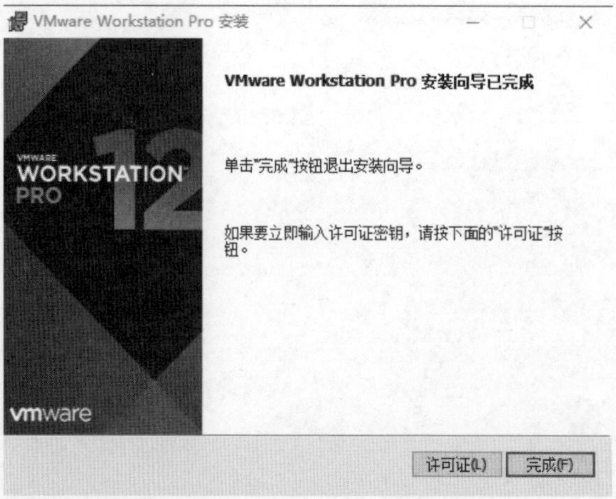

图 13-21 虚拟机安装完成界面

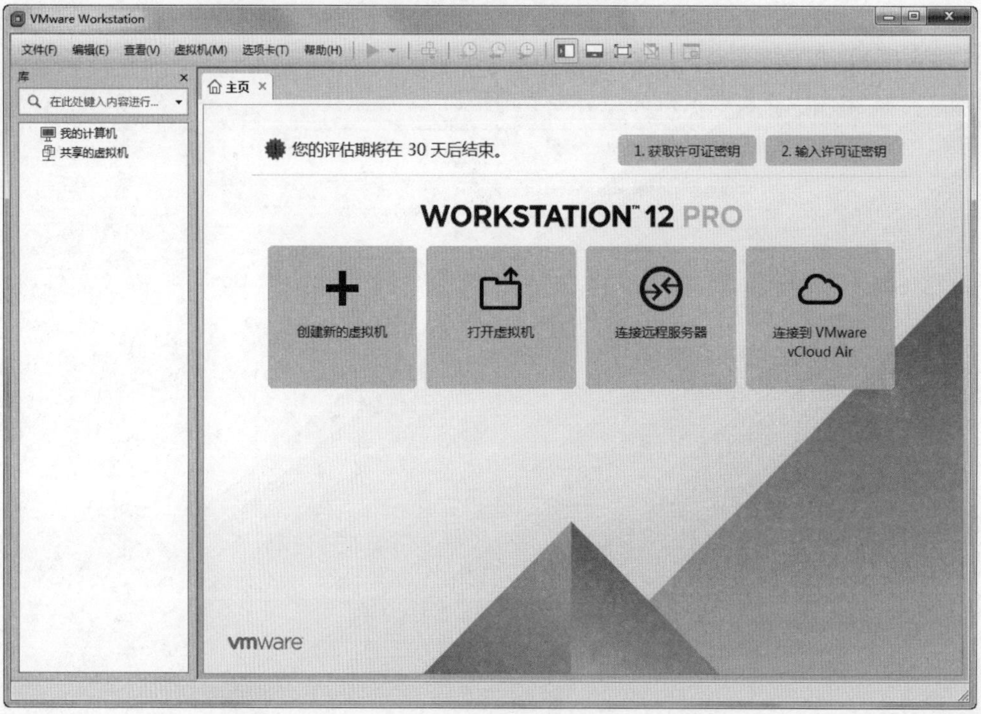

图 13-22 虚拟机主界面

步骤 4 在虚拟机主界面单击“创建新的虚拟机”，选择典型安装，进入新建虚拟机向导界面，如图 13-23 所示，如果系统安装盘在光盘里，选择“安装程序光盘”，并指定光驱盘符。如果系统在光盘映像内，通过单击“浏览”按钮指定光盘镜像位置，也可选择稍后安装操作系统，本例选择此选项。单击“下一步”按钮，进入如图 13-24 所示的选择客户机操作系统界面，选择系统版本为 Windows 7，单击“下一步”按钮。进入命名虚拟机界面，如图 13-25 所示，输入虚拟机名称和指定虚拟机安装位置，单击“下一步”按钮，进入如图 13-26 所示的指定磁盘容量界面，输入虚拟机的磁盘大小，其他选项默认，单击“下一步”按钮。进入已准备好创建虚拟机界面，如图 13-27 所示，显示前几步设置的参数信息，单击“自定义硬件”按钮调整硬件参数如图 13-28所示单击“关闭”按钮，再单击“完成”按钮。

图 13-23　新建虚拟机安装来源界面

图 13-24　新建虚拟机选择客户机操作系统界面

图 13-25　新建虚拟机命名虚拟机界面

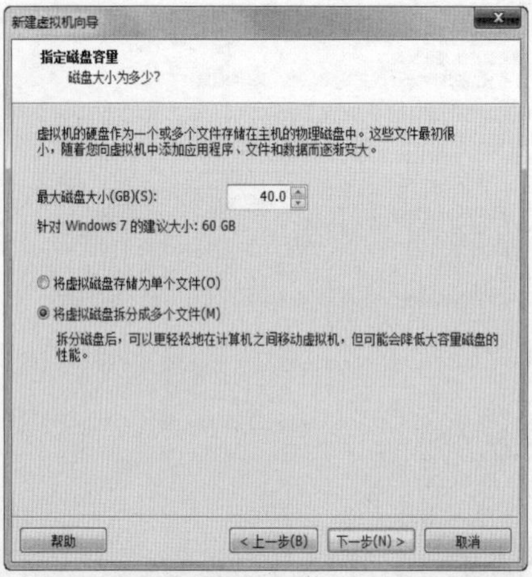

图 13-26　新建虚拟机指定磁盘容量界面

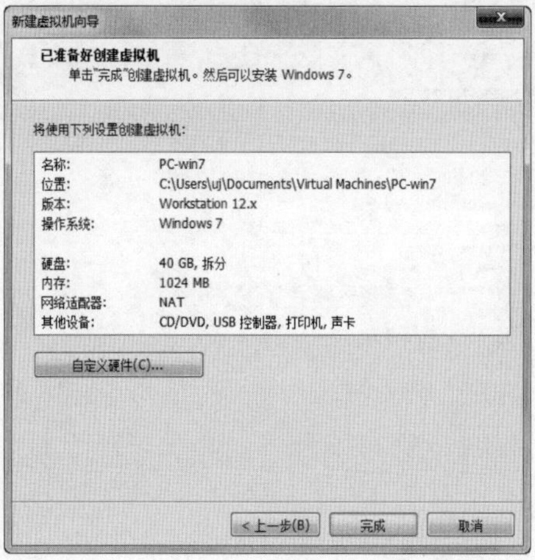

图 13-27　已准备好创建虚拟机界面

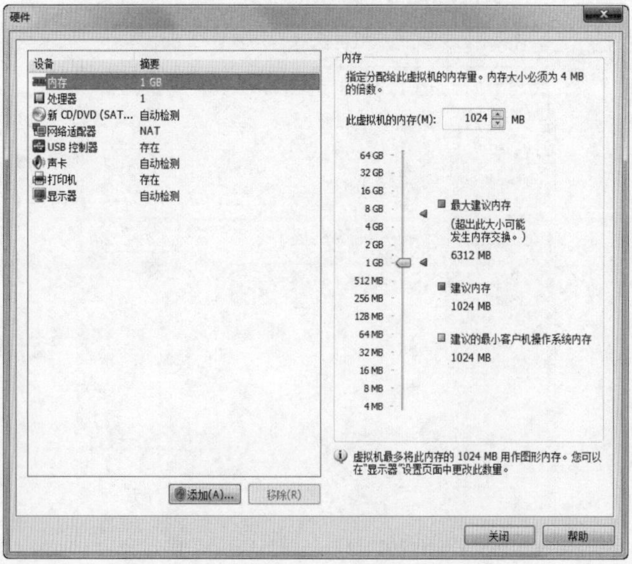

图 13-28　新建虚拟机硬件参数调整界面

步骤 5　在如图 13-29 所示的系统主界面中，选择创建好的虚拟机，单击“开启此虚拟机”按钮。虚拟机开始启动，根据提示安装操作系统，即可运行虚拟机。

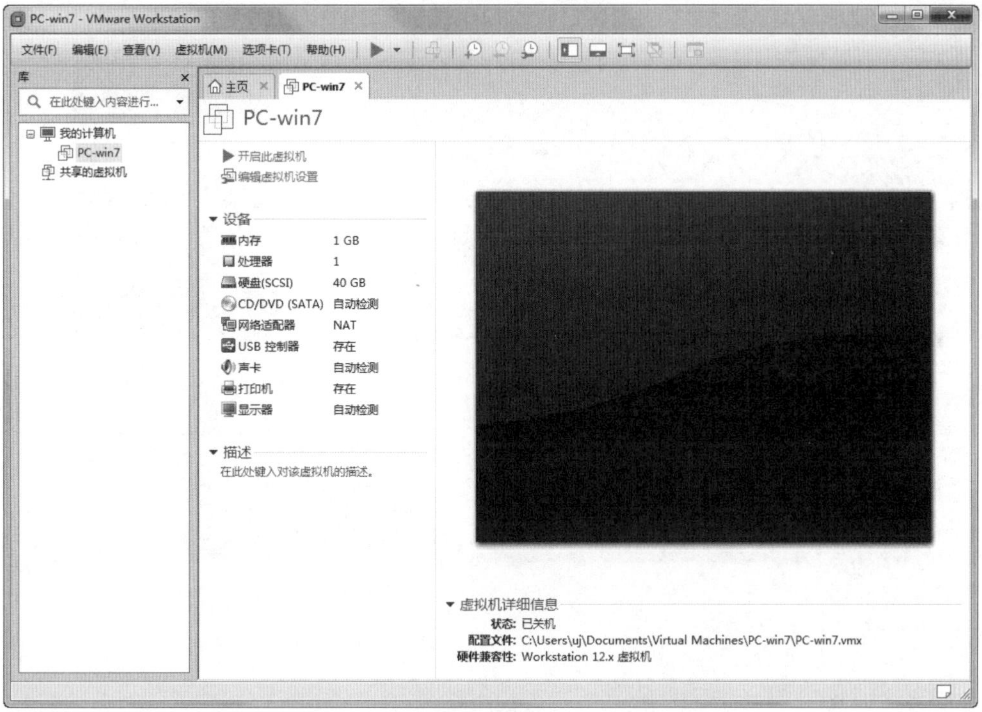

图 13-29　虚拟机主界面

步骤 6　虚拟机的使用。

在物理主机桌面上双击 VMware Workstation 图标，程序启动后在如图 13-29 所示主界面上选择已安装的虚拟机，然后单击“启动”按钮，则虚拟机如同普通计算机打开电源开关一样，启动已经安装的操作系统。如果想删除已安装配置的虚拟机，则在如图 13-29 所示主界面上，选择对应的虚拟机，再单击“移除”按钮，即可删除选中的虚拟机。如果对已安装的虚拟机重新进行配置，例如增加虚拟硬盘、修改内存等，则在如图 13-29 所示主界面上单击“设置”按钮，系统弹出如图 13-28 所示窗口，我们可以在该窗口中进行虚拟机参数重新配置。

子任务 3　杀毒、图像处理软件的安装

常用的工具软件有很多，用户可根据自己的需要进行安装，通常我们需要在计算机上安装 Office 组件、安全防护、病毒处理、图形图像处理、媒体播放等软件，以满足我们日常的办公和娱乐的需要，软件的安装比较简单，按软件的安装向导进行安装即可保证各类工具软件包的成功安装。下面以 360 安全卫士、360 杀毒软件和 ACDSee 图像处理软件为例，简要说明常用工具软件的安装。

步骤 1　360 安全卫士的安装。

(1)从互联网上下载 360 安全卫士安装软件并执行，出现安全卫士安装界面，如图 13-30 所示，可以选择将程序安装在指定盘符，默认盘符为 C 盘，单击“立即安装”按钮，进入系统安装界面。

(2)在系统安装界面,安装进度由数字显示,如图 13-31 所示。

图 13-30 360 安全卫士安装设置界面

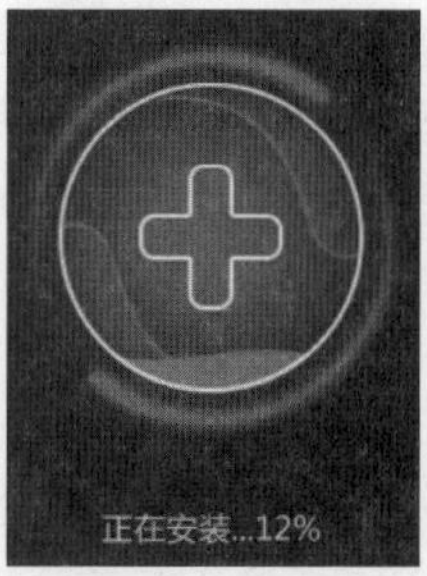

图 13-31 360 安全卫士安装进度界面

(3)待安装进度达 100%,360 安全卫士安装完成并自动进入 360 安全卫士,进行相关的设定、扫描、补漏洞等操作,如图 13-32 所示。

图 13-32 360 安全卫士主界面

步骤 2 杀毒软件的安装。

(1)从互联网上下载 360 杀毒软件并执行,系统安装界面显示安装进度,如图 13-33 所示。

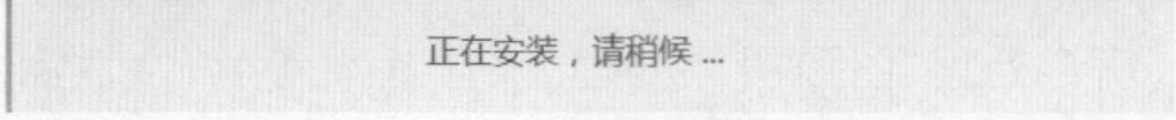

微课

杀毒软件

图 13-33 360 杀毒软件安装进度界面

(2)待安装进度完成,360 杀毒软件的安装成功并自动进入 360 杀毒主界面,进行相关的全盘扫描、快速扫描、功能大全等操作,如图 13-34 所示。

需要说明的是,360 安全卫士是一款由奇虎 360 公司推出的功能强、效果好、受用户欢迎的安全杀毒软件。360 安全卫士拥有电脑体检、木马查杀、电脑清理、系统修复、电脑救援、保

图 13-34　360 杀毒软件主界面

护隐私、电脑专家、清理垃圾、清理痕迹多种功能。360 安全卫士独创了“木马防火墙”“360 密盘”等功能，依靠抢先侦测和云端鉴别，可全面、智能地拦截各类木马，保护用户的帐号、隐私等重要信息。360 杀毒是 360 安全中心出品的一款免费的云安全杀毒软件。它创新性地整合了五大领先查杀引擎，包括国际知名的 BitDefender 病毒查杀引擎、小红伞病毒查杀引擎、360 云查杀引擎、360 主动防御引擎以及 360 第二代 QVM 人工智能引擎。360 杀毒具有查杀率高、资源占用少、升级迅速等优点。零广告、零打扰、零胁迫，一键扫描，快速、全面地诊断系统安全状况和健康程度，并进行精准修复，带来安全、专业、有效、新颖的查杀防护体验。

步骤 3　ACDSee 图像处理软件的安装。

ACDSee(奥视迪)是 ACD Systems 开发的一款看图工具软件，提供良好的操作界面、简单人性化的操作方式、优质的快速图形解码方式、支持丰富的图形格式、强大的图形文件管理功能等。ACDSee 最新版为 ACDSee 20(英文版)，中文版最新版本为 ACDSee 18。下面以 ACDSee 18 为例介绍看图软件安装过程。

(1)从互联网上下载看图软件安装程序，执行安装程序，在欢迎界面中单击“下一步”按钮，如图 13-35 所示。

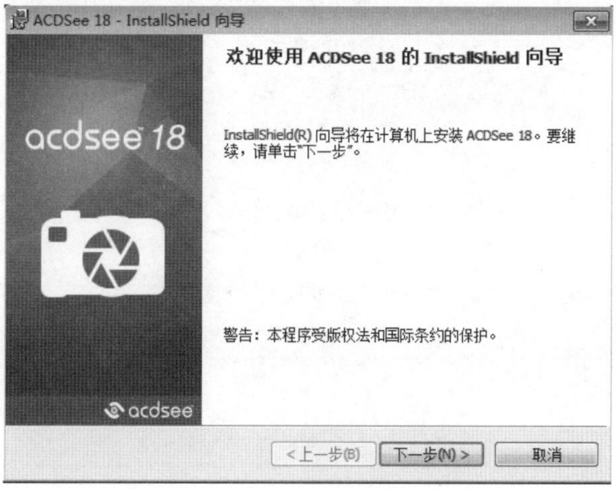

图 13-35　看图软件欢迎界面

(2)在出现的阅读许可协议的界面,选择“我接受该许可证协议中的条款”,单击“下一步”按钮,如图 13-36 所示。

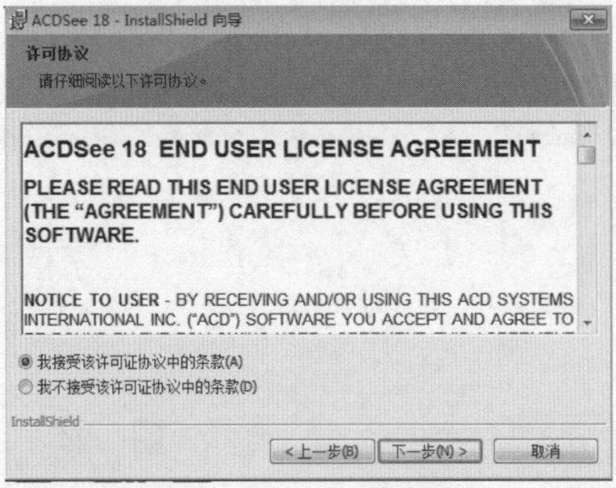

图 13-36 看图软件许可协议界面

(3)在出现的选择安装类型界面中,选择“完整”安装类型,或选择“自定义”指定程序安装路径及选择程序功能,本例选择“完整”,单击“下一步”按钮,如图 13-37 所示。

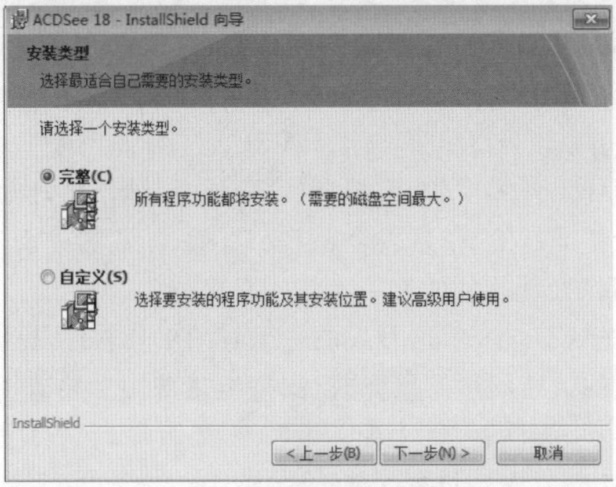

图 13-37 看图软件安装类型选择界面

(4)在出现的选择处理文件类型界面中,选择“全部”文件类型,或根据需要选择“未使用”和“自定义”文件类型,本例选择“全部”,单击“下一步”按钮,如图 13-38 所示。

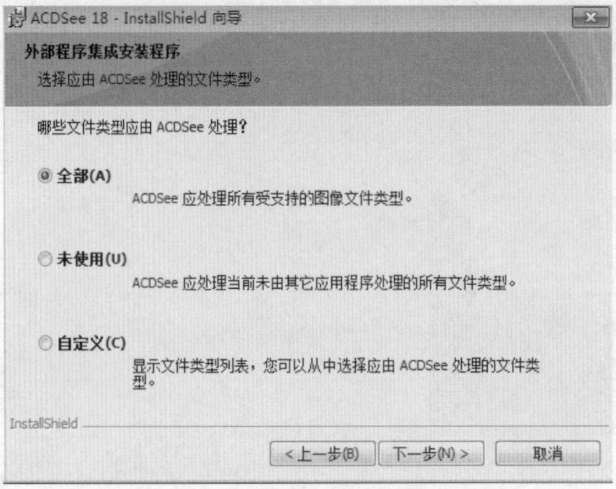

图 13-38 看图软件文件类型选择界面

(5)在系统安装进度界面,完成应用程序的安装,如图 13-39 所示。

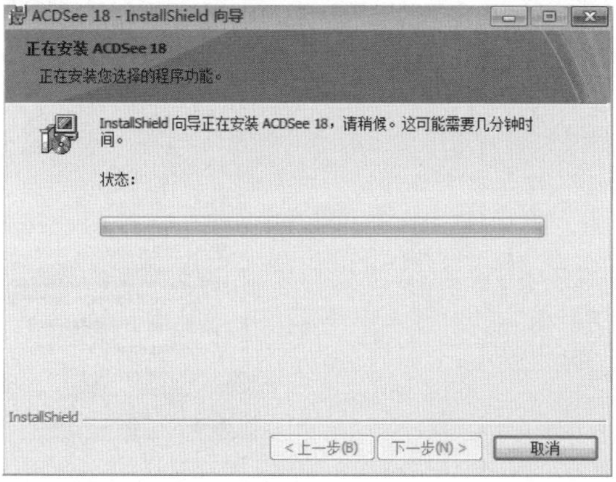

图 13-39　看图软件安装进度界面

(6)安装完成后,系统进行看图软件的主界面,如图 13-40 所示。

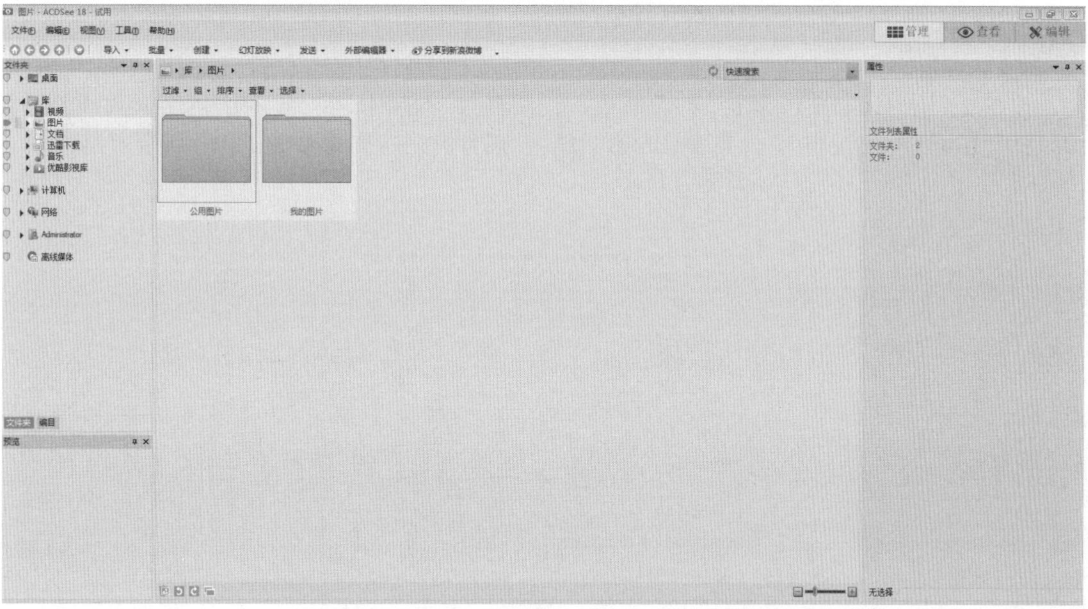

图 13-40　看图软件主界面

子任务 4　IP 地址的设置

系统安装完成后,如果需要将计算机接入局域网,则要为计算机配置 IP 地址、子网掩码等信息。

步骤 1　右击任务栏的“网络”图标,在弹出的快捷菜单中选择“打开网络和共享中心”,在打开的窗口中单击“更改适配器设置”,在出现的窗口中右击“Ethernet0”,如图 13-41 所示,在弹出的快捷菜单中选择“属性”,打开“Ethernet0 属性”对话框,如图 13-42 所示。

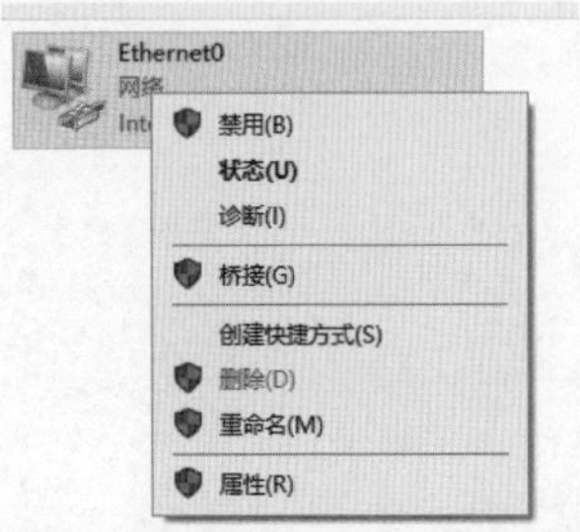

图 13-41　本地连接属性选择界面

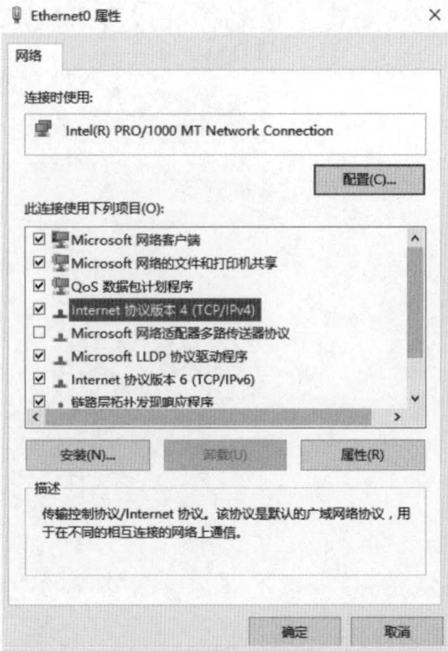

图 13-42　“Ethernet0 属性”对话框

步骤 2　在“Ethernet0 属性”对话框中，选择“网络”选项卡，在“此连接使用下列项目”栏中，选中“Internet 协议版本 4(TCP/IPv4)”，单击“属性”按钮，弹出如图 13-43 所示对话框。

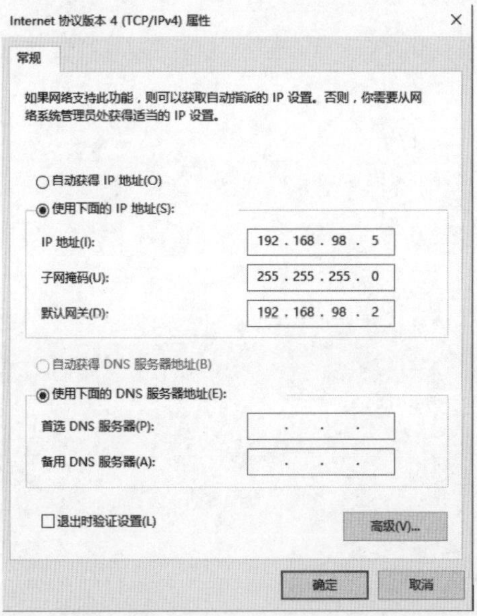

图 13-43　网络信息配置界面

步骤 3　在“Internet 协议版本 4(TCP/IPv4)属性”对话框中，配置本机的 IP 地址、子网掩码、默认网关等信息(这里我们配置 C 类私有 IP 地址和子网掩码)。配置完成后，单击“确定”按钮，完成计算机网络信息的配置。

步骤 4　测试网络。按下“WIN＋R”快捷键，弹出“运行”对话框，在对话框中输入“cmd”，单击“确定”按钮，如图 13-44 所示，系统进入 DOS 命令窗口，在该窗口中输入“ping 192.168.98.2(本机已配置的网关 IP 地址)”，然后按回车键，测试网络是否能够连通。如果网络畅通，则显示如图 13-45 所示的有关回包数据信息。如果显示其他信息，则表示网络有问题，需要进一步确认。

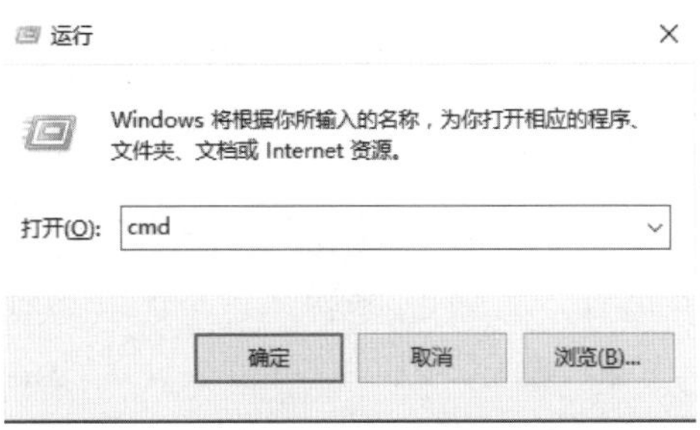

图 13-44　系统运行界面

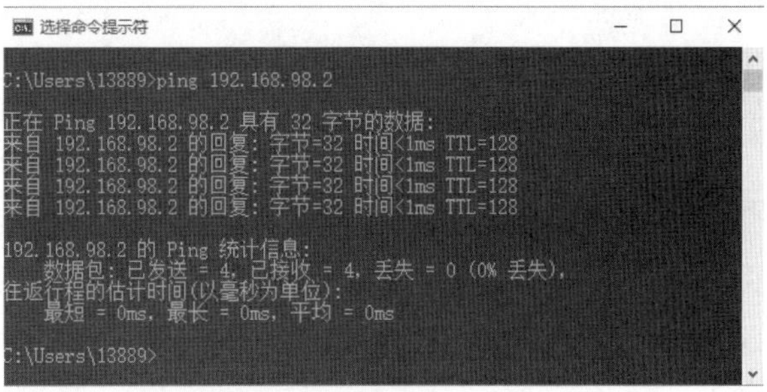

图 13-45　ping 命令测试结果显示界面

知识拓展:创建分区及分区调整

除了前面我们使用的安装操作系统分区和格式化方法外，还可以使用第三方工具或 Windows 操作系统自带的辅助工具对硬盘进行分区或格式化。

1. 使用分区助手

分区助手是一个简单易用且免费的无损数据分区软件，可以无损数据地执行调整分区大小、移动分区位置、复制分区、快速分区、复制磁盘、合并分区、切割分区、恢复分区、迁移操作系统等操作，是一个不可多得的分区工具。它不仅支持 Windows XP/2000/WinPE，还支持最新的 Windows 7/8/10/Vista 和 Windows Server 2003/2008/2012。不管是普通的用户还是高级的服务器用户，分区助手都能提供全功能、稳定可靠的磁盘分区管理服务。分区助手的最新版本完全可以运行在 Windows 10/8/8.1 和 Windows Server 2012 系统上。分区助手专业版主界面如图 13-46 所示。以下以分区助手为例进行讲解。

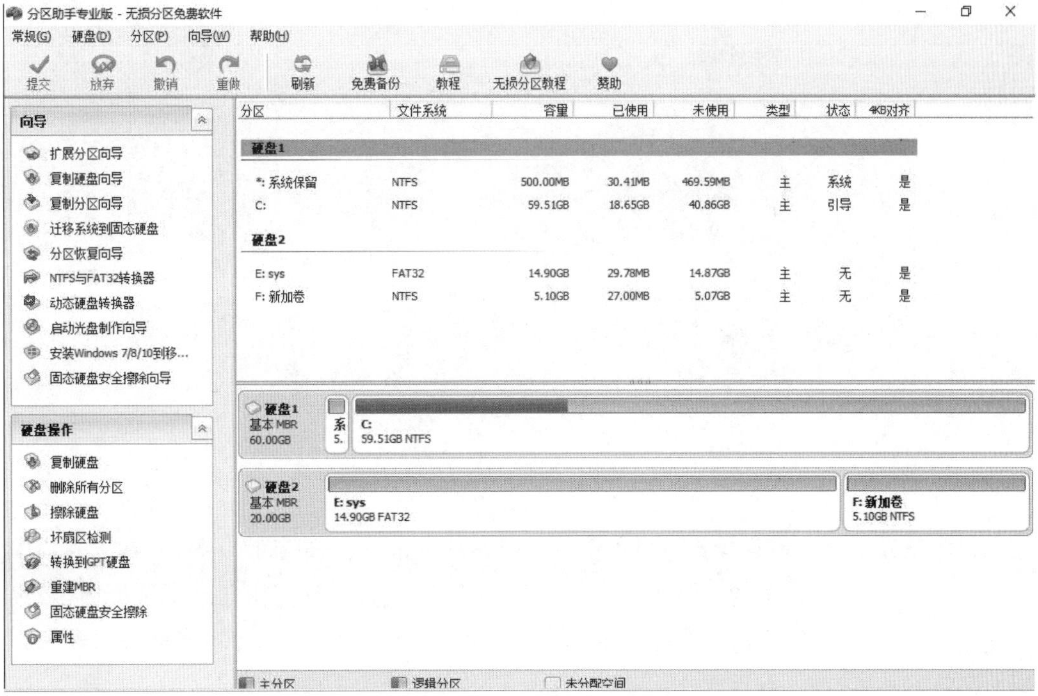

图 13-46　分区助手主界面

主要操作：

(1)硬盘分区及格式化

在主界面中选择“未分配”分区的图标，单击磁盘操作下的“创建分区”，即创建一个新分区，系统出现如图 13-47 所示界面。操作中可设定新分区的分区大小、盘符、文件系统等分区参数相关信息，设定好后，单击“确定”按钮即可。在刚建好的分区上选择“格式化”，系统出现如图 13-48 所示界面，输入分区卷标、选择文件系统类型，单击“确定”按钮，即可完成分区的格式化。

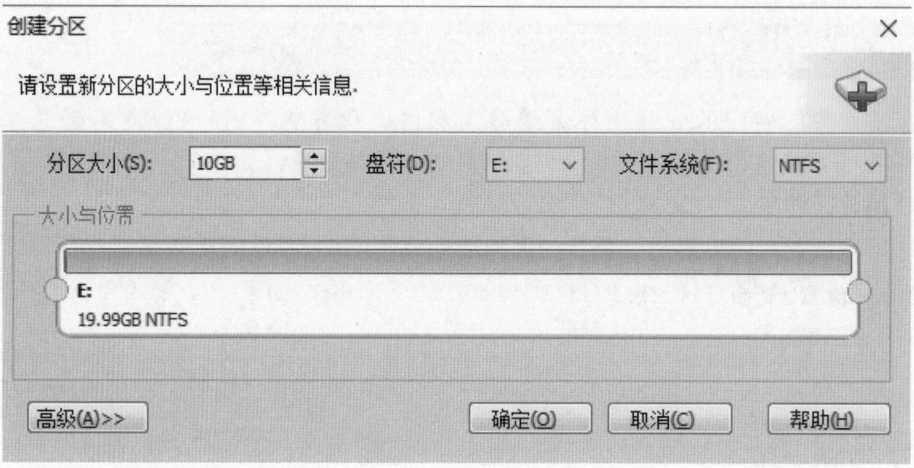

图 13-47 创建分区界面

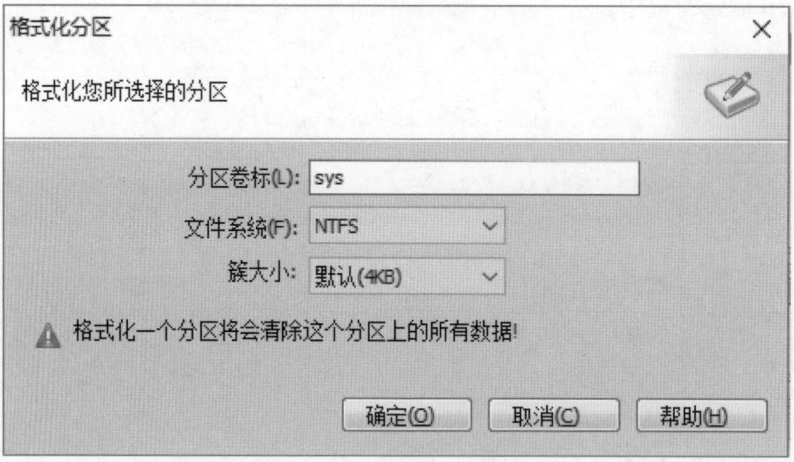

图 13-48 格式化分区界面

(2)分区大小调整

在程序主界面中的磁盘操作窗口单击“调整/移动分区”按钮进行操作，或者在主界面中的分区图标上右击，在弹出的快捷菜单中选择“调整/移动分区”进行操作。以 E 分区为例，系统弹出如图 13-49 所示界面，在其中可以输入新容量数据，或者直接使用鼠标拖动对话框中磁盘示意图调整其大小，调整合适后单击“确定”按钮。

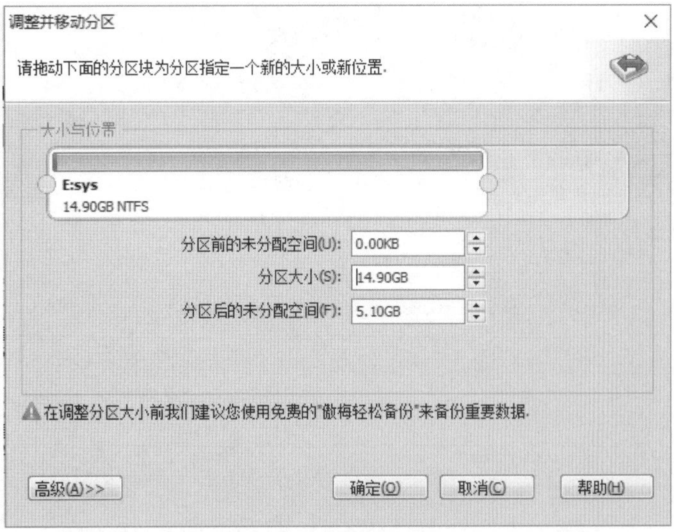

图 13-49　分区容量调整界面

(3)分区格式转换

分区助手应用软件的另一个常用功能是进行分区格式的转换。它可以直接进行分区格式的转换,并保证已有的文件、数据不会丢失。

在主界面中向导窗口单击“NTFS 和 FAT32 转换器”,系统弹出如图 13-50 所示窗口,选择转换方式,单击“下一步”按钮,进入分区列表,如图 13-51 所示,选择需要转换的分区,单击“下一步”按钮,进入如图 13-52 所示的操作确认界面,查看相关设定信息,确定无误后单击“Proceed”按钮,程序开始进行分区转换,等待数分钟转换完成,如图 13-53 所示。

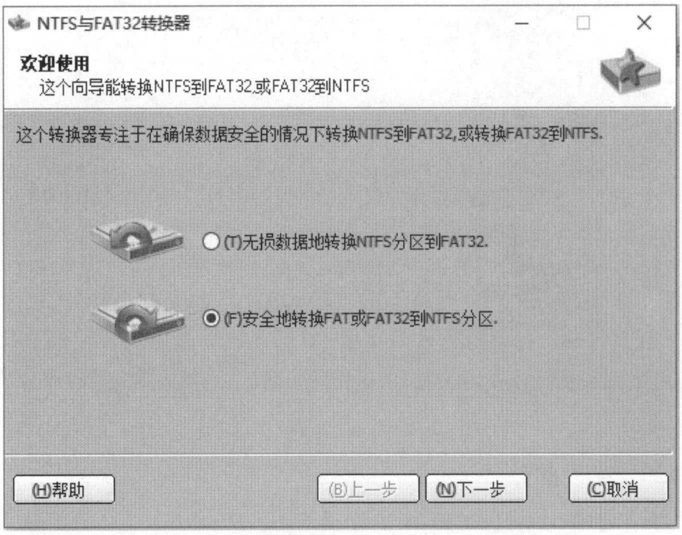

图 13-50　分区转换类型选择界面

说明:对于以上操作,如果需要真正起作用,需要确认操作后,单击主界面左上角的“提交”按钮执行对应的任务,否则,单击“放弃”按钮取消任务。

对于其他的操作功能,例如合并硬盘分区、隐藏分区等操作同上所示,这里不再详述。

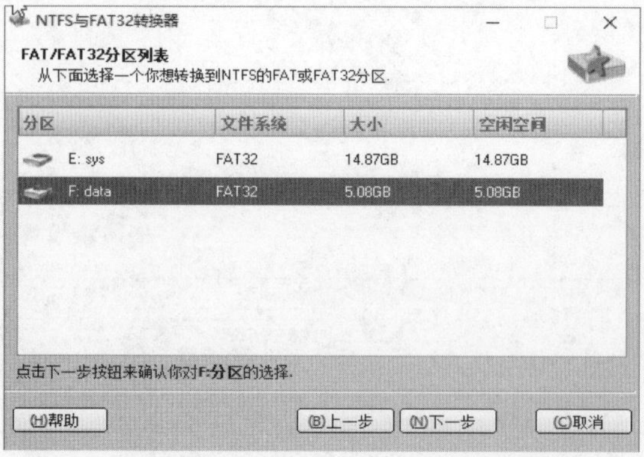

图 13-51　转换分区选择界面

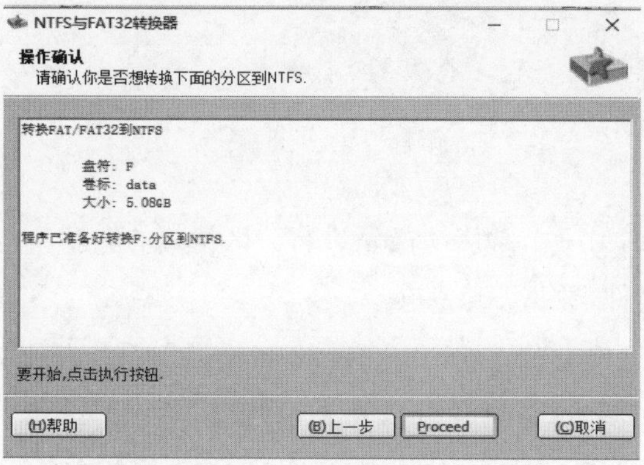

图 13-52　分区转换信息显示界面

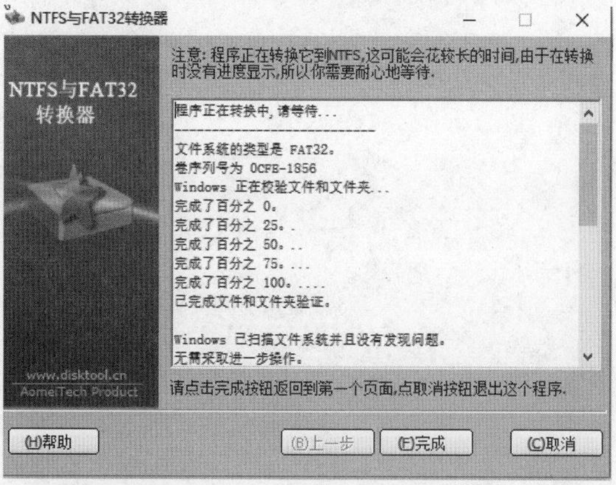

图 13-53　分区转换结果显示界面

2. 原有系统增加硬盘后的分区

这种方法同样适用于单块硬盘的计算机安装完成 Windows 7/8/10 版本的操作系统后的分区和格式化。启动系统后，通过“开始”→“Windows 管理工具”→“计算机管理”→“磁盘管理”工具对硬盘进行分区和格式化，如图 13-54 所示。

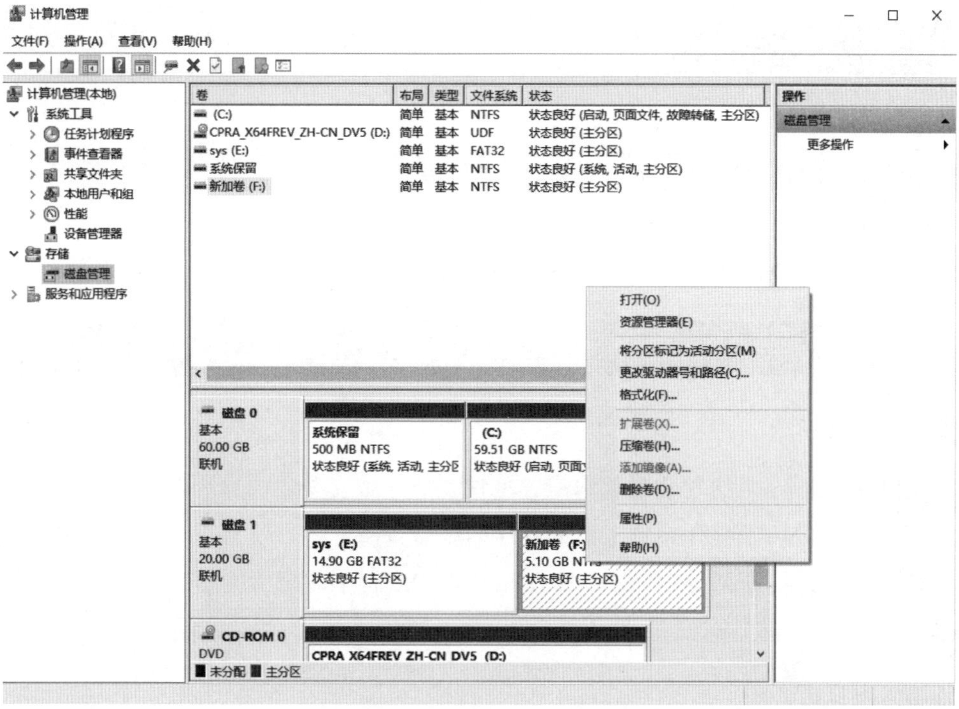

图 13-54　磁盘格式化界面

3. 已分区的重新格式化

在已有操作系统中，可以在“计算机”中找到对应分区的盘符，在其上右击，在弹出的快捷菜单中选择并执行格式化，系统弹出如图 13-55 所示界面，直接单击“开始”按钮完成对已有分区的重新高级格式化。

图 13-55　分区格式化界面

习 题

1. 虚拟机一般应用在哪些场合？
2. 如何创建配置 VMware Workstation 虚拟机？
3. 尝试使用虚拟机安装不同的操作系统。
4. 如何配置 IP 地址？如何测试网络是否连通？

实训：安装 Windows 7 操作系统

微课

显卡驱动

❶实训目的：

1. 掌握 Windows 7 的安装与基本配置过程。
2. 掌握 Windows 7 操作系统下驱动程序的安装过程。
3. 通过 Windows 7 的安装，总结 Windows 系列软件的安装方法。

❷实训内容：

1. 建立虚拟机。
2. 在虚拟机下安装 Windows 7 操作系统。
3. 安装 360 安全卫士、360 杀毒工具和 ACDSee 图像处理软件。

情境5 计算机系统调试

计算机使用过程中，用户最关心的是计算机的运行速度和整体性能，在完成了软、硬件系统及各类应用程序的安装后，用户希望通过计算机系统性能测试和优化工具，了解计算机的整体性能和系统的健康情况，及时发现并解决影响计算机性能的各类问题，及时备份软件系统和重要数据，最大可能地找回丢失的数据。为此，我们按工作任务要求，构建计算机系统调试的学习情境，模拟计算机公司为用户组装计算机的最后一项工作，用指定的系统优化工具和系统优化软件，对已完成了软、硬件安装的计算机系统进行性能测试和优化，了解计算机系统的性能，找出系统存在的问题，并采取有效措施加以解决，最终使计算机系统性能达到最优，并为用户提交一份计算机系统性能测试报告。

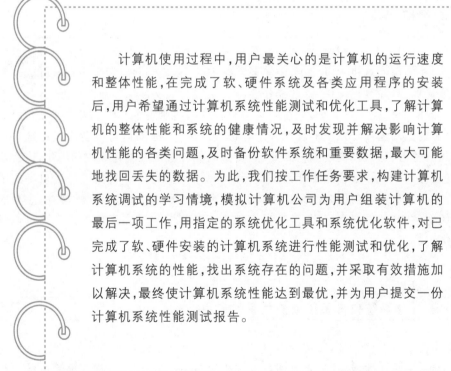

任务14 系统性能测试及优化

任务实施要点：

知识要求：

- 掌握计算机系统性能测试及优化知识
- 掌握计算机系统优化工具的使用方法
- 掌握计算机系统数据备份和恢复的方法
- 掌握注册表的知识

技能要求：

- 能够使用系统测试和优化工具对系统的性能进行测试和优化
- 能够备份和恢复系统
- 能够对系统进行安全设置
- 能够使用工具软件对误删除数据进行恢复

准备知识导入：

组装好一台计算机后，用户通常希望了解计算机各个方面的性能指标，以确定计算机是否运行在最佳状态。在使用计算机的过程中，由于要经常安装、删除某些应用程序和硬件驱动程序，或者经常性地拷贝、删除数据文件，这些操作会导致系统读取文件速度减慢，系统运行性能下降。此外，由于删除文件往往不完全，会在磁盘中及系统的注册表中产生垃圾文件或垃圾数据；同时，由于安装的驱动程序对系统而言不一定是最佳匹配，长时间运行也会造成系统性能下降，甚至产生运行错误、"死机"的现象。因此，需要我们经常对系统进行测试和优化，以提高计算机的性能和运行效率。除了使用操作系统自带的一些优化工具外，我们可以通过专门的软件对系统进行测试和优化，测试和优化内容包括整机性能，CPU 的主频、外频、缓存，主板芯片组及型号，系统的注册表，磁盘空间，垃圾数据文件等。常用的测试和优化工具有腾讯电脑管家、鲁大师等第三方工具软件。

子任务1 操作系统自带系统维护程序的使用

为了提高计算机系统的健壮性，系统本身自带了一些用于系统维护和优化的程序，如磁盘碎片整理、磁盘清理、系统还原等，我们可以通过这些程序对系统进行优化，以提高系统的运行效率。

1. 磁盘碎片整理

步骤1 单击"开始"→"所有程序"→"附件"→"系统工具"→"磁盘碎片整理程序"，弹出系统自带的磁盘碎片整理程序窗口，如图 14-1 所示。

图 14-1　磁盘碎片整理程序窗口

步骤 2　选择需要整理磁盘碎片的逻辑分区，单击“分析磁盘”按钮。程序首先对该盘进行分析，以百分比的方式显示分析磁盘的进度，在 Windows 完成分析磁盘后，可以在“上一次运行时间”列中检查磁盘上碎片的百分比。如果数字高于 10%，则应该对磁盘进行碎片整理。如图 14-2 所示。

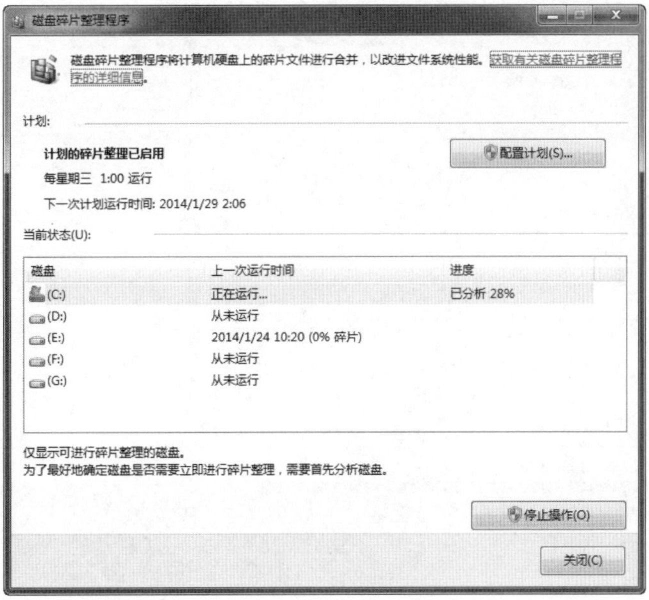

图 14-2　碎片整理进度窗口

步骤 3 完成碎片整理后，若需要碎片整理报告，单击“获取有关磁盘碎片整理程序的详细信息”即可，如图 14-3 所示。

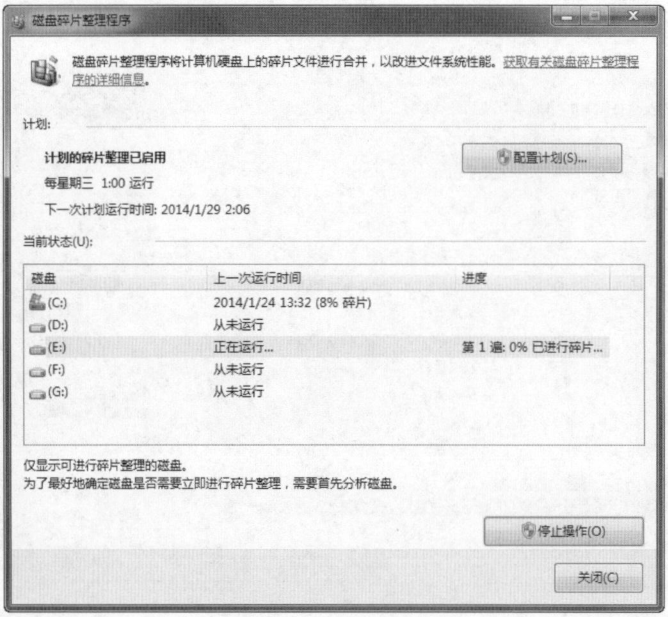

图 14-3 碎片整理报告对话框

步骤 4 Windows 7 的磁盘碎片整理还有一项很大的改进，便是内置了磁盘碎片整理计划功能，我们只要单击“配置计划”按钮即可对磁盘碎片整理计划进行设置。设置的时间非常灵活，可设置为每月或每周的固定日期和时间对选定的磁盘分区进行整理，这样我们就无须自己手动去整理磁盘碎片了，计划程序自动完成，让我们的磁盘更加有序，更加高效。如图 14-4 所示。

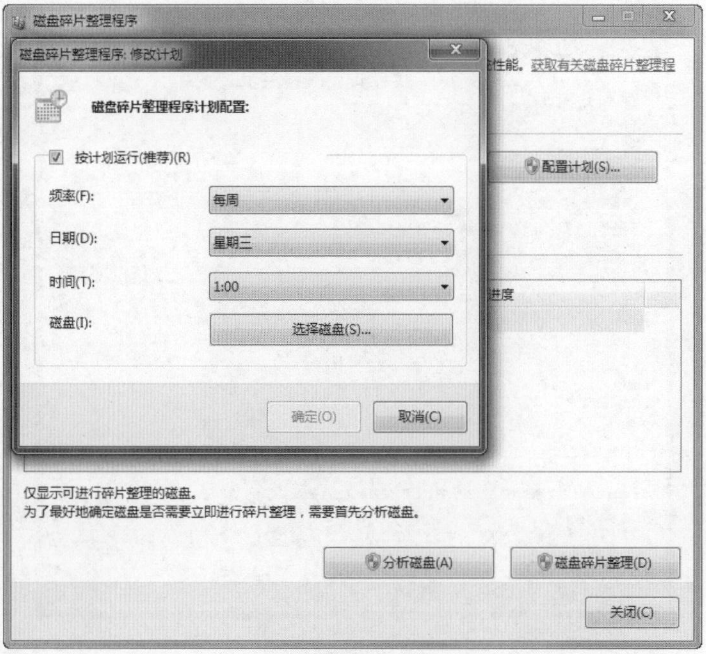

图 14-4 磁盘碎片整理程序配置计划界面

2. 磁盘清理

为了释放硬盘上的空间，磁盘清理会查找并删除计算机上确定不再需要的临时文件。

步骤 1　单击"开始"→"计算机"，选中要清理的磁盘，右击该磁盘，在弹出的菜单中选择"属性"，在"常规"选项卡下，即可看到磁盘清理选项。如图 14-5 所示。

图 14-5　磁盘清理主界面

步骤 2　单击"磁盘清理"按钮，系统对该磁盘进行扫描，如图 14-6 所示。完成扫描后，弹出如图 14-7 所示对话框。

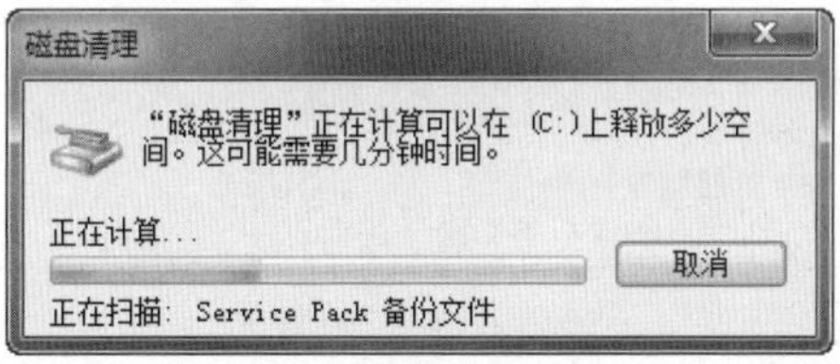

图 14-6　碎片清理进度界面

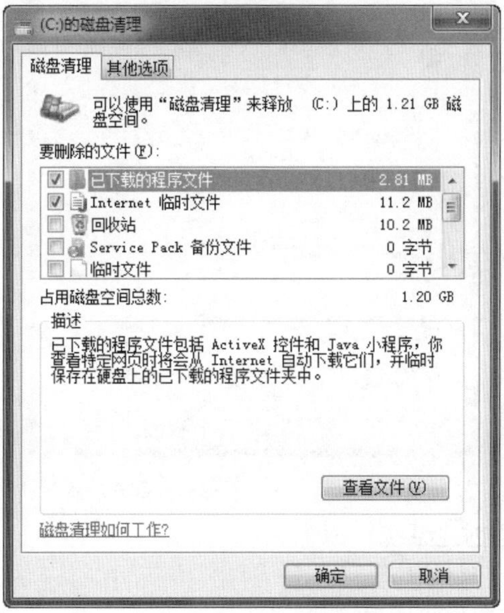

图 14-7　碎片整理报告界面

步骤 3 在图 14-7 所示界面中，选择删除的文件类型，单击"查看文件"，经过进一步确认，单击"确定"按钮，程序即可清理选中磁盘上不需要的文件。

3. 系统还原

使用系统还原功能前，先确认 Windows 7 是否开启了该功能。单击"开始"，右击"计算机"，选择"属性"，弹出"系统"窗口，如图 14-8 所示。单击窗口左侧的"系统保护"，单击"配置"按钮，可以将要创建还原点的磁盘设置为打开状态，如图 14-9 所示。

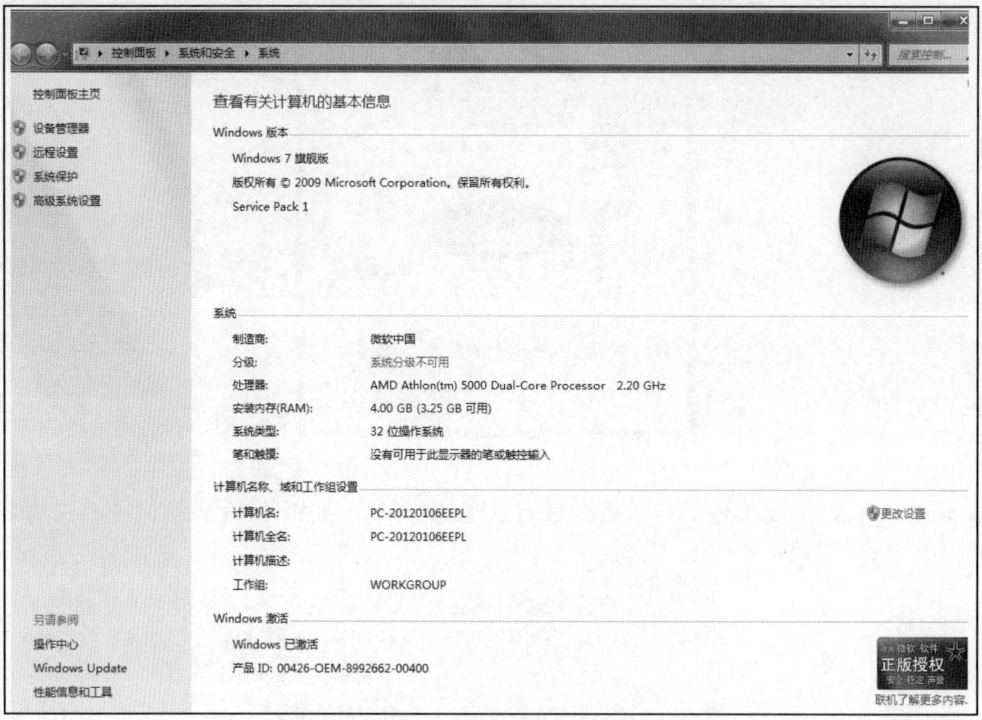

图 14-8 "系统"窗口

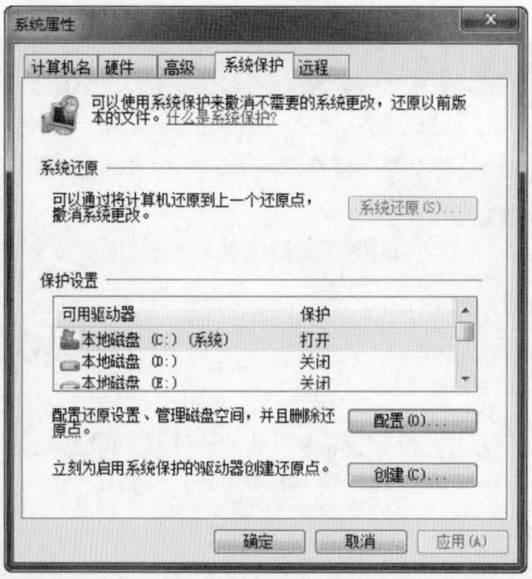

图 14-9 查看驱动器是否处于保护界面

步骤 1 创建还原点。创建系统还原点也就是建立一个还原位置，系统出现问题后，就可以把系统还原到创建还原点时的状态。单击"创建"按钮，在打开的对话框中按提示输入还原点的名称，再单击"创建"按钮即可手动创建一个还原点。

注意：还原点的名称最好不要为方便而随意输入，应有一定的助记意义，比如"××时间安装了××""××时间配置了××"等。这样才能有的放矢地选择还原点来恢复系统。如图 14-10 所示。

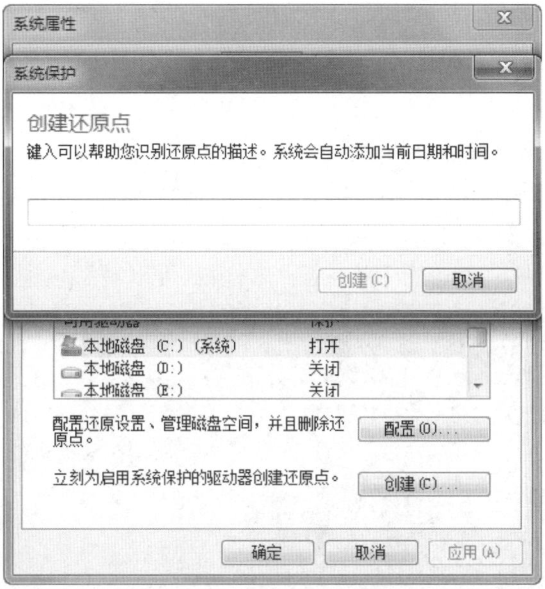

图 14-10　创建还原点

步骤 2　还原系统

计算机出现问题或误删了文件后，就可以使用系统还原进行恢复。单击"开始"→"所有程序"→"附件"→"系统工具"→"系统还原"，打开系统还原主界面，按照向导进行操作。如图 14-11 所示。

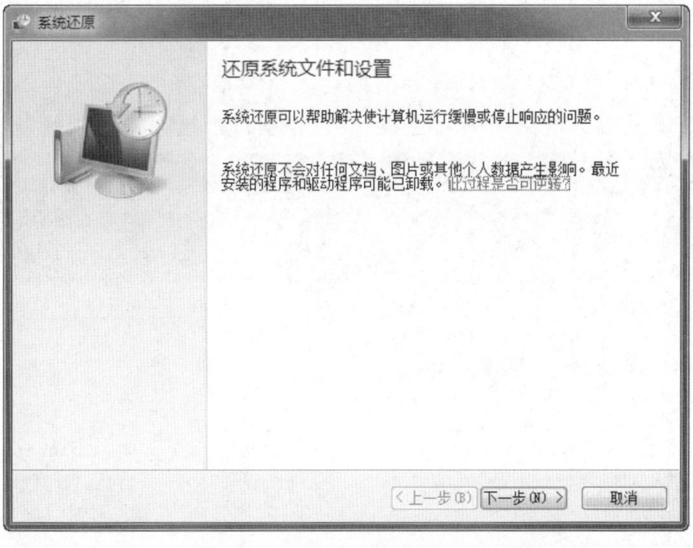

图 14-11　系统还原向导界面

选择还原点后，经过一个确认步骤，系统还原功能即可自动完成了，还原、重启、完成，过程如同 Windows XP 一样，很快就可以重新见到没有问题的系统了。

子任务 2 系统维护和优化工具

除了系统自带的优化工具外，在日常的系统维护中，我们还可以选择一些专门的软件对系统进行测试和优化，常用的测试和优化工具有腾讯电脑管家、鲁大师等。

1. 使用腾讯电脑管家检测系统问题

步骤 1 启动腾讯电脑管家，启动后的程序主界面如图 14-12 所示。在程序主界面中，下方工具条显示软件的几个主要功能：病毒查杀、清理垃圾、电脑加速、软件分析。展开每一项功能，可以显示其子功能选项。单击右上方“全面体检”就可以对系统进行全面检测。

图 14-12 腾讯电脑管家主界面

步骤 2 经过一段时间的检查，软件弹出问题项目窗口，如图 14-13 所示，用户既可以单击“一键修复”按钮来修复所有检测出的问题，也可以分项目根据需要单项修复。

图 14-13 修复异常界面

2. 使用腾讯电脑管家优化系统

单击工具条上的“电脑加速”，软件弹出系统可“开机加速”“运行加速”“系统加速”“网络加速”等优化项目，单击“一键加速”按钮，就可以针对软件优化系统，如图 14-14 所示。

图 14-14　电脑加速功能界面

3. 系统清理

启动腾讯电脑管家。单击工具条的“清理垃圾”，经过扫描后软件列出可以清理的垃圾选项，单击“立即清理”按钮，或者单击某个列出目标，就可以把系统的垃圾文件清理完毕。

图 14-15　系统清理垃圾界面

4. 工具箱

腾讯电脑管家的“工具箱”功能，其实是一个众多小型工具软件的集合。用户可以根据需要从常用、文档、上网、系统、软件、其他等分类中寻找自己所需要的功能并下载使用。工具箱界面如图 14-16 所示。

图 14-16　腾讯电脑管家的工具箱

子任务 3　系统备份与恢复

在计算机系统使用过程中，由于操作不当或病毒等原因，造成计算机系统瘫痪，无法启动，需要重新安装系统，这将花费很多时间，使用系统备份和恢复工具将会减少我们安装系统的工作量，提高工作效率，我们可以使用 Ghost 工具完成系统的备份和恢复。

1. 硬盘完整备份(克隆硬盘)

步骤 1　进入 DOS 状态，运行 Ghost 克隆软件，弹出如图 14-17 所示的提示对话框，选择菜单栏的“Local”→“Disk”→“To Image”并执行。

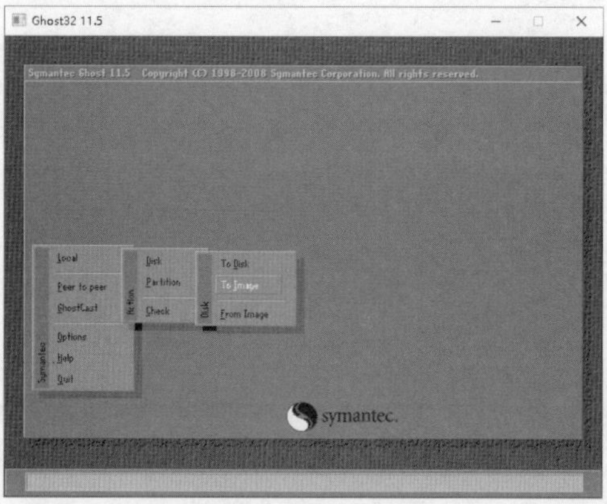

图 14-17　Ghost 主界面

步骤 2　在弹出的对话框中选择要备份的磁盘，如果只有一个磁盘，则默认为选择状态，如图 14-18 所示。

步骤 3　单击“OK”按钮，系统弹出如图 14-19 所示对话框，要求输入备份磁盘生成的文件名称以及存放目录。输入文件名称“Bak”并选择存放目录后，单击“Save”按钮，软件开始对整个硬盘进行备份，并生成一个完整的文件“Bak. gho”。备份过程中，有进度条指示。

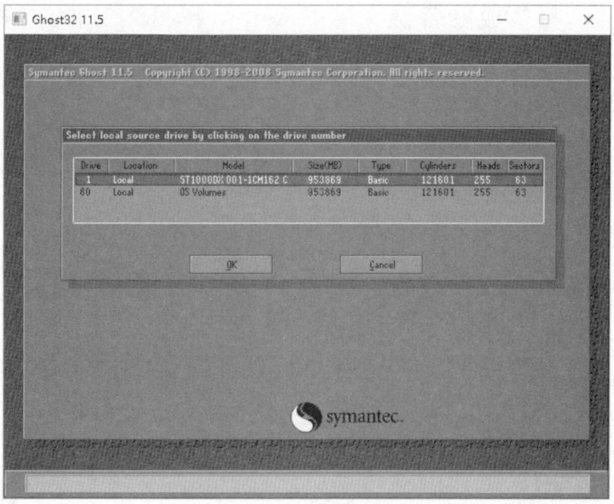

图 14-18　选择备份磁盘

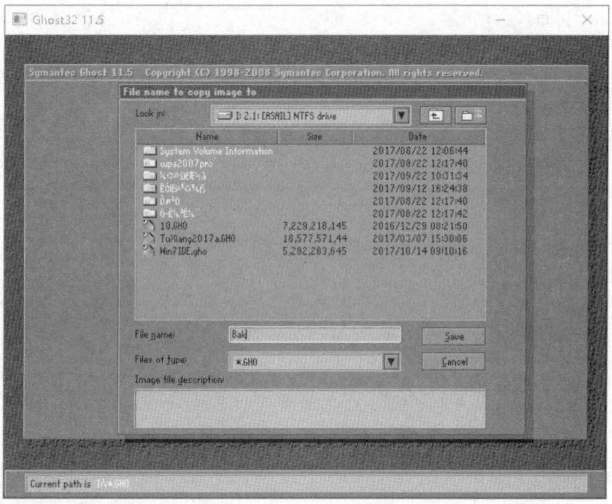

图 14-19　备份文件名称位置输入对话框

步骤 4　备份完成后，将生成的备份文件 Bak. gho 拷贝到其他硬盘空间，准备恢复时使用。

2. 硬盘完整恢复

步骤 1　进入 DOS 状态，执行 Ghost 克隆软件。选择菜单“Local”→“Disk”→“From Image”并执行。

步骤 2　在弹出的对话框中选择将要恢复的文件，单击“Open”按钮。在弹出窗口中选择在哪个硬盘中进行还原，选择后单击“Yes”按钮开始还原。还原过程中有进度条指示，恢复完成后，重启计算机，测试还原效果。

3. 分区完整备份(克隆分区)

步骤 1　进入 DOS 状态，执行 Ghost 克隆软件。选择菜单“Local”→“Partition”→“To Image”并执行。

步骤 2　在弹出的对话框中选择将要备份的分区。单击“OK”按钮，系统弹出图 14-18 所示对话框，要求输入备份分区生成的文件名称，以及存放目录。

步骤 3　输入文件名称“Bak”并选择存放目录后，单击“Save”按钮，开始对整个分区进行备份克隆，并生成一个完整的文件 Bak. gho。备份过程中，有进度条指示。

步骤 4 备份完成后，将生成的备份文件 Bak. gho 拷贝到其他位置，准备恢复时使用。

4. 分区完整恢复

步骤 1 进入 DOS 状态，执行 Ghost 克隆软件。选择菜单“Local”→“Partition”→“From Image”并执行。

步骤 2 在弹出的对话框中选择将要恢复的文件，单击“Open”按钮。在弹出的窗口中选择在哪个分区中进行还原，选择后单击“Yes”按钮开始还原。还原过程中有进度条指示，恢复完成后，重启计算机，测试还原效果。

5. 复制硬盘

步骤 1 准备计算机，将复制的源硬盘和目标硬盘安装到同一台计算机中，目标硬盘的容量要大于或等于源硬盘大小。

步骤 2 启动计算机，进入 DOS 状态，执行 Ghost 克隆软件。选择菜单“Local”→“Disk”→“To Disk”并执行。

步骤 3 分别在弹出的对话框中选择要复制的源硬盘和目标硬盘，设置好后单击“Yes”按钮执行复制过程。系统自动对目标硬盘按照源硬盘分区参数进行分区和高级格式化。

子任务 4 系统性能测试软件安装使用

在计算机系统使用过程中，要经常安装、删除某些应用程序，或者经常性地拷贝、删除数据文件，这些操作会在磁盘中及系统的注册表中产生垃圾文件或垃圾数据，导致系统读取文件速度减慢，性能下降。为了了解计算机系统的运行状况，定期使用系统性能测试软件，对系统性能进行监测，及时发现并解决系统中存在的问题是十分必要的，我们以业界有名的 AIDA64 软件来完成本项工作。

1. 测试计算机基本信息

步骤 1 启动系统性能测试软件，程序运行主界面如图 14-20 所示。

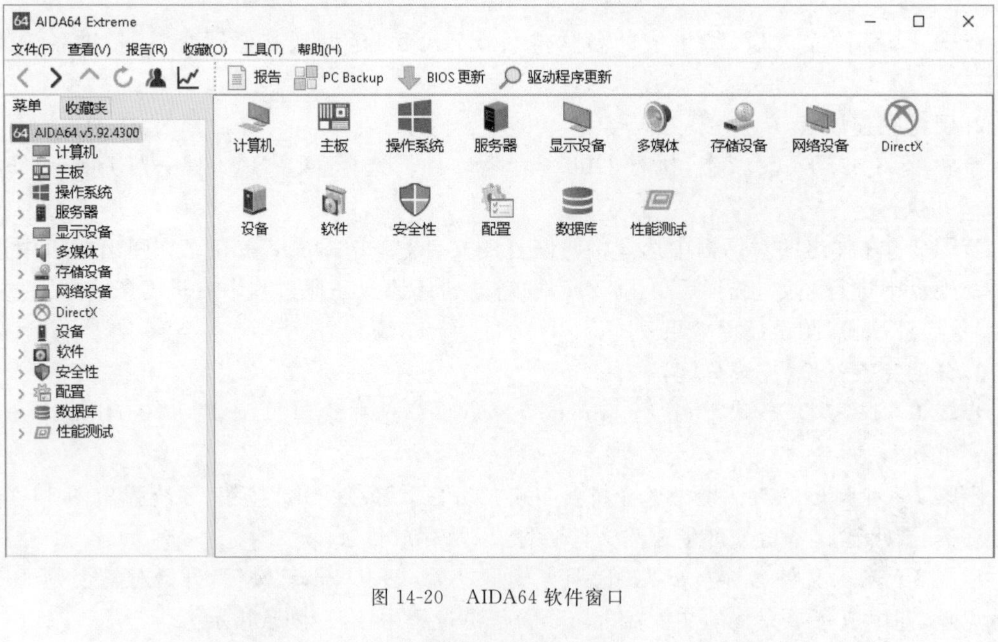

图 14-20 AIDA64 软件窗口

步骤 2 单击窗口中左侧树目录，依次单击“计算机”→“系统概述”，窗口右侧部分显示该计算机基本信息，如图 14-21 所示。拖动计算机系统概述信息右侧的垂直滚动条，可浏览查看该计算机系统的所有基本信息。

图 14-21 计算机基本信息显示窗口

2. 输出测试结果

步骤 1 单击图 14-21 中的“报告”。在出现的欢迎界面中单击“下一步”按钮。

步骤 2 出现“报告配置文件”对话框，如图 14-22 所示，选择配置文件类型，这里我们选择“硬件相关内容”，只输出有关硬件信息的内容。

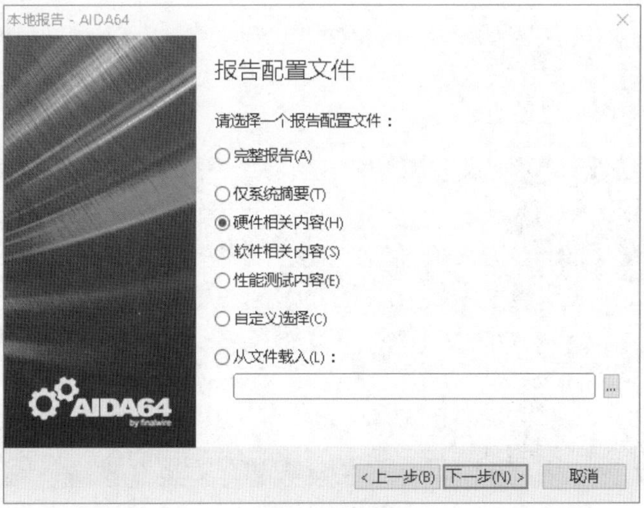

图 14-22 “报告配置文件”对话框

步骤 3 单击“下一步”按钮，在出现的报告格式选择窗口中，选择输出格式，这里选择“HTML”，单击“完成”按钮。

步骤 4 系统弹出如图 14-23 所示的报告数据窗口，可以通过按钮操作实现测试数据的保存、预览、打印输出操作。

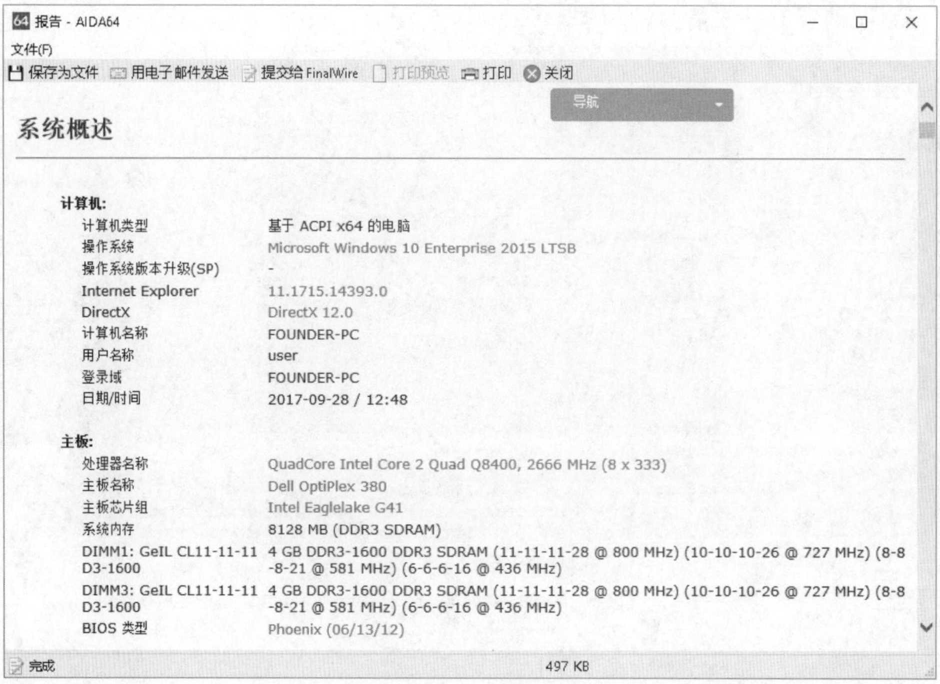

图 14-23 报告数据窗口

3. 系统稳定性测试

步骤 1 单击菜单中的“工具”→“系统稳定性测试”，弹出如图 14-24 所示测试窗口。

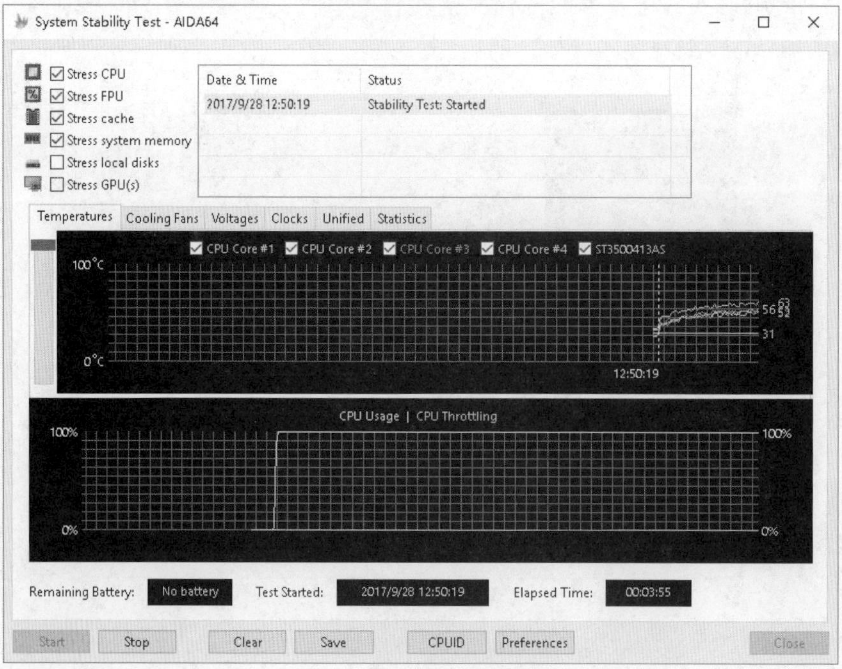

图 14-24 系统稳定性测试窗口

步骤 2 单击“Start”按钮，开始进行系统稳定性测试。

4. CPUID 测试

步骤 1　单击菜单中的“工具”→“AIDA64 CPUID”。

步骤 2　系统弹出如图 14-25 所示窗口，单击“Save”按钮可以将结果保存下来。

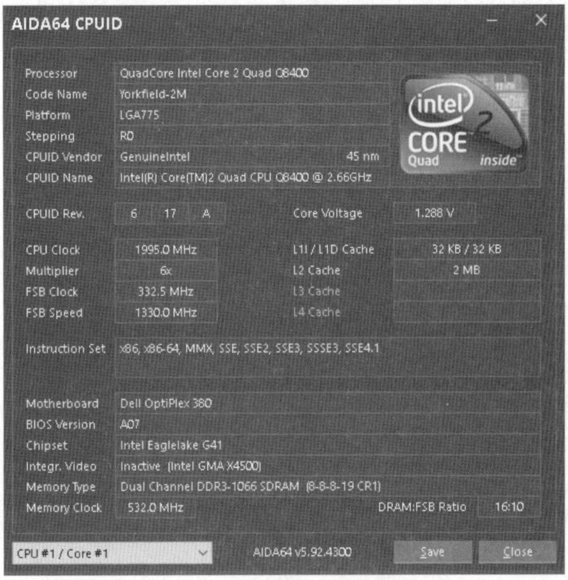

图 14-25　CPUID 测试界面

5. 显示器检测

步骤 1　单击菜单中的“工具”→“显示器检测”，系统弹出显示器检测配置项选择窗口，如图 14-26 所示。

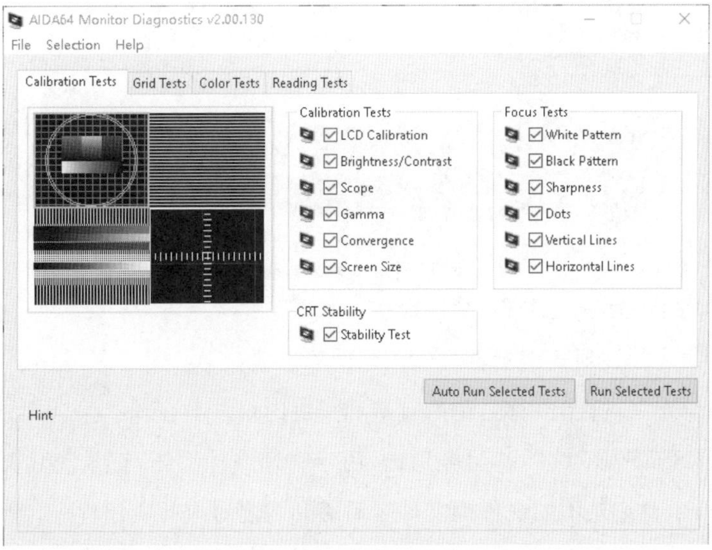

图 14-26　显示器检测配置项选择窗口

步骤 2　在“Calibration Tests”标签中选择全部的检测项，单击“Auto Run Selected Tests”开始进行显示器检测。

知识拓展:注册表

注册表实质上是 Windows 系统中的一个庞大核心数据库,最初用于存放程序关联文件,现在还集成了记录硬件、驱动、应用程序设置和位置的数据文件。注册表控制方式是基于用户和计算机,而不依赖于应用程序或驱动。每一个注册表控制一个用户或计算机功能,计算机功能和安装的硬件及软件有关,对所有用户来说,注册表都是公用的。

要了解注册表,需要打开注册表编辑器,用户可以按照下面的步骤启动注册表编辑器窗口。

步骤 1 在桌面上使用"Win+R"组合键,启动"运行"对话框,然后输入"regedit",单击"确定"按钮。

步骤 2 系统将自动弹出"注册表编辑器"。

如图 14-27 所示,注册表编辑器主要由下面几个部分组成:

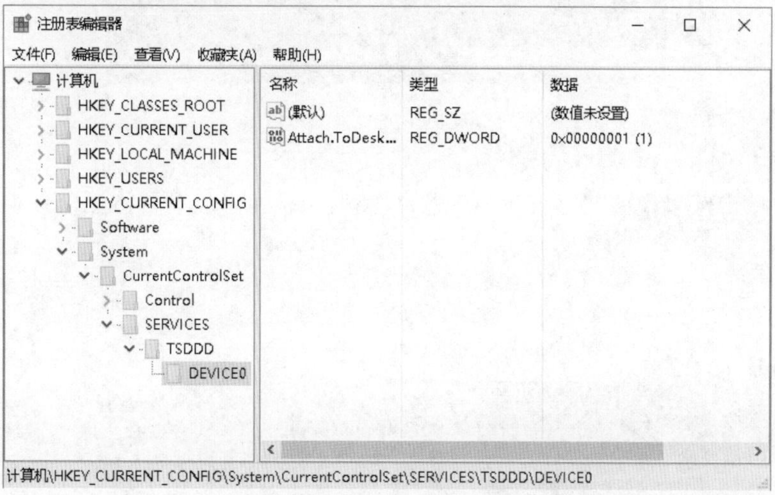

图 14-27 注册表编辑器

(1)标题栏,用于显示标题名称、窗口操作。

(2)菜单栏,集合了注册表编辑器、查看、帮助等选项。

(3)根键,系统定义的配置单元,是所有键和子键的根。

HKEY_CLASSES_ROOT:基层类别键,用于管理文件系统,记录 Windows 系统中所有数据文件的信息,主要记录不同文件的文件名后缀和与之对应的应用程序,系统可以通过最新信息启动相应的应用程序。

HKEY_CURRENT_USER:用于管理当前用户的配置情况,可以查阅计算机中登录的用户信息、密码等。

HKEY_LOCAL_MACHINE:用于管理系统中的所有硬件设备的配置情况,存放了用来控制系统和软件的设置。

HKEY_USERS:用于管理系统中所有用户的配置信息,计算机系统中每个用户的信息都保存在该文件夹中,如用户在该系统中设置的口令、标识等。

HKEY_CURRENT_CONFIG:用于管理当前系统用户的系统配置情况,如该用户自定义的桌面管理、需要启动的程序列表等信息。

(4)键和子键,键是根键的子键,键有可能包含相关子键。当两个键之间有密切的层级关系时,上层为键,下层为子键。用户可以按照目录和子目录来理解键和子键。键和子键没有附带的数据,只负责组织对数据的访问。

(5)键值项,包含计算机及其应用程序执行时的实际参数值。由名称、数据类型和键值组成。键值从类型上可以分为二进制、DWORD 值以及字符串值等。用户可以在注册表编辑器窗口中对其进行修改。

(6)状态栏,用于显示当前的注册表目录。

下面以具体应用为例,向大家介绍利用注册表编辑器优化系统的小技巧。

技巧一:因为注册表记录了硬件、驱动、应用程序设置和位置数据文件,计算机用户可以通过修改注册表的某些键值,提高开机速度或运行速度。

在"注册表编辑器"界面中,展开 HKEY_LOCAL_MACHINE\SYSTEM\CurrentControlSet\Control 子键,然后在右侧窗口的空白处单击右键,选择"新建"→"字符串值"选项,右侧窗口多了一个"新值#1",将键值命名为:FastReboot,双击该键值,将键值数据改成 1,并单击"确定"按钮即可。

技巧二:加快系统预读能力也是提高系统启动速度的方法之一,下面介绍具体操作步骤。

展开 HKEY_LOCAL_MACHINE\SYSTEM\CurrentControlSet\Control\Session Manager\Memory Management\PrefetchParameters 子键,双击 EnablePrefetcher 键值项,在"编辑 DWORD(32 位)值"对话框中,将键值改为 4,单击"确定"按钮。

技巧三:缩短应用程序的等待时间,可以实现快速关闭应用程序,从而达到加快关机速度的目的,下面介绍具体操作方法。

展开 HKEY_CURRENT_USER\Control Panel\Desktop 子键,在 Desktop 上单击右键,选择"新建"→"DWORD(32 位)值"选项,右侧窗口下方出现新建的值"新值#1",将"新值#1"重命名为 WaitToKillAppTimeOut,并双击该项,将键值改为 1000,单击"确定"按钮即可。

应用小技巧:如何找回硬盘中丢失的数据

使用计算机时往往由于不小心误删文件且无法通过"回收站"来恢复文件,或者由于病毒的破坏造成文件的丢失,或者不小心格式化磁盘造成数据的丢失,对于这些我们都可以通过一定的技术手段进行恢复。恢复数据有多种方法,尤以采用恢复工具方便、快捷,而且效果好。在实际应用中,建议用户选用 PiriForm 公司的 Recuva 反删除恢复工具,它不仅能够恢复被删除的数据信息,甚至还能从已经格式化或者已经损坏的磁盘中提取文件,允许恢复完整的目录并尽量保持其原有的目录结构。

启动 Recuva.exe,显示如图 14-28 所示的主界面。单击“下一步”按钮,出现如图 14-29 所示界面,选择需要恢复的文件类型,单击“下一步”按钮。

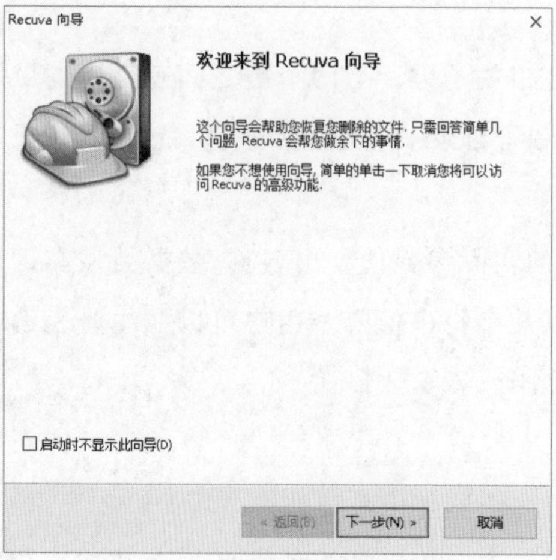

图 14-28　Recuva 主界面

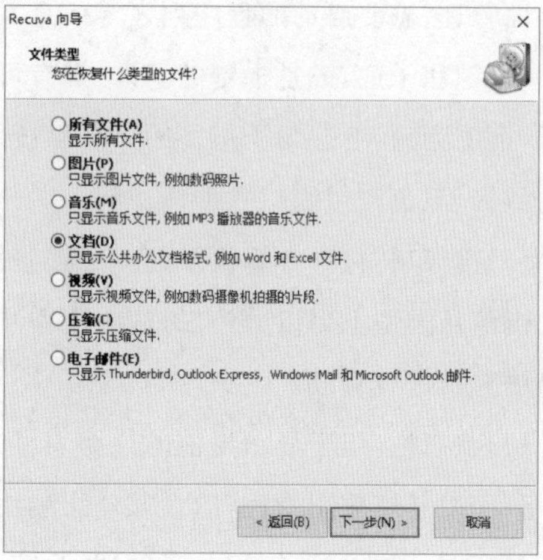

图 14-29　文件类型界面

选择需要恢复的文件所在的位置,如果不确定,选择“无法确定”,如图 14-30 所示。单击“下一步”按钮后,选中“启用深度搜索”选项,如图 14-31 所示。需要注意的是,深度搜索能逐扇区地扫描磁盘,消耗时间很长。

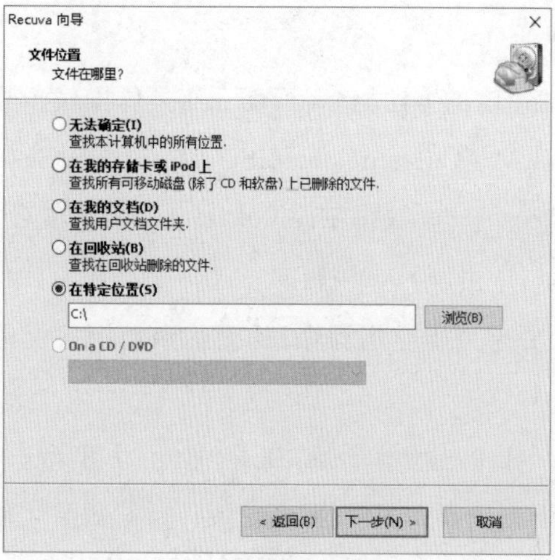

图 14-30　查找位置选择窗口

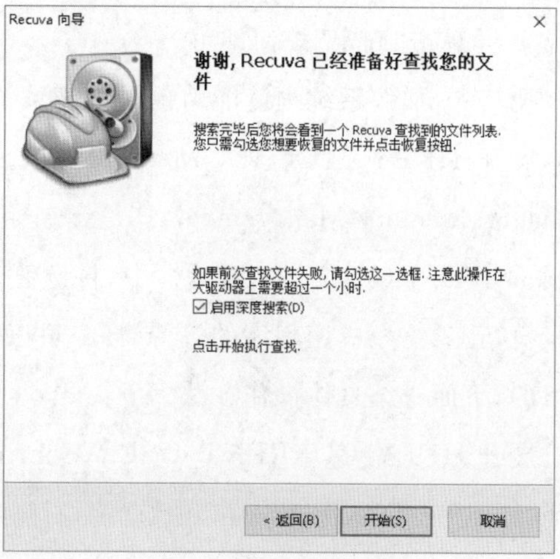

图 14-31　启用深度搜索

经过一段时间的搜索,软件会将找到的文件目录显示出来,并用色彩加以区分,红色表示不能完整恢复的文件,黄色和绿色分别表示可能可以和成功恢复希望很大的文件,如图 14-32 所示。勾选中需要恢复的文件,单击右下角的“恢复”按钮,即可将指定文件恢复到指定目录,如图 14-33 所示。注意,为了保证原有纪录不被覆盖,尽量不要把文件恢复到原来所在的分区下。

图 14-32　搜索到的文件列表

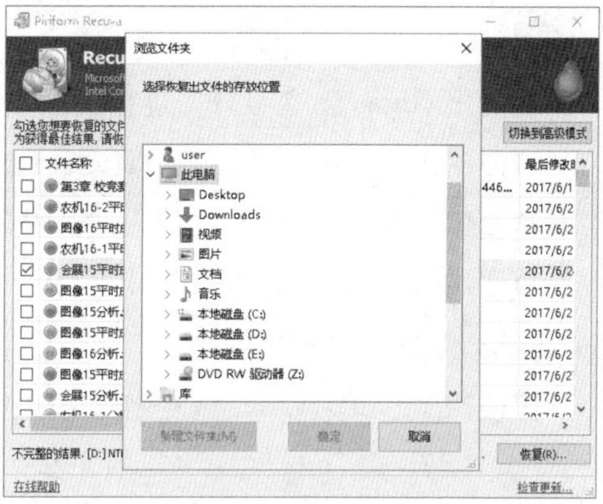

图 14-33　恢复文件界面

计算机数据丢失时，遵循以下守则可以最大限度地保证数据恢复的成功。即在出现数据被误删除时，首先，不要惊慌，立即关闭计算机电源，不要重启机器，其次，不要重装任何软件或安装任何新软件，第三，将误删除数据的硬盘挂接到其他计算机上，并请有经验的技术人员使用反删除恢复工具进行恢复。

习　题

1. 如何通过正确安装、设置 Windows 7 操作系统来优化系统启动速度？
2. 操作系统都有哪些自带的维护程序，各自的作用是什么？
3. 注册表的主键有哪些，包含哪些方面的定义？
4. 常用的注册表修改、备份和恢复方法有哪些？
5. 举例说明如何通过组策略的方式修改计算机？
6. Ghost 的功能有哪些？
7. AIDA64 能检测哪 13 类计算机相关信息？
8. 如何使用 FinalData 恢复数据？
9. 恢复数据前要注意哪些问题？

实训：系统备份、恢复与测试

1 实训目的

(1)通过对硬盘分区的备份、恢复，掌握 Ghost 软件的基本使用方法；

(2)掌握注册表的备份、恢复、导入、导出的基本方法；

(3)掌握系统测试的方法和步骤；

(4)掌握使用第三方工具对丢失文件进行恢复的方法。

②实训方法

(1)使用 Ghost 对硬盘分区进行备份和恢复;

(2)使用操作系统自带备份工具对注册表进行备份、恢复练习;

(3)使用 Regedit. exe 对注册表部分键值进行导出、导入练习;

(4)使用 Everest. exe 测试计算机的各项指标和性能,形成测试报告,并对不同型号计算机的测试结果进行比较分析;

(5)使用 FinalData. exe 恢复删除的数据文件。

情境 6 计算机故障维护与维修

在计算机使用过程中，由于硬件质量、软件环境、参数设置、使用方法等方面的原因，计算机经常会出现故障，故障的种类也是多种多样，有软件引起的故障、硬件引起的故障、有参数设置不当引起的故障、有使用环境不良引起的故障、有计算机病毒引起的故障等。针对出现的各类故障，如何通过现象，诊断故障原因，确定故障类别和位置，是一名计算机维护维修技术人员所必须具备的技能。为此，按工作任务要求，构建计算机故障维护维修的学习情境，以组装完成的计算机为载体，分类别地人为设置典型故障，学生两人一组，分别模拟用户和维修人员，要求按正确的故障判别方法和流程，对故障情况进行询问和诊断，最终确定故障类别和位置，并给出故障解决方案。

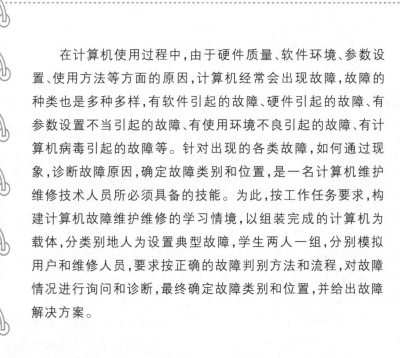

任务15 计算机故障处理

任务实施要点：

知识要求：

- 了解软、硬件类故障的诊断方法
- 掌握网络类故障的诊断方法
- 掌握U盘类故障的诊断方法

技能要求：

- 能够处理常见的软、硬件故障
- 能够诊断并处理由网络、BIOS引起的故障

准备知识导入：

引起计算机故障的原因多种多样，让人难以捉摸。对于普通用户来说，要想准确地找出故障的原因并定位故障部位难度很大，在计算机出现故障时，会感到束手无策。其实，故障产生的原因虽然很多，但是，只要我们细心观察，多加实践，认真总结，就可以掌握诊断处理计算机故障的规律和办法，解决计算机使用过程中出现的问题。

子任务1 计算机常见故障的判别方法

很多初学者刚接触计算机时都有一种恐惧感，认为计算机的故障一定是难以解决的复杂问题。其实，多数故障都是有一定规律可循的。首先对计算机的故障现象进行收集，然后对它们进行准确分析和定位，从而找到正确的方法进行处理。对计算机出现的故障应从以下几方面进行考察。

微课

试机

1. 观察(眼看)

对于一些突如其来的故障，如开机无任何反应；开机风扇转动后自动关机；开机风扇转，屏幕无显示；开机屏幕有显示，在自检画面死机；开机通过自检，无法进入系统。看似类似的表现，背后产生的原因却是多种多样的，所以一定要对计算机所出现的故障仔细观察并记录。除此之外，观察电源、硬盘、键盘上的指示灯是否亮、是否闪烁；电容爆浆(图15-1)、主板烧黑(图15-2)等硬件损坏也很容易通过观察来发现。

2. 耳听

计算机出现故障时发出的声音也是多种多样的，如开机自检的“嘀嘀”声，风扇转动的“呼呼”声，硬盘工作寻道的“咯咯”声，光盘旋转的“嘶嘶”声，都是不同工作状态的表征。

3. 手摸

手摸主要是查看计算机部件的工作温度或者散热器的排风温度，从而判断是否因为过热出现故障。

图 15-1　电容爆浆

图 15-2　主板烧黑

4. 鼻闻

电路在发生短路或者过载时，往往会烧糊电路元器件并发出刺鼻气味，可以通过鼻闻来判断是否出现元器件烧糊损坏现象。

5. 询问

对计算机用户进行询问，了解故障出现的规律和过程，有助于我们对故障的判断定位。

子任务 2　硬件类故障诊断与处理

1. 硬件故障的认定和判断分类

凡是操作系统启动之前发生的故障都可以判定是硬件故障。在操作系统启动过程中和启动以后出现的故障，则需要根据具体情况来分析。

当一个故障基本被确定是硬件故障后，就要对它判断分类，通常使用以下几种方法：

（1）目测法

当观察到有明显故障时，应首先对故障部件进行更换。比如，损坏的电容、烧毁的内存应直接替换。对故障计算机进行彻底除尘清洁也应该在这一步进行。

（2）最小系统法

仅保留主板、内存、CPU、风扇、电源、键盘、显卡和显示器等最基本设备，开机检测是否能够正常工作。如果不能，则进入到下一步；如果能，则逐件增加其他设备并检测，直到找出故障设备。

（3）替换法

用确定可以正常工作的部件逐件替换掉最小系统中的部件，开机检测是否能够正常工作。

（4）软件检测和检测卡法

当没有可用备件时，可以使用故障检测卡（图 15-3），将故障检测卡插入主板插槽，通过卡上显示数字判断故障设备或组件。此种方法在计算机使用 PCI-E 总线时，检测准确性有一定下降。

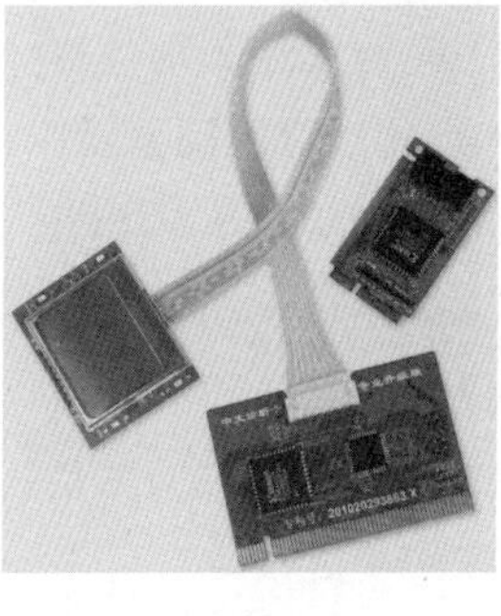

图 15-3　故障检测卡

当计算机仍能够工作但是状态不稳定时，可以使用专用测试软件来检测硬件工作状态，比如检测硬盘的 HD Tune，检测 CPU 的 CPU-Z，检测显卡的 GPU-Z，检测键盘的 Keyboard Test，检测内存的 MemTest，可使用通用检测工具鲁大师，鲁大师也可用于系统性能和稳定性的测试，如图 15-4 所示。

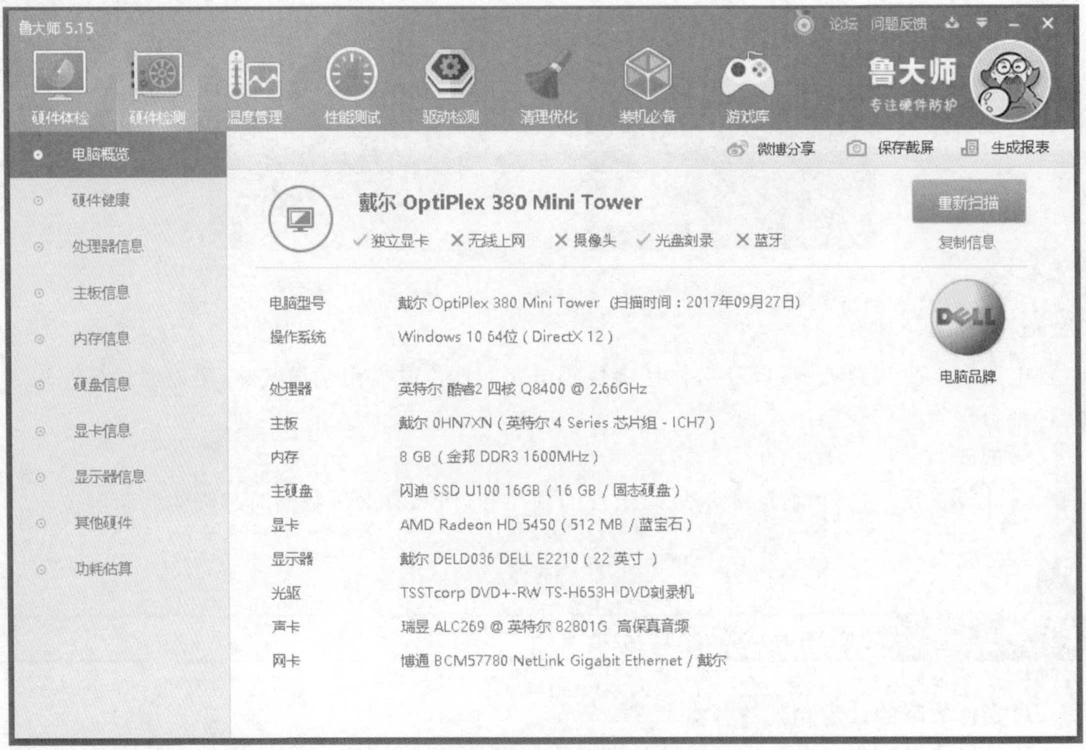

图 15-4 鲁大师软件

(5)其他措施

很多情况下，板卡的插接会出现接触不良的情况，设备本身并无缺陷。需要维修人员将板卡拆除并清洁接脚后重新插接，故障即排除。另外，主板的 BIOS 参数也会在外部强电场干扰下出现混乱而导致无法开机，维修人员也可以尝试恢复 BIOS 设置来解决问题。

2. 硬件故障的分类和处理方法

在确定了发生故障的硬件后，要对其进行修理或处理，通常按照以下几个层次来进行：

(1)非致命性故障

发生非致命性故障的硬件本身并没有损坏，只是因为安装错误、设置问题或电路接脚污损而无法正常工作，只需对其重新安装、恢复默认设置或者清洁后即可恢复正常。

【实例一】

【故障现象】主机所有 USB 接口连接的鼠标都能正常工作，连接任何 USB 摄像头后均无法完整安装驱动程序。

【故障原因】USB 2.0 标准的供电电流是 500 mA，鼠标启动电流是 100 mA，但摄像头则需要将近 400 mA 的启动电流，此计算机主板长期未清理，灰尘很厚，导致 USB 电路漏电，无法驱动摄像头工作。

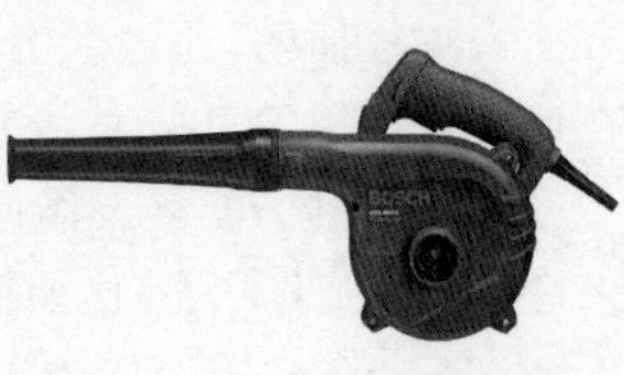

图 15-5 强力吹风机

【故障解决】使用强力吹风机(图 15-5)清除机箱内的浮尘，故障解决。

【实例二】

【故障现象】计算机开机后运行缓慢，直至死机；重启后无法进入系统，关机片刻才能启动。

【故障原因】这是典型的散热不良现象，一般是散热器灰尘过多(图 15-6)或者散热风扇轴承润滑不良导致散热器无法正常散热，CPU 过热保护直至死机。

【故障解决】清除灰尘并给风扇轴承加注适量润滑油。

图 15-6　布满灰尘的机箱

【实例三】

【故障现象】计算机开机自检时一长声报警，无法启动。

【故障原因】一长声报警属于内存故障，通常是内存接触不良，重新拆装后计算机可以开机，但进入系统时仍会蓝屏。进入系统蓝屏，不自动重启仍然是内存插接不良，需要彻底清洁内存接脚。

【故障解决】用软毛刷蘸上分析纯无水酒精擦拭内存插槽，再用面巾纸蘸干后，重新安装内存，系统正常启动。

【实例四】

【故障现象】Asrock AB350m Pro4 主板插上 U 盘不能开机。

【故障原因】Asrock 主板具有 USB 过流保护功能，机箱前置面板 USB 插针在连接主板时线序接错，导致保护被激活，整机无法开机。

【故障解决】重新连接插针后故障排除。

【实例五】

【故障现象】开机后风扇转动 4～5 秒，自检一短声正常后突然关机。

【故障原因】连续按 Power 开关 4 秒后计算机强制关机，如果 Power 开关被污垢卡住无法回位，就会造成计算机强制关机。

【故障解决】用缝纫机油清洁 Power 开关。

【实例六】

【故障现象】开机后风扇转动 4～5 秒后突然关机，检查 Power 开关回位正常。

【故障原因】大部分主板都会在开机时检测 CPU 风扇转速，如果检测不到转速(使用非测速风扇或连接线接触不良)，主板就会出于保护 CPU 过热烧毁目的而强制关机。

【故障解决】重新插接风扇连线(图 3-12)或者在 BIOS 中关闭转速检测。

(2)保修期内的硬件故障

根据《中华人民共和国消费者权益保障法》(以下简称《消费者权益保障法》)，计算机硬件均有时间不等的保修期，生产厂家或销售商对保修期内发生的非人为故障应履行维修或更换的义务，常见硬件的保修期见表 15-1。计算机维修人员对发生在保修期内的硬件故障应尽量联系销售商或者生产厂家维修，以免影响保修期的延续。

表 15-1　常见硬件的保修期

硬件	保修时长	硬件	保修时长	硬件	保修时长
CPU	3 年(盒装)/1 年(散装)	内存	3 年	光驱	6 个月～1 年
主板	1～3 年	硬盘	2～3 年	闪存盘	1～3 年
电源	1～3 年	显卡等板卡	1～3 年	音箱	1 年
显示器	1～3 年	鼠标、键盘	3～6 个月		

品牌计算机的保修期和散装硬件不同，一般是整机 1 年、主要部件 3 年。

【实例】

【故障现象】TP-Link 无线路由器购买半年后不工作，购物发票丢失。

【故障原因】《消费者权益保障法》要求售后服务时需提供购买凭证，无购买凭证需提供购买日期证明，通过厂家查询此网卡序列号，发现距出厂时间不满一年。

【故障解决】正常售后更换。

(3)简单损坏故障

超出保修期的故障部件需要用户自行维修，对于简单故障，比如图 15-1 中的电容爆浆故障，只需让专业维修人员更换同规格的电容即可修复，费用较低。一般来说，计算机板卡中 PCB 板上的插接件(不包括芯片)更换费用都不高，但是需要专业人员操作。

【实例一】

【故障现象】冬季，计算机开机无法点亮，运转一段时间后可以点亮，但不稳定。

【故障原因】这是比较典型的主板电容失效的初期表现，当气温下降时，失效的电解电容容量变低，CPU 供电不正常，无法点亮；运行一段时间后温度上升，可以点亮，但是长时间工作的话会不稳定。

【故障解决】拆下主板，更换失效电容。维修人员需要注意，在故障部件换下前，所有检测都是不准确的。

【实例二】

【故障现象】内存工作不稳定，易蓝屏、死机，擦拭插槽后不能彻底解决问题。

【故障原因】计算机主板在长期工作之后，插槽内的金属卡子/片发生老化，弹性和夹持力下降，不能保证信号畅通，需要更换。

【故障解决】拆下主板，更换内存插槽。同样的，显卡 PCI-E、PCI、VGA 和 USB 等插口(图 15-7)都可以更换。

图 15-7　USB 插座备件

【实例三】

【故障现象】计算机开机后风扇转动 4～5 秒后突然关机，电源开关及主板均无异常。

【故障原因】主机电源内易积存灰尘，如果长期不清理会影响散热，导致内部电解电容失效，表现即为开机后自动关机。

【故障解决】拆开电源，更换失效电容。用户应及时清理主机内灰尘，可以有效降低故障率。

【实例四】

【故障现象】计算机显示器使用 VGA 接口，开机后无蓝色显示。

【故障原因】一般是由于接口断针或视频信号线断线造成的。

【故障解决】更换信号线或者显卡 VGA 插座。

(4)复杂故障

硬件的复杂故障主要包括逻辑芯片损坏、PCB 内部走线断路、重要组件(如激光光头)烧毁和硬盘坏道等，这些故障自行维修费用较高，而且维修后仍存在再次发生的隐患，所以建议用户直接更换替代部件。

【实例】

【故障现象】按下主机电源，无法开机，电源检查电源供电正常。

【故障原因】打开主机箱，观察到主板北桥芯片有明显烧坏痕迹。

【故障解决】购买二手良品主板，直接更换。

(5)需要软件来修复的硬件故障

很多硬件内部用寄存器或闪存芯片存放设置信息和微代码，这些代码直接影响到硬件的工作模式和功能，当它们和现有工作模式冲突时，即表现为硬件故障。处理方法为使用专用软件修改或更新微代码及设置信息，故障即排除。

【实例一】

【故障现象】华硕 H110M-PLUS 主板升级安装酷睿 i5-7500 处理器，主机开机但不工作。

【故障原因】主板原来安装的是酷睿 i3-6100，使用 Sky Lake 核心，而升级后的 i5-7500 使用的是 Kaby Lake 核心，主板未能认出，需要更新启动微代码，即更新 BIOS。

【故障解决】装回旧处理器，使用华硕官方工具 ASUS EZ Update 更新 2016 版 BIOS 再安装新处理器，如图 15-8 所示。

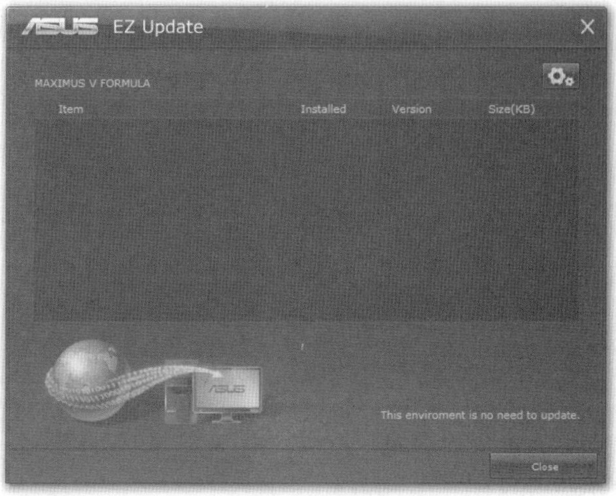

图 15-8　ASUS EZ Update 软件

【实例二】

【故障现象】一台计算机，预安装了 Windows 10，用户改回 Windows 7，GHOST 恢复 C 盘后无法正常加载操作系统。

【故障原因】Windows 10 默认使用 GPT 分区表，会把硬盘改为 UEFI 引导模式，而部分快速安装的 Windows 7 是基于 MBR 分区表启动。某些安装过 Linux 的硬盘重装 Windows 时也会遇到此问题。

【故障解决】进入 BIOS 设置，关闭“SECURE BOOT”选项，打开“LEGOCY BOOT”，保存重启就可排除故障。

【实例三】

【故障现象】一台计算机安装了硬盘保护软件后无法彻底删除分区并格式化。

【故障原因】硬盘保护软件通常会在硬盘保留扇区内注入私有指令，将硬盘数据命令的执行转移至虚拟分区以实现保护数据不被破坏的目的，但一些用户未能使用专用卸载工具卸载这类软件，造成保留扇区数据残留，影响硬盘正常操作。

【故障解决】将故障硬盘挂载到正常计算机上作为辅盘，运行 DiskGenius 工具，执行“硬盘”菜单中的“清除保留扇区”命令。如果效果不理想，可再用实例二中的方法并使用 Windows 10 安装光盘分区格式化，如图 15-9 所示。

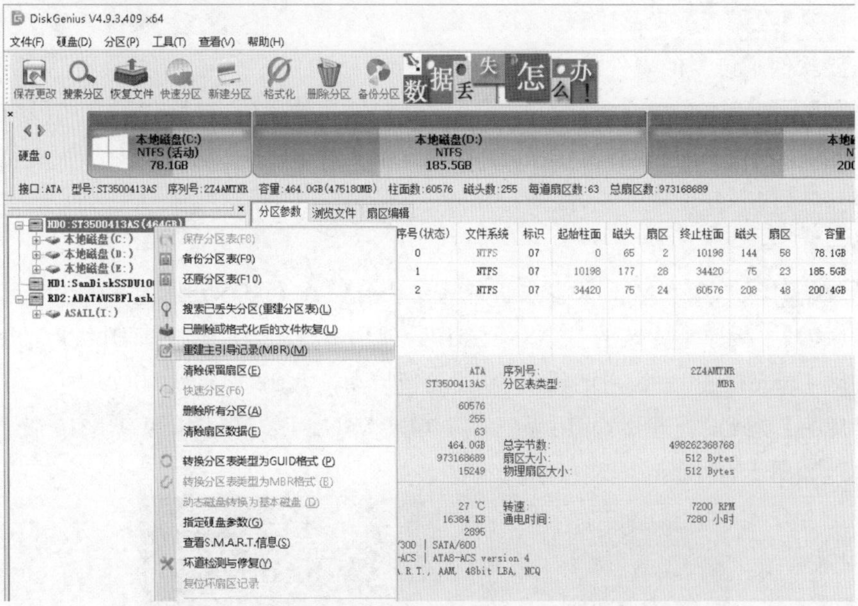

图 15-9 DiskGenius 工具

子任务 3 软件类故障诊断与处理

随着计算机硬件技术的不断发展，硬件部分集成度越来越高，硬件故障相对减少。即使硬件发生故障，也都采用板卡级的维修，更换板卡即可。相反大多数的计算机故障都是软件故障。软件越来越庞大，种类繁多，故障现象也越来越复杂。

1. 软件类故障的判定

所有软件故障都发生在计算机完成自检启动系统之后，但在这期间出现的故障并不都是软件故障，这就需要维修人员对故障的类型进行认定。下面介绍一下软件故障的判定方法和现象：

(1)当确定计算机硬件无故障时，即可判定为软件故障。

这种方法虽然看起来简单，但却要谨慎使用。现代计算机硬件架构十分复杂，在没有专用检测设备的情况下，即使是一台全新计算机，也很难做出硬件完全无故障的结论。所以此方法仅仅是备用方案。

(2)安装或打开特定软件发生异常。

(3)计算机运行速度无故变慢但不死机，计算机也无散热问题。

(4)屏幕经常显示异常界面，如图 15-10 所示。

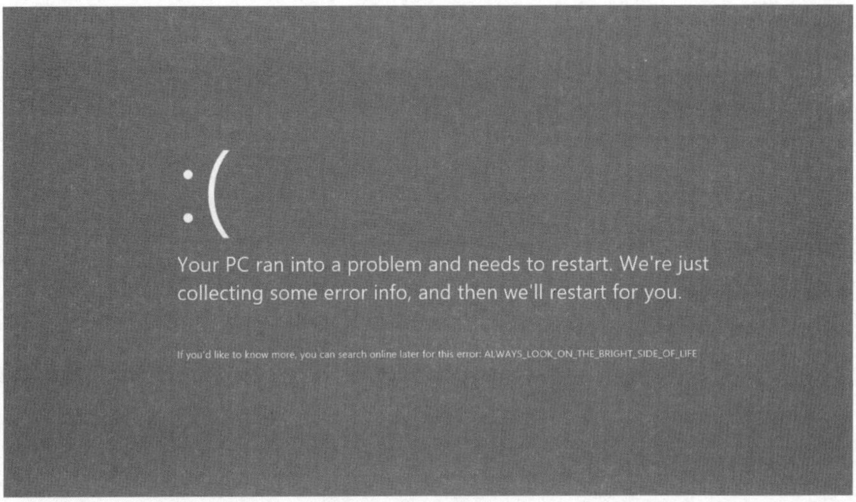

图 15-10　软件异常提示

(5)硬盘可用空间迅速减少，出现大量未知文件。

(6)系统启动中黑屏重启。

(7)硬盘灯在未操作时长时间闪烁，并能听到磁头寻道的“咯咯”声。

(8)单一文件无法被正常打开。

(9)文件丢失。

(10)系统启动后自动加载大量启动项。

软件故障的表现因为软件的多种多样而显得非常复杂，可以总结为“不正常”或者“怀疑不正常”，需要维修人员特别仔细地观察判断，在很多时候甚至最终也无法判断症结所在。

2. 软件故障的分类

软件故障的表现虽然复杂，但从其发生的机理上却很容易分类。

(1)伪故障

伪故障并非是计算机的硬件或软件出现故障，一般是因为硬件比较落后，运行速度较慢导致软件运行看起来不正常，一些用户怀疑出现故障。维修人员在检修之前应先了解计算机硬件配置，避免伪故障的干扰。

(2)应用软件引起的故障

应用软件引起的故障一般表现为某个软件工作不正常。

(3)病毒、木马程序引起的故障

通俗地说，计算机突然出现“莫名其妙”的不正常。这类故障只有在了解了一些病毒发作的症状及常栖身的地方才能准确地观察到。如硬盘引导时经常出现死机、系统引导时间较长、运行速度很慢、不能访问硬盘、出现特殊的声音或提示等故障时，我们首先要考虑的是病毒引起的故障。

(4)操作系统引起的故障

操作系统引起的故障表现为变慢、死机、黑屏、蓝屏或不启动等。

(5)硬件驱动程序引起的故障

目前表现为某个软件工作时(一般是大型游戏)声音、显示或者网络连接不正常。

3. 常见软件故障的排除

排除软件故障一般需要按照阶段法来进行，本着从易到难，从应用软件到操作系统的原则来逐步进行。

(1)重新安装应用软件

当某个特定的应用软件出现故障时，可以先将这个软件卸载重装，也可以换用同类型软件替代。

【实例一】

【故障现象】QQ2013 无法登录网络。

【故障原因】腾讯公司的 QQ 软件经常升级登录协议，老版本 QQ 已经过了支持期，无法自行更新，也无法登录。

【故障解决】卸载 QQ2013，安装新版本的 QQ2017。

【实例二】

【故障现象】使用 AMD 显卡的计算机使用终极解码软件不能播放电影。

【故障原因】很多使用 AMD 显卡的计算机通过 Ghost 安装 Windows XP 操作系统，再安装终极解码后，因操作系统中的 VC++运行库被精简，容易发生无法播放电影甚至无法进入桌面的情况，重新安装新版本终极解码无效。

【故障解决】安装与之功能类似的完美解码或射手影音软件。

(2)使用杀毒软件对全盘扫描杀毒

如果明确是病毒引起的故障，使用杀毒软件对全盘扫描杀毒应提前进行。

微课

网络工具安装

【实例一】

【故障现象】360 杀毒软件提示有病毒，但无法彻底查杀。

【故障原因】杀毒软件在自身感染病毒和系统进程调用病毒文件时，是无法删除染毒文件的，需要借助第三方系统查杀。

【故障解决】将有病毒的硬盘挂载至正常计算机作为辅盘，再对其查杀。某些病毒具有很强的感染力，硬盘挂载后，不要在资源管理器中打开，直接查杀。

【实例二】

【故障现象】操作系统安装两个杀毒软件后运行缓慢。

【故障原因】杀毒软件都自带病毒特征码库，但其他杀毒软件无法辨别这是否是真的病毒，于是出现了两个杀毒软件“互掐”的情况。

【故障解决】卸载其中一个杀毒软件。提示：一个操作系统应安装并只能安装一个杀毒软件。

(3)使用金山卫士等工具修复，如无效则重新安装操作系统

类似工具还有 360 安全卫士、腾讯管家等，维修人员均可尝试。重新安装操作系统之前必须对相关文件进行备份，如果不确定哪些文件需要备份，则应对整个 C 盘进行备份。

(4)出现声卡无法驱动的情况

Windows 10 的自动更新功能能够安装大部分的设备驱动程序，但某些声卡只能运行在“High Difinition Audio”通用驱动状态，如图 15-11 左侧所示，内置喇叭可以工作，但插入耳机或者外接音箱时不能正确识别。这时就需要手工安装驱动程序，安装完后如图 15-11 右侧所示。故障排除。

微课

声卡驱动

图 15-11　通用驱动与专用驱动

子任务 4　网络类故障诊断与处理

网络已成为人们生活的重要组成部分，网络中可能出现的故障总是多种多样，往往解决一个复杂的网络故障需要广泛的网络知识与丰富的工作经验，这给计算机维护人员提出了更高的要求。

1. 网络故障的分类

按照网络故障不同性质划分：

(1)物理故障。物理故障指的是设备或线路损坏、插头松动、线路受到严重电磁干扰等情况。

网络管理人员通常在故障端使用“ping”网关命令来测试网络是否连通，如果出现“request time out”信息，表明网络不通。还可以继续通过某些图形化工具抓取网络包来确认测试结果，如图 15-12 所示。

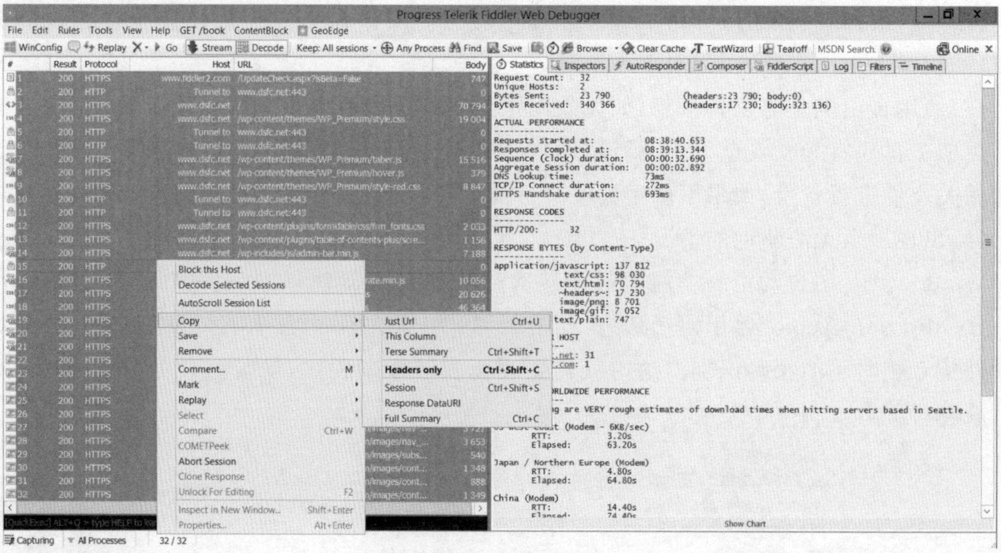

图 15-12 局域网抓包工具

(2)逻辑故障。逻辑故障中最常见的情况是配置错误,是指由网络设备的配置不正确而导致的网络异常或故障。配置错误可能是路由器或网卡端口参数设定有误,或路由器路由配置错误导致路由循环或找不到远端地址,或者是路由掩码设置错误等。

另一类逻辑故障就是一些重要进程或端口关闭,以及系统的负载过高,服务端拒绝服务。还有一种常见情况是路由器设计容量偏小,负载过高,影响网络服务质量,最直接的办法是更换路由器。

2. 导致计算机上网速度过慢的原因及处理方法

网速过慢是极易产生又很难解决的网络故障,归纳原因如下:

(1)网络自身服务能力有限

要连接的目标网站所在的服务器带宽不足或负载过大。处理办法很简单,利用空闲时段再连接或者换个目标网站。

(2)网线质量问题导致网速变慢

网络中常用的传输介质是双绞线,双绞线本身的质量和制作工艺是影响网络传输速度和质量的主要因素。双绞线质量差,在数据传输过程中,将产生更大的衰减和干扰,导致网络速度慢,接收到信号质量差;不按正确标准(T586A、T586B)制作的网线,造成线对间串扰和噪声,使网络传输速度变慢。

(3)网络设备硬件老化引起的广播风暴而导致网速变慢

当网卡或网络设备老化失效后,计算机端检测到大量误码,会不停地发送广播确认包,从而导致广播风暴,使网络通信陷于瘫痪。当怀疑有此类故障时,首先可采用置换法替换交换机来排除设备故障,如果设备没有故障,可在命令提示符下用 Ping 命令对所涉及的计算机逐一测试,找到有故障的计算机,更换新的设备即可恢复网速正常。网卡、交换机是最容易出现故障引起网速变慢的设备。

(4)网络中某个端口形成了瓶颈导致网速变慢

实际上,路由器的广域网端口和局域网端口、交换机端口和服务器网卡等都可能成为网络瓶颈。当网速变慢时,我们可在网络使用高峰时段,利用网管软件查看路由器、交换机、服务器端口的数据流量；也可用 Netstat 命令统计各个端口的数据流量。对这些情况，可以将内网升级为 GB 级、安装多个网卡、划分多个 VLAN、改变路由器 QoS 配置等，都可以有效地缓解网络瓶颈，最大限度地提高数据传输速度。

(5)病毒的影响导致网速变慢

计算机感染木马病毒和其他网络病毒后，会向网络中发送大量数据包，挤占网络带宽。某些网络欺骗病毒，如 ARP 伪装攻击病毒还会伪造 MAC 地址造成大量丢包，使网速明显变慢，使局域网近于瘫痪。因此，我们必须及时升级操作系统、安装系统补丁程序，及时升级所用杀毒软件，同时卸载不必要的服务、关闭不必要的端口，以提高系统的安全性和可靠性。

3. 典型网络故障实例

【实例一】

【故障现象】一间办公室，增加了内线电话总机后，网络速度突然下降。

【故障原因】经检查，布线人员使用了双绞线中闲置的线对传输语音信号，增加内线电话总机后，干扰加大，导致网速下降。

【故障解决】独立使用电话线或者使用屏蔽性双绞线。

【实例二】

【故障现象】网络中有用户使用迅雷、BT 等 P2P 下载工具，大量挤占有限带宽，造成其他用户网速很慢。

【故障原因】控制特定用户的带宽需要使用网络层设备，路由器和三层交换机均可以实现带宽控制功能。路由器可以按照 IP 地址来控制带宽，三层交换机更可以按照物理端口来控制带宽。

【故障解决】打开路由器中的 QoS 功能，限制每个用户的最大带宽，如图 15-13 所示。

图 15-13　斐讯 K2 路由器 QoS 界面

【实例三】

【故障现象】无线客户端接收不到 WiFi 信号或者信号太弱。

【故障原因】无线路由器的发射功率一般为每通道 50～100 mW，现代建筑大量使用钢筋混凝土承重墙，信号穿透能力较弱。需要使用辅助硬件设备加强无线信号。

【故障解决】可以采用以下方法进行解决：

(1)架设信号中继 AP,覆盖全部区域。

(2)换用高增益的全向或定向天线(图 15-14),增强信号发送、接收能力。

(3)换用多天线 AP 或路由器(图 15-15),增大信号发射总功率。

图 15-14　多通道室内全向天线

图 15-15　多天线路由器

子任务 5　笔记本计算机故障诊断与处理

笔记本计算机(NoteBook Computer,简称为 NoteBook)是一种小型、可方便携带的个人计算机。笔记本计算机跟台式计算机的主要区别在于其将全部硬件集成至小型的机身内部以提高携带性,但也因此导致大量硬件故障无法由用户修理,只能由专业人员维修。

1. 笔记本计算机常见故障分类

(1)操作故障。严格来说这种问题并不算是故障,因为笔记本计算机从外观到组成都和台式计算机有较大差别,造成二者操作上也有很大不同,这是用户未能充分阅读说明书不了解其特性造成的。

(2)软件故障。笔记本计算机比台式计算机增加了一些特殊的控制单元,比如屏幕开合检测、电池容量检测、指纹识别模块、内置麦克风和摄像头以及外接充电等功能单元,这些功能单元需要专门的软件或驱动程序来支持其工作,如果这类软件出现故障,是不能通过台式计算机的维修经验来解决的。

2. 笔记本计算机常见故障实例

【实例一】

【故障现象】联想小新 air13 笔记本计算机无法进入 BIOS 设置。

【故障原因】和台式计算机不同,笔记本计算机进入 BIOS 设置一般不使用 Delete 键作为快捷键,而是使用“F2”“F8”“Enter”等键。而小新系列笔记本计算机使用专门的微动开关作为快捷键进入 BIOS。

【故障解决】在笔记本计算机左侧耳机插孔旁,找到系统还原插孔,如图 15-16 所示。在关机状态下使用针尖触动孔内微动开关,即可进入 BIOS 设置。

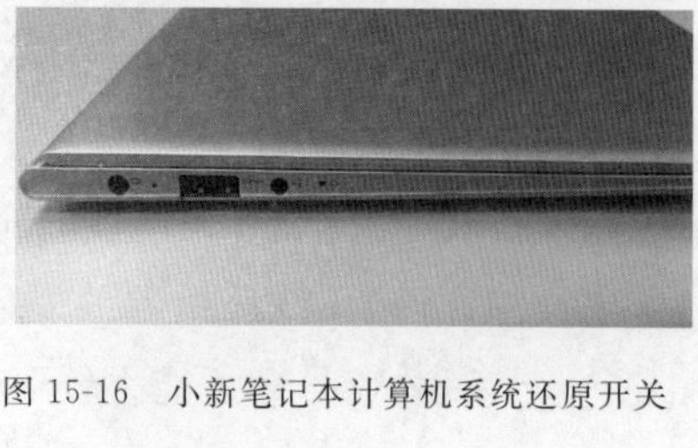

图 15-16　小新笔记本计算机系统还原开关

【实例二】

【故障现象】清华同方锋锐 S10U 计算机无法使用快捷键控制 CPU 进入睿频状态。

【故障原因】在安装了 Window10 系统后，锋锐 S10U 的 F3 键可以实现内外显示器的切换，但键盘的 F2 键却不能实现处理器睿频加速，快捷键如图 15-17 所示。原因是内外显示切换属于基本功能，而手动睿频加速属于扩展功能，Windows 10 的 IME 驱动并未内置此项功能。

【故障解决】安装清华同方官方网站提供的 OSD 快捷键驱动，即可解决。

图 15-17　清华同方 S10U 快捷键布局

【实例三】

【故障现象】笔记本计算机 CPU 散热器除尘效果不明显。

【故障原因】笔记本计算机的散热器一般使用热管连接鳍片结构，空间很小，如图 15-18 所示。正常的气流除尘无法将灰尘通过鳍片间隙吹至计算机外部。只能反方向除尘。

【故障解决】拆开笔记本计算机底盖，用嘴对着笔记本计算机机身的出风口向内用力吹，之后用软毛刷子清理吹至机身内部的灰尘，效果很好。

图 15-18　笔记本计算机散热器外观结构

子任务 6　BIOS 故障诊断与处理

BIOS 的作用是在开机时就测试装在主板上的部件是否处在正常状态，能否正常工作，并提供驱动程序接口，设定系统相关配备的状态。若设置或升级不当，会影响机器的正常使用。下面介绍几个常见的 BIOS 故障实例。

【实例一】

【故障现象】开机后自检提示 BIOS 设置丢失，每次均需按下 F1 键才能继续启动。

【故障原因】如果每次都出现此情况，一般是由主板上存储时间和设置的 CR2032 纽扣锂电池电量耗尽造成的，也可能是电池触点接触不良或者漏电引起的。

【故障解决】清除电池插座氧化污垢并更换新电池。

【实例二】

【故障现象】Intel LGA 1151 接口处理器的计算机，安装 Windows 7 操作系统后，USB 鼠标键盘无法使用。

【故障原因】Intel 从第六代酷睿开始，使用 XHCI 模式管理 USB 接口，Windows 10 之前的操作系统并未内置 XHCI 驱动程序，而安装此驱动需要使用鼠标和键盘操作计算机，由此进入死循环。

【故障解决】在 BIOS 中修改“USB Keyboard/Mouse Emulation”选项为“Enable”。模拟传统管理方式，即可解决问题。

【实例三】

【故障现象】技嘉 B250M-DS3H 主板开机后 CPU 风扇转速太高，噪声过大。

【故障原因】4 针 CPU 风扇不但可以检测转速，还可以使用 PMW 技术控制风扇转速，使散热和噪声达到一个平衡点。但这项功能需要在 BIOS 中启用。

【故障解决】进入 BIOS 设置，找到“PC Health Status”选项，进入“CPU Fan Speed Control(CPU 智能风扇转速控制)”子选项，根据需要将设置值从“Disable(禁止)”改为“Normal(正常)”“Silent(安静)”或“Manual(手动)”中的一项，保存退出后重启即可。

知识拓展：自检程序在故障检测中的应用

计算机故障现象表现形式多样，主要有：屏幕无显示；发出异常的报警声音；给出相关的错误提示；有关的指示灯不亮等。在分析故障的过程中，首先需要清楚计算机的启动过程，然后根据故障的现象，按照先易后难的原则进行细化和排查。

第一步，计算机加电后，电源指示灯亮，如果电源指示灯不亮，应检查电源线两端的插头是否接好，220V 电源是否正常工作，计算机电源是否有问题。可运用替换法换接一个好的电源进行试验和排除。

第二步，POST 自检程序将先后检测计算机的各组成部件，POST 首先检测 CPU、主板、基本的 640 KB 内存和 ROM BIOS 的测试，以保证程序的基本运行；然后初始化显示卡、测试显示内存、检测显示器接口，以保证基本的显示输出；如果是冷启动，检测扩展内存、检测 CMOS 的完整性，并根据 CMOS 中的设置对键盘、软驱、硬盘及 CD-ROM 进行检测，对串/并行口及其他部件进行检查。

从上述检测过程来看，如果电源、CPU、主板、基本内存、显示卡或 BIOS 本身存在严重故障，分两种情况，一是 POST 根本无法运行，即机器加电后没有任何反应(没声音、没显示)就死机，原因有：BIOS 程序被 CIH 病毒破坏，电源故障，CPU 故障，内存故障，主板故障，接触故障，CMOS 设置故障等；二是 POST 能够运行，但检测到致命错误而无法继续，此时由于显示系统还未进行检测和初始化或初始化失败，因此，POST 只能以声音的长短和多少给出有关的错误信息。所以一定要保持小喇叭正常工作，因为此间的喇叭声音是唯一获取错误信息的途径。目前市场上两家主要 BIOS 提示信息的对应关系见表 15-2。

表 15-2　　常见 BIOS 自检声音报告信息

AMI BIOS		Award BIOS	
声音长短	故障对应及解决方法	声音长短	故障对应及解决方法
1 短	内存刷新失败	1 短	系统正常启动
2 短	内存 ECC 校验错误。对于服务，应更换内存；如果是普通计算机，可在 CMOS 中将 ECC 校验设为 Disabled	2 短	CMOS 校验错误，需重新设置参数
3 短	640 KB 基本内存检测失败	1 长 1 短	内存或主板错误

（续表）

AMI BIOS		Award BIOS	
声音长短	故障对应及解决方法	声音长短	故障对应及解决方法
4 短	系统时钟错误	1 长 2 短	显示卡错误
5 短	CPU 错误	1 长 3 短	键盘控制器错误
6 短	键盘控制器错误	1 长 9 短	存储 BIOS 程序的 Flash ROM 或 EPROM 芯片局部错误
7 短	系统实模式错误，不能切换保护模式	不停地（长声）	内存条未插紧或内存条损坏
8 短	显示内存错误	不停地（短声）	电源故障
9 短	ROM BIOS 奇偶校验和错误		
1 长 3 短	内存错误		
1 长 8 短	显示卡错误		

从上述声音表示的错误类型来看，属于硬件错误的主要有：CPU、内存、显示卡、BIOS 程序、电源、主板和键盘控制器。具体故障的排除方法如下：

CPU、内存和显示卡故障属于常见故障，而且多数情况属于接触不良问题，我们可以通过重新安装、换位置安装或替换法来排除相应的故障。

键盘控制器错误是指主板上的键盘接口芯片出现故障，应等同于主板故障。对于电源和主板故障，由于涉及的电路原理较深，建议采用替换法进行排除。

对于 BIOS 程序损坏，可以用专门的 Flash ROM 编程器进行重写，也可以采用热插拔法进行重写（此法比较危险，操作不当有烧坏主板的可能），还可以请主板经销商或专业维修公司进行重写。

如果不存在上述的致命性故障，POST 将通过显卡 BIOS 对显卡进行初始化，同时会在屏幕上显示显卡的有关信息（如生产厂商、图形芯片类型、显存容量等）以及其他设备的检测结果和信息。只是在机器正常的情况下，该显示画面几乎是一闪而过，要想看清其显示内容，需要及时按 Pause 键来暂停 POST 程序的运行。但是，当 POST 检测到错误时，也会自动暂停并给出相应的提示信息。所以，维修人员一定要关注计算机在启动过程中给出的提示信息，并据此排除相应的故障。

小常识：常见的屏幕报错信息及处理方法。

在计算机使用过程中，如果出现故障，系统的诊断程序会将相应的错误提示信息显示到屏幕上，用户通过提示了解计算机故障的原因，诊断故障的部位，以下是一些常见的屏幕报错信息。

（1）错误提示信息：CMOS Battery State LOW。解释：系统中有一个用于存放 CMOS 参数的电池，该提示的意思是该电池已用完需更换。

（2）错误提示信息：CMOS Checksum Error-defaults Loaded。解释：这种现象多半是因为主板 CMOS 电池没电了，请换新电池。倘若在换电池后依然很快出现类似情况，那就可能是主板质量有问题了，例如某些电容漏电，请更换或送修。

（3）错误提示信息：CMOS Checksum Failure。解释：CMOS 参数被保存后，会产生一个代码值，该值是供错误检查时使用的。若读出的值和该值不相等，则会出现此错误信息，改正此错误须运行 BIOS 设置程序。

（4）错误提示信息：CMOS System options not set。解释：存放在 CMOS 中的参数不存在

或被破坏。运行 BIOS 设置程序可改正此错误。

(5)错误提示信息:CMOS Display type mismatch。解释:存储在 CMOS 中的显示类型与 BIOS 检查出的显示类型不一致。运行 BIOS 设置程序可改正。

(6)错误提示信息:CMOS time & date not set。解释:CMOS 的时间和日期未设置。更正方法:运行 BIOS 设置程序,为 CMOS 设置日期和时间。

(7)错误提示信息: CMOS Memory Size Mismatch。解释:若 BIOS 发现主板上的内存大小与 CMOS 中存放的数值不同,则产生此错误信息,可运行 BIOS 设置程序改正该错误。

(8)错误提示信息:Keyboard Error。解释:首先检查键盘是否接好,主板键盘接口是否有损坏。如果排除此类问题,考虑键盘与 CMOS 中设置的键盘检测程序不兼容或 POST 自检时用户按住键时均会出现上面的错误。请检查计算机中是否安装了该 CMOS 中的键盘接口,设置为"NOT INSTALLED"(未安装)。这样 BIOS 设置程序将略过键盘的 POST 例程。另外,在 POST 自检时不要按住键盘。

(9)错误提示信息:"Cache Memory Bad,Do not enable Cache!"。解释:错误提示,这是 BIOS 发现主板上的高速缓冲内存已损坏,请用户找厂商或销售商解决这个问题。

(10)错误提示信息: Address Line Short。解释:开机出现"Address Line Short"错误提示,这一般是主板的译码电路地址出现了问题。通常须更换主板。

(11)错误提示信息: Unable to ControL A20 Line。解释:开机后屏幕显示 Error: Unable to ControL A20 Line 出错信息后死机,这是内存条与主板插槽接触不良、内存控制器出现故障的表现。仔细检查内存条是否与插槽保持良好接触或更换内存条。

(12)错误提示信息:Memory Allocation Error。解释:这是因 Confis. exe 等内存管理文件设置 Xms. ems 内存或者设置不当引起的,使得系统只能使用 640 KB 基本内存,运行的程序稍大就会出现"Out of Memory"(内存不足)的提示,无法操作。这些现象均属于软件故障,编写好系统配置文件 Config sys 后重新启动系统即可。

(13)错误提示信息:DMA Error。解释:开机出现"DMA Error"错误提示。这是主板上的 DMA 控制器出现了错误。通常须更换主板。

(14)错误提示信息:c:drive failure run setup utility, press (f1) to resume。解释:这类故障是硬盘参数设置不正确引起的,可以用软盘引导硬盘,但要重新设置硬盘参数。

习 题

1. 因 CPU 设置不当而导致的故障有哪几种?
2. 结合自己的实际情况,说出几种光驱、硬盘故障及相应的处理办法。
3. 简述显示器常见故障及处理方法。
4. 简述显卡常见故障及处理方法。
5. 音箱无声的原因有哪几种?

实训:计算机故障诊断与排除

主机故障诊断和排除

1 实训目的

(1)掌握常见的计算机故障诊断方法和步骤。

(2)掌握插拔法、替换法和清洁法在计算机故障处理中的使用方法。

2 实训内容

(1)对本学校计算机实验室内有故障的机器进行故障诊断和排除。

(2)开机观察故障现象。根据现象,分组讨论并分析故障的可能性。

(3)由 1～2 名学生动手,运用最小系统插拔法,找出故障范围。每进行一步,都记录故障现象的变化,直到找出故障所在位置。

(4)进行故障排除的处理。将排除的方法和步骤记录下来。

(5)进一步全面检查计算机的其他部件是否能正常运行,发现故障,进行故障排除的处理。

软件故障诊断和排除

1 实训目的

(1)掌握软件故障诊断和排除的方法步骤。

(2)能够处理常见的操作系统和应用软件故障。

2 实训内容

(1)找一台操作系统或其他应用软件不能运行的机器。

(2)分析故障原因,然后与教师讨论确认。

(3)根据故障原因,和同学一起研究确定故障的解决方案,然后由 1～2 名同学进行处理。

参考文献

[1]那君.计算机维护与维修[M].北京:清华大学出版社,2013.
[2]刘瑞新.计算机组装与维护教程[M].5版.北京:机械工业出版社,2011.
[3]宋强.计算机组装与维护标准教程[M].北京:清华大学出版社,2013.

附　录

附录 A　国务院办公厅关于建立政府强制采购节能产品制度的通知

国办发〔2007〕51 号

各省、自治区、直辖市人民政府，国务院各部委、各直属机构：

《国务院关于加强节能工作的决定》(国发〔2006〕28 号)和《国务院关于印发节能减排综合性工作方案的通知》(国发〔2007〕15 号)提出，为切实加强政府机构节能工作，发挥政府采购的政策导向作用，建立政府强制采购节能产品制度，在积极推进政府机构优先采购节能(包括节水)产品的基础上，选择部分节能效果显著、性能比较成熟的产品，予以强制采购。经国务院同意，现就有关问题通知如下：

一、充分认识建立政府强制采购节能产品制度的重要意义

近年来，各级国家机关、事业单位和团体组织(以下统称政府机构)在政府采购活动中，积极采购、使用节能产品，大大降低了能耗水平，对在全社会形成节能风尚起到了良好的引导作用。同时也要看到，由于认识不够到位，措施不够配套，工作力度不够等原因，在一些地区和部门，政府机构采购节能产品的比例还比较低。目前，政府机构人均能耗、单位建筑能耗均高于社会平均水平，节能潜力较大，有责任、有义务严格按照规定采购节能产品，模范地做好节能工作。建立健全和严格执行政府强制采购节能产品制度，是贯彻落实《中华人民共和国政府采购法》以及国务院加强节能减排工作要求的有力措施，不仅有利于降低政府机构能耗水平，节约财政资金，而且有利于促进全社会做好节能减排工作。从短期看，使用节能产品可能会增加一次性投入，但从长远的节能效果看，经济效益是明显的。各地区、各部门和有关单位要充分认识政府强制采购节能产品的重要意义，增强执行制度的自觉性，采取措施大力推动政府采购节能产品工作。

二、明确政府强制采购节能产品的总体要求

各级政府机构使用财政性资金进行政府采购活动时，在技术、服务等指标满足采购需求的前提下，要优先采购节能产品，对部分节能效果、性能等达到要求的产品，实行强制采购，以促进节约能源，保护环境，降低政府机构能源费用开支。建立节能产品政府采购清单管理制度，明确政府优先采购的节能产品和政府强制采购的节能产品类别，指导政府机构采购节能产品。

采购单位应在政府采购招标文件(含谈判文件、询价文件)中载明对产品的节能要求、对节能产品的优惠幅度，以及评审标准和方法等，以体现优先采购的导向。拟采购产品属于节能产品政府采购清单规定必须强制采购的，应当在招标文件中明确载明，并在评审标准中予以充分体现。同时，采购招标文件不得指定特定的节能产品或供应商，不得含有倾向性或者排斥潜在供应商的内容，以达到充分竞争、择优采购的目的。

三、科学制定节能产品政府采购清单

节能产品政府采购清单由财政部、发展改革委负责制订。列入节能产品政府采购清单中的产品由财政部、发展改革委从国家采信的节能产品认证机构认证的节能产品中，根据节能性能、技术水平和市场成熟程度等因素择优确定，并在中国政府采购网、发展改革委门户网、中国节能节水认证网等媒体上定期向社会公布。

优先采购的节能产品应该符合下列条件：一是产品属于国家采信的节能产品认证机构认证的节能产品，节能效果明显；二是产品生产批量较大，技术成熟，质量可靠；三是产品具有比较健全的供应体系和良好的售后服务能力；四是产品供应商符合政府采购法对政府采购供应商的条件要求。

在优先采购的节能产品中，实行强制采购的按照以下原则确定：一是产品具有通用性，适合集中采购，有较好的规模效益；二是产品节能效果突出，效益比较显著；三是产品供应商数量充足，一般不少于 5 家，确保产品具有充分的竞争性，采购人具有较大的选择空间。财政部、发展改革委要根据上述要求，在近几年开展的优先采购节能产品工作的基础上，抓紧修订、公布新的节能产品政府采购清单，并组织好节能产品采购工作。

四、规范节能产品政府采购清单管理

节能产品政府采购清单是实施政府优先采购和强制采购的重要依据，财政部、发展改革委要建立健全制定、公布和调整机制，做到制度完备、范围明确、操作规范、方法科学，确保政府采购节能产品公开、公正、公平进行。要对节能产品政府采购清单实行动态管理，定期调整。建立健全专家咨询论证、社会公示制度。采购清单和调整方案正式公布前，要在中国政府采购网等指定的媒体上对社会公示，公示时间不少于 15 个工作日。对经公示确实不具备条件的产品，不列入采购清单。建立举报制度、奖惩制度，明确举报方式、受理机构和奖惩办法，接受社会监督。

五、加强组织领导和督促检查

各有关部门要按照职责分工，明确责任和任务，确保政府强制采购节能产品制度的贯彻落实。财政部、发展改革委要加强与有关部门的沟通协商，共同研究解决政策实施中的问题。要完善节能产品政府采购信息发布和数据统计工作，及时掌握采购工作进展情况。要加强对节能产品政府采购工作的指导，积极开展调查研究，多方听取意见，及时发现问题，研究提出对策。要督促进入优先采购和强制采购产品范围的生产企业建立健全质量保证体系，认真落实国家有关产品质量、标准、检验等要求，确保节能等性能和质量持续稳定。质检总局要加强对节能产品认证机构的监管，督促其认真履行职责，提高认证质量和水平。国家采信的节能产品认证机构和相关检测机构应当严格按照国家有关规定，客观公正地开展认证和检测工作，并对纳入政府优先采购和强制采购清单的节能产品实施有效的跟踪调查。对于不能持续符合认证要求的，认证机构应当暂停生产企业使用直至撤销认证证书，并及时报告财政部和发展改革委。

各级财政部门要切实加强对政府采购节能产品的监督检查，加大对违规采购行为的处罚力度。对未按强制采购规定采购节能产品的单位，财政部门要及时采取有效措施责令其改正。拒不改正的，属于采购单位责任的，财政部门要给予通报批评，并不得拨付采购资金；属于政府采购代理机构责任的，财政部门要依法追究相关单位和责任人员的责任。

国务院办公厅

二〇〇七年七月三十日

附录B　财政部 国家发展改革委关于调整公布第二十二期节能产品政府采购清单的通知

党中央有关部门，国务院各部委、各直属机构，全国人大常委会办公厅，全国政协办公厅，高法院，高检院，各民主党派中央，有关人民团体，各省、自治区、直辖市、计划单列市财政厅(局)、发展改革委(经信委、工信委、工信厅、经信局)，新疆生产建设兵团财务局、发展改革委、工信委：

为推进和规范节能产品政府采购，现将第二十二期“节能产品政府采购清单”(以下简称节能清单)印发给你们，有关事项通知如下：

一、节能清单所列产品包括政府强制采购和优先采购的节能产品。其中，台式计算机，便携式计算机，平板式微型计算机，激光打印机，针式打印机，液晶显示器，制冷压缩机，空调机组，专用制冷、空调设备，镇流器，空调机，电热水器，普通照明用自镇流荧光灯，普通照明用双端荧光灯，电视设备，视频设备，便器，水嘴等品目为政府强制采购的节能产品(具体品目以“★”标注)。其他品目为政府优先采购的节能产品。

二、未列入本期节能清单的产品，不属于政府强制采购、优先采购的节能产品范围。节能清单中的产品，其制造商名称或地址在清单执行期内依法变更的，经相关认证机构核准并办理认证证书变更手续后，仍属于本期节能清单的范围。凡与所列性能参数不一致的台式计算机产品，不属于本期节能清单的范围。

三、采购人拟采购的产品属于政府强制采购节能产品范围，但本期节能清单中无对应细化分类或节能清单中的产品无法满足工作需要的，可在节能清单之外采购。

四、在本通知发布之后开展的政府采购活动，应当执行本期节能清单。在本通知发布之前已经开展但尚未进入评审环节的政府采购活动，应当按照采购文件的约定执行上期或本期节能清单，采购文件未约定的，可同时执行上期和本期节能清单。

五、已经确定实施的政府集中采购协议供货涉及政府强制采购节能产品的，集中采购机构应当按照本期节能清单重新组织协议供货活动或对相关产品进行调整。政府采购工程以及与工程建设有关的货物采购应当执行节能产品政府强制采购和优先采购政策。采购人及其委托的采购代理机构应当在采购文件和采购合同中列明使用节能产品的要求。

六、相关企业应当保证其列入节能清单的产品在本期节能清单执行期内稳定供货，凡发生制造商及其代理商不接受参加政府采购活动邀请、列入节能清单的产品无法正常供货以及其他违反《承诺书》内容情形的，采购人、采购代理机构应当及时将有关情况向财政部反映。财政部将根据具体违规情形，对有关供应商做出暂停列入节能清单三个月至两年的处理。

七、节能清单再次调整的相关事宜另行通知。

八、公示、调整节能清单以及暂停列入节能清单等有关文件及附件在中华人民共和国财政部网站(http://www.mof.gov.cn)、中国政府采购网(http://www.ccgp.gov.cn)、国家发展和改革委员会网站(http://www.ndrc.gov.cn)和中国质量认证中心网站(http://www.cqc.com.cn)上发布，请自行查阅、下载。

财政部　国家发展改革委

2017 年 7 月 28 日

附录 C 电子计算机(微机)装配调试员国家职业标准简介

根据《中华人民共和国劳动法》的有关规定，为了进一步完善国家职业标准体系，为职业教育、职业培训和职业技能鉴定提供科学、规范的依据，劳动和社会保障部、信息产业部共同组织有关专家，制定了《电子计算机(微机)装配调试员国家职业标准》(以下简称《标准》)。《标准》以《中华人民共和国职业分类大典》为依据，以客观反映现阶段本职业的水平和对从业人员的要求为目标，在充分考虑经济发展、科技进步和产业结构变化对本职业影响的基础上，对职业的活动范围、工作内容、技能要求和知识水平作了明确规定。《标准》的制定遵循了有关技术规程的要求，既保证了《标准》体例的规范化，又体现了以职业活动为导向、以职业技能为核心的特点，同时也使其具有根据科技发展进行调整的灵活性和实用性，符合培训、鉴定和就业工作的需要。《标准》依据有关规定将本职业分为五个等级，包括职业概况、基本要求、工作要求和比重表四个方面的内容。《标准》已经劳动和社会保障部批准，自 2005 年 2 月 22 日起施行。

职业概况

职业名称：电子计算机(微机)装配调试员。

职业定义：使用测试设备，装配调试电子计算机(微机)的人员。

职业等级：本职业共设五个等级，分别为初级(国家职业资格五级)、中级(国家职业资格四级)、高级(国家职业资格三级)、技师(国家职业资格二级)、高级技师(国家职业资格一级)。

职业环境：室内，常温。

职业能力特征：具有一定的表达能力，色觉、听觉正常，手指、手臂灵活，动作协调。

基本文化程度：初中毕业(或同等学历)。

培训要求

1. 培训期限

全日制职业学校教育，根据其培养目标和教学计划确定。晋级培训期限：初级不少于 160 标准学时；中级少于 140 标准学时：高级不少于 120 标准学时；技师不少于 100 标准学时；高级技师不少于 80 标准学时。

2. 培训教师

培训初、中、高级装配调试员的教师应具备本职业技师及以上职业资格证书或相关专业中级及以上专业技术职务任职资格；培训技师的教师应具有本职业高级技师及以上职业资格证书或相关专业中级及以上专业技术职务任职资格；培训高级技师的教师应具有本职业高级技师职业资格证书 2 年以上或相关专业高级专业技术职务任职资格。

3. 培训场地设备

具有满足教学需要的标准教室和实习场所，具有必要的计算机整机、配件(散件)、常用外部设备和教具等。

鉴定要求

1. 适用对象；从事或准备从事本职业的人员。

2. 申报条件：

初级(具备以下条件之一者)：

(1)经本职业初级装配调试员正规培训达规定标准学时数,并取得结业证书。

(2)在本职业连续见习工作 1 年以上。

中级(具备以下条件之一者):

(1)取得本职业初级装配调试员职业资格证书后,连续从事本职业工作 1 年以上,经本职业中级装配调试员正规培训达规定标准学时数,并取得结业证书。

(2)取得本职业初级装配调试员职业资格证书后,连续从事本职业工作 2 年以上。

(3)连续从事本职业工作 3 年以上。

(4)取得经劳动保障行政部门审核认定的、以中级技能为培养目标的中等以上职业学校本职业(专业)毕业证书。

高级(具备以下条件之一者):

(1)取得本职业中级装配调试员职业资格证书后,连续从事本职业工作 3 年以上,经本职业高级装配调试员正规培训达规定标准学时数,并取得结业证书。

(2)取得本职业中级装配调试员职业资格证书后,连续从事本职业工作 5 年以上。

(3)取得高级技工学校或经劳动保障行政部门审核认定的、以高级技能为培养目标的高等职业学校本职业(专业)毕业证书。

(4)取得本职业高级装配调试员职业资格证书的相关专业大专以上毕业生,连续从事本职业工作 2 年以上。

技师(具备以下条件之一者):

(1)取得本职业高级装配调试员职业资格证书后,连续从事本职业工作 2 年以上,经本职业装配调试技师正规培训达规定标准学时数,并取得结业证书。

(2)取得本职业高级装配调试员职业资格证书后,连续从事本职业工作 4 年以上。

(3)取得本职业高级装配调试员职业资格证书的高级技工学校本职业(专业)毕业生和大专以上本专业或相关专业毕业生,连续从事本职业工作 2 年以上。

高级技师(具备以下条件之一者):

(1)取得本职业装配调试技师职业资格证书后,连续从事本职业工作 2 年以上,经本职业装配调试高级技师正规培训达规定标准学时数,并取得结业证书。

(2)取得本职业装配调试技师职业资格证书后,连续从事本职业工作 3 年以上。

鉴定方式

分为理论知识考试和技能操作考核。理论知识考试采用计算机出题方式,技能操作考核采用计算机出题或现场实际操作方式。理论知识考试和技能操作考核均实行百分制,成绩皆达 60 分以上者为合格。技师、高级技师还须进行综合评审。

考评人员与考生配比

理论知识考试考评人员与考生配比为 1∶15,每个标准教室不少于 2 名考评人员;技能操作考核考评员与考生配比为 1∶5,且不少于 3 名考评员。综合评审委员不少于 5 名。

鉴定时间

理论知识考试时间不少于 90 分钟;技能操作考核时间不少于 60 分钟,综合评审时间不少于 30 分钟。

鉴定场所设备

理论知识考试在标准联网多媒体计算机机房进行;技能操作考核在标准联网多媒体计算机机房(模拟现场)或具备必要的计算机整机与配件的实际现场进行。

基本要求

职业道德：

1.职业道德基本知识

职业守则：

(1)遵守国家法律法规和有关规章制度；

(2)爱岗敬业、工作认真，尽职尽责，一丝不苟，精益求精；

(3)努力钻研业务，学习新知识，有开拓精神；

(4)工作认真负责，吃苦耐劳，严于律己；

(5)举止大方得体，态度诚恳。

2.基础知识

微型计算机软件基础知识：

(1)操作系统基础知识；

(2)应用软件基础知识。

微型计算机组成原理知识：

(1)常用装配工具与设备；

(2)电子产品装配知识；

(3)计算机硬件安装；

(4)简单焊接知识。

3.计算机配件知识

(1)机箱与电源知识；

(2)主板知识；

(3)CPU 知识；

(4)内存知识；

(5)键盘和鼠标知识；

(6)移动存储设备知识。

4.微型计算机外部设备知识

(1)打印机知识；

(2)声音适配器和音箱知识；

(3)调制解调器知识。

5.计算机设备常用英语标记知识

6.安全知识

(1)家庭用电安全知识；

(2)用电设备安全知识。

7.相关法律、法规知识

(1)《中华人民共和国价格法》的相关知识；

(2)《中华人民共和国消费者权益保护法》的相关知识；

(3)《中华人民共和国知识产权法》的相关知识。

工作要求：

本标准对初级、中级、高级、技师、高级技师的技能要求依次递进，高级别涵盖了低级别的要求。

附表 1　　初级的技能要求

职业功能	工作内容	技能要求	相关知识
工作准备	设备工具	1.能够识别微型计算机板、卡、存储器、驱动器、外设及其规格、型号 2.能按要求准备常用计算机装配调试工具	1.计算机板、卡知识 2.内、外存储器相关知识 3.计算机配件知识
	环境准备	1.能够检测供电环境电压 2.能够预防静电	计算机系统运行环境的基本要求
装配调试	硬件装配	1.能够装配微型计算机,完成板、卡和外部设备之间的连接 2.能够安装、更换常用消耗材料	1.计算机硬件的识别与连接知识 2.计算机耗材的选择和安装知识
	基本调试	1.能够进行标准 BIOS 设置 2.能够使计算机正常启动	1.BIOS 基本参数设置知识 2.计算机自检知识
故障处理	故障诊断	1.能够确认和查找基本故障 2.能够做出初步诊断结论	1.整机故障检查规范流程知识 2 主要部件检查方法知识
	部件更换	1.能够根据故障现象更换相应板卡 2.能够选择替代产品	计算机板卡故障识别知识
客户服务	售后说明	1.能够填写计算机配置清单 2.能够指导客户验收计算机	计算机验收程序知识
	技术咨询	1.能够指导客户正确操作计算机 2.能够向客户提出合理建议	1.计算机安全使用知识 2.影响计算机器件寿命因素

附表 2　　中级的技能要求

职业功能	工作内容	技能要求	相关知识
工作准备	设备工具	1.能够设置计算机板卡和外设的硬件开关 2.能够选择简单的维修工具和仪器	1.计算机板卡的设置知识 2.系统配置要求及相关外设的功能、使用方法和注意事项知识 3.计算机硬件组成知识
	环境准备	1.能够检测供电环境稳定性 2.能够观测环境粉尘、振动因素	环境对计算机正常工作的影响(电磁、灰尘、振动、温度对计算机的影响)
装配调试	BIOS 设置	能够优化 BIOS 设置	BIOS 优化设置方法
	板卡级调试与系统软件调试	1.能够安装操作系统 2.能够安装设备驱动程序 3.能够用软件测试计算机部件 4.能够建立系统备份	1.微型计算机常用操作系统的基本命令 2.驱动程序在计算机中的作用 3.常用测试软件的功能及使用方法 4.计算机板卡调试知识
	常用外部设备安装调试	1.能够安装各类打印机、扫描仪等外设 2.能够调试外部设备	1.外设的安装和设置方法 2.打印机的安装及调试知识 3.扫描仪、数码相机调试知识
	病毒防治	能够用相关软件清除病毒和预防病毒	1.病毒判断方法 2.杀毒软件使用方法 3,软件防火墙的安装知识

（续表）

职业功能	工作内容	技能要求	相关知识
故障处理	故障诊断	能够确定计算机硬件板卡级故障定位	计算机软、硬件异常工作状态的判断知识
	故障解决	能够完成计算机的板卡级调试工作能够解决硬件资源冲突	1. 更换板卡的方法（板级调试）和操作注意事项 2. 系统 CPU、中断、内存、I/O 地址、DMA BIOS 等知识
客户服务	售后说明	能够向客户说明故障原因及解决办法	计算机硬件系统故障的诊断知识
	技术咨询	1. 能够解答客户有关计算机使用中的问题 2. 预防计算机病毒	病毒防护知识

附表 3　　高级的技能要求

职业功能	工作内容	技能要求	相关知识
装配调试	设备工具	1. 能够按设计要求装配小型计算机（网络）系统 2. 能够焊接光纤接头 3. 能够制作网线并进行网络连接 4. 能够安装与设置网络操作系统	1. 计算（网络）中心计算机系统对环境要求知识 2. 网络硬件安装连接常识 3. 计算机硬件的基本工作原理
	基本调试	1. 能够使用注册表 2. 能够优化操作系统平台	1. 注册表的概念和注册表使用知识 2. "系统工具"的使用和"控制面板"的设置知识 3. "管理工具"的使用知识
	网络调试	1. 能够配置 TCP/IP 2. 能够安装配置 DHCP、DNS、FIP、WWW 服务器	1. 局域网调试知识 2. 广域网调试知识
故障处理	故障诊断	1. 能够判断基本的网络系统故障 2. 能够提出调试方案	1. 网络测试基本知识 2. 网络调试工具使用知识
	系统维护	1. 能够使用维修工具、仪器和专用检测设备检测计算机系统 2. 能够调换网络设备	1. 计算机硬件综合性能知识 2. 调试计算机硬件必备工具的知识
客户服务	售后说明	1. 能够填写计算（网络）中心计算机系统配置清单 2. 能够指导客户验收计算（网络）中心计算机系统	计算（网络）中心计算机系统验收知识
	技术咨询	1. 能够指导客户正确使用计算机（网络）系统 2. 能够向客户提出合理建议	计算（网络）中心计算机系统常见问题及解决方法
工作指导	培训	1. 能够进行计算机知识培训 2. 能够对初级、中级装配调试员进行计算机装配调试的培训	1. 教学组织知识 2. 实验指导知识
	指导	1. 能够对故障现象进行技术分析 2. 能够对故障排除进行技术指导	1. 计算机软硬件故障分类及常见故障分析知识 2. 故障排除方法

附表 4　　技师的技能要求

职业功能	工作内容	技能要求	相关知识
装配调试	系统装配	1. 能够装配调试服务器、交换机、路由器等 2. 能够装配调试软件、硬件防火墙	1. 计算机(网络)系统设备基本知识 2. 光纤通信知识
	基本调试	1. 能够指导调试系统连接状况 2. 能够优化系统工作状态 3. 能够设置用户权限	1. 服务器配置知识 2. 网络操作系统知识
	系统调试	1. 能够组织计算机(网络)系统调试 2. 能够规划配置虚拟局域网	1. 计算机局域网广域网路由器、交换机调试知识
故障处理	故障诊断	1. 能够判断计算机(网络)系统产生故障的位置 2. 能够判断产生故障的原因 3. 能够提出芯片级维修方案	1. 模拟电路、数字电路知识 2. 单片机知识 3. 测试软件应用知识 4. 计算机系统故障判断与调试知识
	部件调试(芯片级)	能够完成计算机主机和外设芯片级的调试	1. 组合电路基础知识 2. 微机硬件综合性能知识 3. 光电、机械常识
客户服务	技术咨询	1. 能够帮客户制定计算(网络)系统采购方案 2. 能够指导客户选择计算机系统或网络系统设备	1. 计算机系统概念的相关知识 2. 计算机组网配置的相关知识
	售后服务	1. 能指导客户正确使用系统 2. 能够指导客户当系统出现问题时应采取的措施	系统工程装配调试的相关知识
工作指导	培训	1. 能够对初级、中级、高级装配调试员进行微机组装与维护的培训 2. 能够编写教学大纲	1. 丰富的教学知识 2. 指导实际操作的知识
	指导	1. 能够指导中级以上人员进行故障现象技术分析 2. 能够指导中级以上人员进行故障排除	1. 计算机硬件与软件系统故障分析知识 2. 常用调试软件和调试工具的使用知识

附表 5　　高级技师的技能要求

职业功能	工作内容	技能要求	相关知识
装配调试	系统安装	1. 能够根据设计方案制定计算(网络)系统安装方案 2. 能够组织系统安装能够完善系统配置	网络综合布线基本知识
	基本调试	1. 能够组织和指导系统调试 2. 能够优化系统状态能够使用网络监视器监测网络状况	网络配置与性能关系知识
	系统调试	能够指导系统性能调试和网络安全性管理	1. 网络配置与网络施工 2. 计算机网络安全知识

（续表）

职业功能	工作内容	技能要求	相关知识
故障处理	故障诊断	1.能够分析硬件逻辑图 2.能够快速判断和处理故障	1.计算机及网络系统的机房环境、电网电压、温度湿度等方面的要求及机房建设标准和管理技术要求的知识 2.组合逻辑电路知识 3.网络防病毒技术知识
	设备调试（芯片级）	1.能够指导并参与系统设备的调试 2.能够选择元器件进行替换或替代	1.元器件替换或替代知识 2.专用维修工具与设备使用知识 3.外部设备的故障分析与调试知识
工作指导	培训	1.能够进行计算(网络)系统装配与调试培训 2.能够编写教学大纲	1.计算机网络教学知识 2.指导网络实践的知识
	指导	1.能够指导高级以上人员进行故障现象的技术分析 2.能够指导高级以上人员进行故障排除	1.计算机(网络)系统故障分类和现象知识 2.常见计算(网络)系统故障检测和排除方法
新技术应用	新知识应用	能够应用本行业的新材料、新产品、新工艺、新技术解决问题	计算机领域的新材料、新产品、新工艺、新技术的应用知识
	论文撰写	能够根据自己的工作书写相关技术工作总结(论文)	论文写作知识

附表 6　　比重表

理论知识

项目		初级(%)	中级(%)	高级(%)	技师(%)	高级技师(%)
基本知识	职业道德					
	基础知识					
相关知识	工作准备	40	25			
	装配调试	40	50	45	35	25
	故障处理	15	15	20	35	40
	客户服务	5	10	25	15	5
	工作指导			10	15	25
	新知识应用					5
合　计		100	100	100	100	100

技能操作

项目		初级(%)	中级(%)	高级(%)	技师(%)	高级技师(%)
技能要求	工作准备	8	4	4	4	
	装配调试	70	84	76	55	35
	故障处理	18	8	8	14	25
	客户服务	4	4	4	7	
	工作指导			8	20	30
	新知识应用					10
合　计		100	100	100	100	100

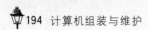

附录 D　安全操作规程

计算机电源应保持良好，插座不得松动，发现有漏电现象应立即切断电源。

禁止带电插拔外设及主机。

保持环境清洁卫生，禁止吸烟。

不穿易起静电的外衣。

在最后离开机房时必须检查工作现场，关闭电源。

(1)运行条件

由于计算机职业是以计算机作作为工作对象，计算机设备的运行对于外部环境有一定的要求，在计算机职业形成早期这种环境条件要求曾经较高，目前随着计算机设备的不断发展这种环境要求正在不断降低，目前对于计算机运行的环境要求主要集中在温度、湿度、洁净、电源和抗干扰五个方面，一般计算机系统对于运行条件的要求大体如下：

①环境温度：在室温 15～35 ℃能正常工作。

②环境湿度：放置微型机的房间的相对湿度在 20%～80%。

③洁净要求：应保持机房清洁，尽量减少灰尘。

④电源要求：微型机一般使用 220 V、50 Hz 的交流电。最好提供不间断供电电源 UPS，并装有可靠的地线。

⑤防止干扰：计算机附近避免强磁场干扰。

(2)设备条件

设备条件即从事相应工作所需的计算机及相关设备，以及相应的软件产品，计算机职业对于设备条件的要求主要是与其从事的具体工作相适应。

严谨求实。工作一丝不苟，态度严肃认真，数据准确无误，信息真实快捷。

(3)严格操作

严守工作制度，严格操作规程，精心维护设施，确保财产安全。

附录 E　职业道德及相关法律

1. 职业道德

所谓职业道德，就是同人们的职业活动紧密联系的符合职业特点所要求的道德准则、道德情操与道德品质的总和。每个从业人员，不论是从事哪种职业，在职业活动中都要遵守道德。如教师要遵守教书育人、为人师表的职业道德，医生要遵守救死扶伤的职业道德等等。

职业道德不仅从业人员在职业活动中的行为标准和要求，而且是本行业对社会所承担的道德责任和义务。职业道德是社会道德在职业生活中的具体化。

职业道德作为一种特殊的道德规范，它有以下四个主要特点：

(1)在内容方面，职业道德总是要鲜明地表达职业义务、职业责任以及职业行为上的道德准则。

(2)在表现形式方面，职业道德往往比较具体、灵活、多样。它总是从本职业的交流活动的实际出发，采用制度、守则、公约、承诺、誓言以及标语口号这类的形式。

(3)从调节范围来看，职业道德一方面是用来调节从业人员内部关系，加强职业、行业内部人员的凝聚力，另一方面它也是用来调节从业人员与其服务对象之间的关系，用来塑造本职业从业人员的形象。

(4)从产生效果来看，职业道德既能使一定的社会或阶级的道德原则和规范“职业化”，又能使个人道德品质“成熟化”。

法律是道德的底线，每一位计算机从业人员必须牢记：严格遵守这些法律法规正是计算机从业人员职业道德的最基本要求。

2.职业守则

(1)遵守国家法律法规和有关规章制度；

(2)爱岗敬业，工作认真，尽职尽责，一丝不苟，精益求精；

(3)努力钻研业务，学习新知识，有开拓精神；

(4)工作认真负责，吃苦耐劳，严于律己；

(5)举止大方得体，态度诚恳。

3.相关法规

家用电子产品维修工的职业守则中要求：遵守国家法律法规和有关规章制度。这就要求维修人员要学习法律知识，培养法律意识，树立法制观念，只有这样，才能自觉守法。

从业活动中可能会涉及的法律法规，包括价格法、消费者权益保护法、产品质量法、消防条例、电子信息产品污染控制管理办法、劳动法、合同法等。

1)中华人民共和国价格法的相关知识

《中华人民共和国价格法》由中华人民共和国第八届全国人民代表大会常务委员会第二十九次会议于1997年12月29日通过，自1998年5月1日起施行。本法共有七章四十八条，各章分别是：总则、经营者的价格行为、政府定价行为、价格总水平调控、价格监督检查、法律责任、附则。现将有关条款介绍如下：

第一条　为了规范价格行为，发挥价格合理配置资源的作用，稳定市场价格总水平，保护消费者和经营者的合法权益，促进社会主义市场经济健康发展，制定本法。

第二条　在中华人民共和国境内发生的价格行为，适用本法。本法所称价格包括商品价格和服务价格。

商品价格是指各类有形产品和无形资产的价格。

服务价格是指各类有偿服务的收费。

第三条　国家实行并逐步完善宏观经济调控下主要由市场形成价格的机制。价格的制定应当符合价值规律，大多数商品和服务价格实行市场调节价，极少数商品和服务价格实行政府指导价或者政府定价。

市场调节价，是指由经营者自主制定，通过市场竞争形成的价格。

本法所称经营者是指从事生产、经营商品或者提供有偿服务的法人、其他组织和个人。

政府指导价，是指依照本法规定，由政府价格主管部门或者其他有关部门，按照定价权限和范围规定基准价及其浮动幅度，指导经营者制定的价格。

政府定价，是指依照本法规定，由政府价格主管部门或者其他有关部门，按照定价权限和范围制定的价格。

第四条　国家支持和促进公平、公开、合法的市场竞争，维护正常的价格秩序，对价格活动实行管理、监督和必要的调控。

第六条　商品价格和服务价格，除依照本法第十八条规定适用政府指导价或者政府定价外，实行市场调节价，由经营者依照本法自主制定。

第七条　经营者定价，应当遵循公平、合法和诚实信用的原则。

第八条　经营者定价的基本依据是生产经营成本和市场供求状况。

第九条　经营者应当努力改进生产经营管理，降低生产经营成本，为消费者提供价格合理的商品和服务，并在市场竞争中获取合法利润。

第十条　经营者应当根据其经营条件建立、健全内部价格管理制度，准确记录与核定商品和服务的生产经营成本，不得弄虚作假。

第十一条　经营者进行价格活动，享有下列权利：自主制定属于市场调节的价格；在政府指导价规定的幅度内制定价格；制定属于政府指导价、政府定价产品范围内的新产品的试销价格，特定产品除外；检举、控告侵犯其依法自主定价权利的行为。

第十三条　经营者销售、收购商品和提供服务，应当按照政府价格主管部门的规定明码标价，注明商品的品名、产地、规格、等级、计价单位、价格或者服务的项目、收费标准等有关情况。

经营者不得在标价之外加价出售商品，不得收取任何未予标明的费用。

第十四条　经营者不得有下列不正当价格行为：相互串通，操纵市场价格，损害其他经营者或者消费者的合法权益；在依法降价处理鲜活商品、季节性商品、积压商品等商品外，为了排挤竞争对手或者独占市场，以低于成本的价格倾销，扰乱正常的生产经营秩序，损害国家利益或者其他经营者的合法权益；捏造、散布涨价信息，哄抬价格，推动商品价格过高上涨的；利用虚假的或者使人误解的价格手段，诱骗消费者或者其他经营者与其进行交易；提供相同商品或者服务，对具有同等交易条件的其他经营者实行价格歧视；采取抬高等级或者压低等级等手段收购、销售商品或者提供服务，变相提高或者压低价格；违反法律、法规的规定牟取暴利；法律、行政法规禁止的其他不正当价格行为。

第四十条　经营者有本法第十四条所列行为之一的，责令改正，没收违法所得，可以并处违法所得五倍以下的罚款；没有违法所得的，予以警告，可以并处罚款；情节严重的，责令停业整顿，或者由工商行政管理机关吊销营业执照。有关法律对本法第十四条所列行为的处罚及处罚机关另有规定的，可以依照有关法律的规定执行。

第四十一条　经营者因价格违法行为致使消费者或者其他经营者多付价款的，应当退还多付部分；造成损害的，应当依法承担赔偿责任。

第四十二条　经营者违反明码标价规定的，责令改正，没收违法所得，可以并处五千元以下的罚款。

第四十三条　经营者被责令暂停相关营业而不停止的，或者转移、隐匿、销毁依法登记保存的财物的，处相关营业所得或者转移、隐匿、销毁的财物价值一倍以上三倍以下的罚款。

第四十四条　拒绝按照规定提供监督检查所需资料或者提供虚假资料的，责令改正，予以警告；逾期不改正的，可以处以罚款

(2)中华人民共和国消费者权益保护法的相关知识

《中华人民共和国消费者权益保护法》于 1993 年 10 月 31 日由第八届全国人民代表大会常务委员会第四次会议通过，自 1994 年 1 月 1 日起施行。本法共有八章十五条，各章

分别是：总则、消费者的权益、经营者的权益、国家对消费合法权益的保护、消费者组织、争议的解决、法律责任、附则。

现将有关条款介绍如下：

第一条　为保护消费者的合法权益，维护社会经济秩序，促进社会主义市场经济健康发展，制定本法。

第二条　消费者为生活消费需要购买、使用商品或者接受服务，其权益受本法保护；本法未作规定的，受其他有关法律、法规保护。

第三条　经营者为消费者提供其生产、销售的商品或者提供服务，应当遵守本法；本法未作规定的，应当遵守其他有关法律、法规。

第四条　经营者与消费者进行交易，应当遵循自愿、平等、公平、诚实信用的原则。

第五条　国家保护消费者的合法权益不受损害。

国家采取措施，保障消费者依法行使权利，维护消费者的合法权益。

第六条　保护消费者的合法权益是全社会的共同责任。

国家鼓励、支持一切组织和个人对损害消费者合法权益的行为进行社会监督。

大众传播媒介应当做好维护消费者合法权益的宣传，对损害消费者合法权益的行为进行舆论监督。

第七条　消费者在购买、使用商品和接受服务时享有人身、财产安全不受损害的权利。

消费者有权要求经营者提供的商品和服务，符合保障人身、财产安全的要求。

第八条　消费者享有知悉其购买、使用的商品或者接受的服务的真实情况的权利。

消费者有权根据商品或者服务的不同情况，要求经营者提供商品的价格、产地、生产者、用途、性能、规格、等级、主要成分、生产日期、有效期限、检验合格证明、使用方法说明书、售后服务，或者服务的内容、规格、费用等有关情况。

第九条　消费者享有自主选择商品或者服务的权利。

消费者有权自主选择提供商品或者服务的经营者，自主选择商品品种或者服务方式，自主决定购买或者不购买任何一种商品、接受或者不接受任何一项服务。

消费者在自主选择商品或者服务时，有权进行比较、鉴别和挑选。

第十条　消费者享有公平交易的权利。

消费者在购买商品或者接受服务时，有权获得质量保障、价格合理、计量正确等公平交易条件，有权拒绝经营者的强制交易行为。

第十一条　消费者因购买、使用商品或者接受服务受到人身、财产损害的，享有依法获得赔偿的权利。

第十四条　消费者在购买、使用商品和接受服务时，享有其人格尊严、民族风俗习惯得到尊重的权利。

第十六条　经营者向消费者提供商品或者服务，应当依照《中华人民共和国产品质量法》和其他有关法律、法规的规定履行义务。经营者和消费者有约定的，应当按照约定履行义务，但双方的约定不得违背法律、法规的规定。

第十七条　经营者应当听取消费者对其提供的商品或者服务的意见，接受消费者的监督。

第十八条　经营者应当保证其提供的商品或者服务符合保障人身、财产安全的要求。

对可能危及人身、财产安全的商品和服务，应当向消费者做出真实的说明和明确的警示，并说明和标明正确使用商品或者接受服务的方法以及防止危害发生的方法。

经营者发现其提供的商品或者服务存在严重缺陷，即使正确使用商品或者接受服务仍然可能对人身、财产安全造成危害的，应当立即向有关行政部门报告和告知消费者，并采取防止危害发生的措施。

第十九条　经营者应当向消费者提供有关商品或者服务的真实信息，不得作引人误解的虚假宣传。

经营者对消费者就其提供的商品或者服务的质量和使用方法等问题提出的询问，应当做出真实、明确的答复。

商店提供商品应当明码标价。

第二十三条　经营者提供商品或者服务，按照国家规定或者与消费者的约定，承担包修、包换、包退或者其他责任的，应当按照国家规定或者约定履行，不得故意拖延或者无理拒绝。

第二十四条　经营者不得以格式合同、通知、声明、店堂告示等方式做出对消费者不公平、不合理的规定，或者减轻、免除其损害消费者合法权益应当承担的民事责任。

格式合同、通知、声明、店堂告示等含有前款所列内容的，其内容无效。

第二十五条　经营者不得对消费者进行侮辱、诽谤，不得搜查消费者的身体及其携带的物品，不得侵犯消费者的人身自由。

第二十九条　有关国家机关应当依照法律、法规的规定，惩处经营者在提供商品和服务中侵害消费者合法权益的违法犯罪行为。

第三十四条　消费者和经营者发生消费者权益争议的，可以通过下列途径解决：与经营者协商和解；请求消费者协会调解；向有关行政部门申诉；根据与经营者达成的仲裁协议提请仲裁机构仲裁；向人民法院提起诉讼。

第三十五条　消费者在购买、使用商品时，其合法权益受到损害的，可以向销售者要求赔偿。销售者赔偿后，属于生产者的责任或者属于向销售者提供商品的其他销售者的责任的，销售者有权向生产者或者其他销售者追偿。

消费者或者其他受害人因商品缺陷造成人身、财产损害的，可以向销售者要求赔偿，也可以向生产者要求赔偿。属于生产者责任的，销售者赔偿后，有权向生产者追偿。属于益的，消费者可以向其要求赔偿，也可以向营业执照的持有人要求赔偿。

第四十条　经营者提供商品或者服务有下列情形之～的，除本法另有规定外，应当依照《中华人民共和国产品质量法》和其他有关法律、法规的规定，承担民事责任：服务的内容和费用违反约定的；对消费者提出的修理、重作、更换、退货、补足商品数量、退还货款和服务费用或者赔偿损失的要求，故意拖延或者无理拒绝的；法律、法规规定的其他损害消费者权益的情形。

第四十一条　经营者提供商品或者服务，造成消费者或者其他受害人人身伤害的，应当支付医疗费、治疗期间的护理费、因误工减少的收入等费用，造成残疾的，还应当支付残疾者生活自助费、生活补助费、残疾赔偿金以及由其扶养的人所必需的生活费等费用；构成犯罪的，依法追究刑事责任。

第四十二条　经营者提供商品或者服务，造成消费者或者其他受害人死亡的，应当支付丧葬费、死亡赔偿金以及由死者生前扶养的人所必需的生活费等费用；构成犯罪的，依法追究刑事责任。

第四十四条　经营者提供商品或者服务，造成消费者财产损害的，应当按照消费者的要求，以修理、重作、更换、退货、补足商品数量、退还货款和服务费用或者赔偿损失等方式承担民事责任。消费者与经营者另有约定的，按照约定履行。

第四十五条　对国家规定或者经营者与消费者约定包修、包换、包退的商品，经营者应当负责修理、更换或者退货。在保修期内两次修理仍不能正常使用的，经营者应当负责更换或者退货。

对包修、包换、包退的大件商品，消费者要求经营者修理、更换、退货的，经营者应当承担运输等合理费用。

第四十九条　经营者提供商品或者服务有欺诈行为的，应当按照消费者的要求增加赔偿其受到的损失，增加赔偿的金额为消费者购买商品的价款或者接受服务的费用的一倍。

第五十条　经营者有下列情形之一，《中华人民共和国产品质量法》和其他有关法律、法规对处罚机关和处罚方式有规定的，依照法律、法规的规定执行；法律、法规未作规定的，由工商行政管理部门责令改正，可以根据情节单处或者并处警告、没收违法所得、处以违法所得一倍以上五倍以下的罚款，没有违法所得的，处以一万元以下的罚款；情节严重的，责令停业整顿、吊销营业执照：对商品或者服务作引人误解的虚假宣传的：对消费者提出的修理、重作、更换、退货、补足商品数量、退还货款和服务费用或者赔偿损失的要求，故意拖延或者无理拒绝的；侵害消费者人格尊严或者侵犯消费者人身自由的；法律、法规规定的对损害消费者权益应当予以处罚的其他情形。

3)中华人民共和国产品质量法的相关知识

《中华人民共和国产品质量法》于 1993 年 2 月 22 日由第七届全国人民代表大会常委会第三十次会议通过，自 1993 年 9 月 1 日起施行，根据 2000 年 7 月 8 日第九届全国人民代表大会常委会第十六次会议《关于修改(中华人民共和国产品质量法)的决定》修正。

本法共有六章七十条，各章分别是：总则、产品质量的监督、生产者、销售者的产品质量责任和义务、损害赔偿、罚则、附则。

现将有关条款介绍如下：

第一条　为了加强对产品质量的监督管理，提高产品质量水平，明确产品质量责任，保护消费者的合法权益，维护社会经济秩序，制定本法。

第二条　在中华人民共和国境内从事产品生产、销售活动，必须遵守本法。

本法所称产品是指经过加工、制作，用于销售的产品。

第三条　生产者、销售者应当建立健全内部产品质量管理制度，严格实施岗位质量规范、质量责任以及相应的考核办法。

第四条　生产者、销售者依照本法规定承担产品质量责任。

第五条　禁止伪造或者冒用认证标志等质量标志；禁止伪造产品的产地，伪造或者冒用他人的厂名、厂址；禁止在生产、销售的产品中掺杂、掺假，以假充真，以次充好。

第十二条　产品质量应当检验合格，不得以不合格产品冒充合格产品。

第十三条　可能危及人体健康和人身、财产安全的工业产品，必须符合保障人体健康和人身、财产安全的国家标准、行业标准；未制定国家标准、行业标准的，必须符合保障人体健康和人身、财产安全的要求。

禁止生产、销售不符合保障人体健康和人身、财产安全的标准和要求的工业产品。具体管理办法由国务院规定。

第二十二条　消费者有权就产品质量问题，向产品的生产者、销售者查询；向产品质量监督部门、工商行政管理部门及有关部门申诉，接受申诉的部门应当负责处理。

第二十六条　生产者应当对其生产的产品质量负责。

产品质量应当符合下列要求：不存在危及人身、财产安全的不合理的危险，有保障人体健康和人身、财产安全的国家标准、行业标准的，应当符合该标准；具备产品应当具备的使用性能，但是，对产品存在使用性能的瑕疵做出说明的除外；符合在产品或者其包装上注明采用的产品标准，符合以产品说明、实物样品等方式表明的质量状况。

第二十七条　产品或者其包装上的标识必须真实，并符合下列要求：有产品质量检验合格证明；有中文标明的产品名称、生产厂厂名和厂址；根据产品的特点和使用要求，需要标明产品规格、等级、所含主要成分的名称和含量的，用中文相应予以标明；需要事先让消费者知晓的，应当在外包装上标明，或者预先向消费者提供有关资料；限期使用的产品，应当在显著位置清晰地标明生产日期和安全使用期或者失效日期；使用不当，容易造成产品本身损坏或者可能危及人身、财产安全的产品，应当有警示标志或者中文警示说明。

裸装的食品和其他根据产品的特点难以附加标识的裸装产品，可以不附加产品标识。

第二十八条　易碎、易燃、易爆、有毒、有腐蚀性、有放射性等危险物品以及储运中不能倒置和其他有特殊要求的产品，其包装质量必须符合相应要求，依照国家有关规定做出警示标志或者中文警示说明，标明储运注意事项。

第三十三条　销售者应当建立并执行进货检查验收制度，验明产品合格证明和其他标识。

第三十四条　销售者应当采取措施，保持销售产品的质量。

第三十九条　销售者销售产品，不得掺杂、掺假，不得以假充真、以次充好，不得以不合格产品冒充合格产品。

第四十条　售出的产品有下列情形之一的，销售者应当负责修理、更换、退货；给购买产品的消费者造成损失的，销售者应当赔偿损失：不具备产品应当具备的使用性能而事先未作说明的；不符合在产品或者其包装上注明采用的产品标准的；不符合以产品说明、实物样品等方式表明的质量状况的。

销售者依照前款规定负责修理、更换、退货、赔偿损失后，属于生产者的责任或者属于向销售者提供产品的其他销售者（以下简称供货者）的责任的，销售者有权向生产者、供货者追偿。

销售者未按照第一款规定给予修理、更换、退货或者赔偿损失的，由产品质量监督部门或者工商行政管理部门责令改正。

生产者之间，销售者之间，生产者与销售者之间订立的买卖合同、承揽合同有不同约定的，合同当事人按照合同约定执行。

第四十一条　因产品存在缺陷造成人身、缺陷产品以外的其他财产（以下简称他人财产）损害的，生产者应当承担赔偿责任。

生产者能够证明有下列情形之一的，不承担赔偿责任：未将产品投入流通的；产品投入流通时，引起损害的缺陷尚不存在的；将产品投入流通时的科学技术水平尚不能发现缺陷的存在的。

第四十三条　因产品存在缺陷造成人身、他人财产损害的，受害人可以向产品的生产者要求赔偿，也可以向产品的销售者要求赔偿。属于产品的生产者的责任，产品的销售者赔偿的，产品的销售者有权向产品的生产者追偿。属于产品的销售者的责任，产品的生产者赔偿的，产品的生产者有权向产品的销售者追偿。

第四十七条　因产品质量发生民事纠纷时，当事人可以通过协商或者调解解决。当事人不愿通过协商、调解解决或者协商、调解不成的，可以根据当事人各方的协议向仲裁机

构申请仲裁；当事人各方没有达成仲裁协议或者仲裁协议无效的，可以直接向人民法院

起诉。

第四十九条　生产、销售不符合保障人体健康和人身、财产安全的国家标准、行业标准的产品的，责令停止生产、销售，没收违法生产、销售的产品，并处违法生产、销售产品（包括已售出和未售出的产品，下同）货值金额等值以上三倍以下的罚款；有违法所得的，并处没收违法所得；情节严重的，吊销营业执照；构成犯罪的，依法追究刑事责任。

第五十条　在产品中掺杂、掺假，以假充真，以次充好，或者以不合格产品冒充合格产品的，责令停止生产、销售，没收违法生产、销售的产品，并处违法生产、销售产品货值金额百分之五十以上三倍以下的罚款；有违法所得的，并处没收违法所得；情节严重的，吊销营业执照；构成犯罪的，依法追究刑事责任。

第六十二条　服务业的经营者将本法第四十九条至第五十二条规定禁止销售的产品用于经营性服务的，责令停止使用；对知道或者应当知道所使用的产品属于本法规定禁止销售的产品的，按照违法使用的产品（包括已使用和尚未使用的产品）的货值金额，依照本法对销售者的处罚规定处罚。

第六十九条　以暴力、威胁方法阻碍产品质量监督部门或者工商行政管理部门的工作人员依法执行职务的，依法追究刑事责任；拒绝、阻碍未使用暴力、威胁方法的，由公安机关依照治安管理处罚条例的规定处罚。

4)中华人民共和国消防条例的相关知识

《中华人民共和国消防条例》于 1984 年 5 月 11 日由第六届全国人民代表大会常委会第五次会议批准，1984 年 5 月 13 日国务院公布。本条例共有七章三十二条，各章分别是：

总则、火灾预防、消防组织、火灾扑救、消防监督、奖励与惩罚、附则。

现将有关条款介绍如下：

第一条　为了加强消防工作，保卫社会主义现代化建设，保护公共财产和公民生命财产的安全，特制定本条例。

第二条　消防工作，实行“预防为主，防消结合”的方针。

第五条　新建、扩建和改建工程的设计和施工，必须执行国务院有关主管部门关于建筑设计防火规范的规定。

第九条　生产、使用、储存、运输易燃易爆化学物品的单位，必须执行国务院有关主管部门关于易燃易爆化学物品的安全管理规定。不了解易燃易爆化学物品性能和安全操作方法的人员，不得从事操作和保管工作。

第十一条　人员集中的公共场所，必须保持安全出口、疏散通道的畅通无阻，建立并严格执行用火用电与易燃易爆物品的管理制度，加强检查和值班巡逻，确保安全。

第十三条　企业事业单位对采用的新材料、新设备、新工艺，必须研究其火灾危险性的特点，并采取相应的消防安全措施。

第十四条　机关、企业事业单位实行防火责任制度。

城市的居民委员会和农村的村民委员会，有责任动员和组织居民做好防火工作。

第十五条　机关、企业事业单位应当根据灭火的需要，配置相应种类、数量的消防器材、设备和设施。

第十九条　任何单位和个人在发现火警的时候，都应当迅速准确地报警，并积极参加扑救。

起火单位必须及时组织力量，扑救火灾。邻近单位应当积极支援。

消防队接到报警后，必须迅速赶赴火场，进行扑救。

第二十八条 各级消防监督机构，应当配备具有消防专业知识的消防监督员。消防监督员应当对分管地区内的单位和居民住宅的消防工作实行监督检查。

第二十九条 对在消防工作中有贡献或者成绩显著的单位和个人，由公安机关、上级主管部门或者本单位给予表彰、奖励。

第三十条 违反本条例规定，经消防监督机构通知采取改正措施而拒绝执行，情节严重的，对有关责任人员由公安机关依照治安管理处罚条例给予处罚，或者由其主管机关给予行政处分。

违反本条例规定，造成火灾的，对有关责任人员依法追究刑事责任；情节较轻的，由公安机关依照治安管理处罚条例给予处罚，或者由其主管机关给予行政处分。

(5)电子信息产品污染控制管理办法

第一章 总 则

第一条 为控制和减少电子信息产品废弃后对环境造成的污染，促进生产和销售低污染电子信息产品，保护环境和人体健康，根据《中华人民共和国清洁生产促进法》、《中华人民共和国固体废物污染环境防治法》等法律、行政法规，制定本办法。

第二条 在中华人民共和国境内生产、销售和进口电子信息产品过程中控制和减少电子信息产品对环境造成污染及产生其他公害，适用本办法。但是，出口产品的生产除外。

第三条 本办法下列术语的含义是：

电子信息产品，是指采用电子信息技术制造的电子雷达产品、电子通信产品、广播电视产品、计算机产品、家用电子产品、电子测量仪器产品、电子专用产品、电子元器件产品、电子应用产品、电子材料产品等产品及其配件。

电子信息产品污染，是指电子信息产品中含有有毒、有害物质或元素，或者电子信息产品中含有的有毒、有害物质或元素超过国家标准或行业标准，对环境、资源以及人类身体生命健康以及财产安全造成破坏、损害、浪费或其他不良影响。

电子信息产品污染控制，是指为减少或消除电子信息产品中含有的有毒、有害物质或元素而采取的下列措施：设计、生产过程中，改变研究设计方案、调整工艺流程、更换使用材料、革新制造方式等技术措施；设计、生产、销售以及进口过程中，标注有毒、有害物质或元素名称及其含量，标注电子信息产品环保使用期限等措施；销售过程中，严格进货渠道，拒绝销售不符合电子信息产品有毒、有害物质或元素控制国家标准或行业标准的电子信息产品等；禁止进口不符合电子信息产品有毒、有害物质或元素控制国家标准或行业标准的电子信息产品；本办法规定的其他污染控制措施。

有毒、有害物质或元素，是指电子信息产品中含有的下列物质或元素：铅；汞；镉；六价铬；多溴联苯(PBB)；多溴二苯醚(PBDE)；国家规定的其他有毒、有害物质或元素。

电子信息产品环保使用期限，是指电子信息产品中含有的有毒、有害物质或元素不会发生外泄或突变，电子信息产品用户使用该电子信息产品不会对环境造成严重污染或对其人身、财产造成严重损害的期限。

第四条 中华人民共和国信息产业部(以下简称“信息产业部”)、中华人民共和国国家发展和改革委员会(以下简称“发展改革委”)、中华人民共和国商务部(以下简称“商务部”)、中华人民共和国海关总署(以下简称“海关总署”)、国家工商行政管理总局(以下简称“工商总局”)、国家质量监督检验检疫总局(以下简称“质检总局”)、国家环境保护总局(以下简称“环保总局”),在各自的职责范围内对电子信息产品的污染控制进行管理和监督。必要时上述有关主管部门建立工作协调机制,解决电子信息产品污染控制工作重大事项及问题。

第五条 信息产业部商国务院有关主管部门制定有利于电子信息产品污染控制的措施。

信息产业部和国务院有关主管部门在各自的职责范围内推广电子信息产品污染控制和资源综合利用等技术,鼓励、支持电子信息产品污染控制的科学研究、技术开发和国际合作,落实电子信息产品污染控制的有关规定。

第六条 信息产业部对积极开发、研制新型环保电子信息产品的组织和个人,可以给予一定的支持。

第七条 省、自治区、直辖市信息产业,发展改革,商务,海关,工商,质检,环保等主管部门在各自的职责范围内,对电子信息产品的生产、销售、进口的污染控制实施监督管理。必要时上述有关部门建立地区电子信息产品污染控制工作协调机制,统一协调,分工负责。

第八条 省、自治区、直辖市信息产业主管部门对在电子信息产品污染控制工作以及相关活动中做出显著成绩的组织和个人,可以给予表彰和奖励。

第二章 电子信息产品污染控制

第九条 电子信息产品设计者在设计电子信息产品时,应当符合电子信息产品有毒、有害物质或元素控制国家标准或行业标准,在满足工艺要求的前提下,采用无毒、无害或低毒、低害、易于降解、便于回收利用的方案。

第十条 电子信息产品生产者在生产或制造电子信息产品时,应当符合电子信息产品有毒、有害物质或元素控制国家标准或行业标准,采用资源利用率高、易回收处理、有利于环保的材料、技术和工艺。

第十一条 电子信息产品的环保使用期限由电子信息产品的生产者或进口者自行确定。电子信息产品生产者或进口者应当在其生产或进口的电子信息产品上标注环保使用期限,由于产品体积或功能的限制不能在产品上标注的,应当在产品说明书中注明。

前款规定的标注样式和方式由信息产业部商国务院有关主管部门统一规定,标注的样式和方式应当符合电子信息产品有毒、有害物质或元素控制国家标准或行业标准。

相关行业组织可根据技术发展水平,制定相关电子信息产品环保使用期限的指导意见。

第十二条 信息产业部鼓励相关行业组织将制定的电子信息产品环保使用期限的指导意见报送信息产业部。

第十三条 电子信息产品生产者、进口者应当对其投放市场的电子信息产品中含有的有毒、有害物质或元素进行标注,标明有毒、有害物质或元素的名称、含量、所在部件及其可否回收利用等;由于产品体积或功能的限制不能在产品上标注的,应当在产品说明书中注明。

前款规定的标注样式和方式由信息产业部商国务院有关主管部门统一规定,标注的样式和方式应当符合电子信息产品有毒、有害物质或元素控制国家标准或行业标准。

第十四条 电子信息产品生产者、进口者制作并使用电子信息产品包装物时,应当依据电子信息产品有毒、有害物质或元素控制国家标准或行业标准,采用无毒、无害、易降解和便于回收利用的材料。

电子信息产品生产者、进口者应当在其生产或进口的电子信息产品包装物上,标注包装物材料名称;由于体积和外表面的限制不能标注的,应当在产品说明书中注明。

前款规定的标注样式和方式由信息产业部商国务院有关主管部门统一规定,标注的样式和方式应当符合电子信息产品有毒、有害物质或元素控制国家标准或行业标准。

第十五条 电子信息产品销售者应当严格进货渠道，不得销售不符合电子信息产品有毒、有害物质或元素控制国家标准或行业标准的电子信息产品。

第十六条 进口的电子信息产品，应当符合电子信息产品有毒、有害物质或元素控制国家标准或行业标准。

第十七条 信息产业部和环保总局制定电子信息产品有毒、有害物质或元素控制行业标准。

信息产业部和国家标准化管理委员会起草电子信息产品有毒、有害物质或元素控制国家标准。

第十八条 信息产业部商发展改革委、商务部、海关总署、工商总局、质检总局、环保总局编制、调整电子信息产品污染控制重点管理目录。

电子信息产品污染控制重点管理目录由电子信息产品类目、限制使用的有毒、有害物质或元素种类及其限制使用期限组成，并根据实际情况和科学技术发展水平的要求进行逐年调整。

第十九条 国家认证认可监督管理委员会依法对纳入电子信息产品污染控制重点管理目录的电子信息产品实施强制性产品认证管理。

出入境检验检疫机构依法对进口的电子信息产品实施口岸验证和到货检验。海关凭出入境检验检疫机构签发的《入境货物通关单》办理验放手续。

第二十条 纳入电子信息产品污染控制重点管理目录的电子信息产品，除应当符合本办法有关电子信息产品污染控制的规定以外，还应当符合电子信息产品污染控制重点管理目录中规定的重点污染控制要求。

未列入电子信息产品污染控制重点管理目录中的电子信息产品，应当符合本办法有关电子信息产品污染控制的其他规定。

第二十一条 信息产业部商发展改革委、商务部、海关总署、工商总局、质检总局、环保总局，根据产业发展的实际状况，发布被列入电子信息产品污染控制重点管理目录的电子信息产品中不得含有有毒、有害物质或元素的实施期限。

第三章 罚 则

第二十二条 违反本办法，有下列情形之一的，由海关、工商、质检、环保等部门在各自的职责范围内依法予以处罚：

电子信息产品生产者违反本办法第十条的规定，所采用的材料、技术和工艺不符合电子信息产品有毒、有害物质或元素控制国家标准或行业标准的；

电子信息产品生产者和进口者违反本办法第十四条第一款的规定，制作或使用的电子信息产品包装物不符合电子信息产品有毒、有害物质或元素控制国家标准或行业标准的；

电子信息产品销售者违反本办法第十五条的规定，销售不符合电子信息产品有毒、有害物质或元素控制国家标准或行业标准的电子信息产品的；

电子信息产品进口者违反本办法第十六条的规定，进口的电子信息产品不符合电子信息产品有毒、有害物质或元素控制国家标准或行业标准的；

电子信息产品生产者、销售者以及进口者违反本办法第二十一条的规定，自列入电子信息产品污染控制重点管理目录的电子信息产品不得含有有毒、有害物质或元素的实施期限之日起，生产、销售或进口有毒、有害物质或元素含量值超过电子信息产品有毒、有害物质或元素控制国家标准或行业标准的电子信息产品的；

电子信息产品进口者违反本办法进口管理规定进口电子信息产品的。

第二十三条　违反本办法的规定，有下列情形之一的，由工商、质检、环保等部门在各自的职责范围内依法予以处罚：

电子信息产品生产者或进口者违反本办法第十一条的规定，未以明示的方式标注电子信息产品环保使用期限的；

电子信息产品生产者或进口者违反本办法第十三条的规定，未以明示的方式标注电子信息产品有毒、有害物质或元素的名称、含量、所在部件及其可否回收利用的；

电子信息产品生产者或进口者违反本办法第十四条第二款的规定，未以明示的方式标注电子信息产品包装物材料成分的。

第二十四条　政府工作人员滥用职权，徇私舞弊，纵容、包庇违反本办法规定的行为的，或者帮助违反本办法规定的当事人逃避查处的，依法给予行政处分。

第四章　附　则

第二十五条　任何组织和个人可以向信息产业部或者省、自治区、直辖市信息产业主管部门对造成电子信息产品污染的设计者、生产者、进口者以及销售者进行举报。

第二十六条　本办法由信息产业部商发展改革委、商务部、海关总署、工商总局、质检总局、环保总局解释。

第二十七条　本办法自 2007 年 3 月 1 日起施行。